2011年项目组在西安召开“防旱抗旱战略研究”预备会

2011年项目负责人李佩成院士带领项目组成员在甘肃庄浪考察旱地农业及农村人饮工程

2011年项目组赴江西省考察鄱阳湖旱情

2011年”防旱抗旱战略”研究座谈会在新疆举行

2011年项目组成员新疆考察水文生态防旱抗旱

2011年中国“防旱抗旱确保粮食及农村供水安全战略”高层研讨会

2012年李佩成院士（左）和朱有勇院士（右）在云南考察因旱青干的小麦

2013年“防旱抗旱确保粮食及农村供水安全战略研究”中国工程院结题会议

2012年“防旱抗旱确保粮食及农村供水安全战略研究”成果报告研讨会

中国工程院科技咨询项目成果

防旱抗旱确保粮食及农村供水安全战略研究

主　编　李佩成　山　仑

副主编　郭　曼　冯　浩

科　学　出　版　社

北　京

内容简介

本书共分四篇。第一篇论述了本书的核心内容，即中国防旱抗旱战略“以防为主、灌饮并重、以丰补歉、保水储粮”的十六字方针，以及具体的防旱抗旱战略十策和三大保障措施。第二篇是中国旱情基础调研与危害分析，详细分析了古今中外旱灾发生的形势及危害，并对古往今来防旱抗旱战略及战术进行了归纳总结，提出了适宜于中国新的旱情形势下防旱抗旱研究的指导思想、研究目标及技术路线。第三篇主要汇编了参与本项目的部分专家学者的真知灼见，也是本书部分观点及实例的有力支撑。第四篇是实践与调研部分，主要是项目组成员对各地区的实地调研报告内容，是本书研究的部分成果进行实践论证的基础和实例。

本书既有新思路，又有新建议，更有较强的可操作性，可供中国农、林、牧、水等相关产业的研究人员、决策者、管理人员参考。

图书在版编目（CIP）数据

防旱抗旱确保粮食及农村供水安全战略研究 / 李佩成，山仑主编. —北京：科学出版社，2017.11

ISBN 978-7-03-054325-7

Ⅰ. ①防… Ⅱ. ①李… ②山… Ⅲ. ①农业-抗旱-研究-中国 ②粮食安全-研究-中国 ③农村给水-饮用水-给水卫生-研究-中国 Ⅳ. ①S423 ②F326.11 ③R123.9

中国版本图书馆 CIP 数据核字（2017）第 214737 号

责任编辑：杨帅英/责任校对：何艳萍

责任印制：张　伟/封面设计：图阅社

科学出版社出版

北京东黄城根北街 16 号

邮政编码：100717

http://www.sciencep.com

北京中石油彩色印刷有限责任公司 印刷

科学出版社发行　各地新华书店经销

*

2017 年 11 月第　一　版　开本：787×1092　1/16

2019 年 2 月第二次印刷　印张：17　1/4　插页：1

字数：400 000

定价：129.00 元

（如有印装质量问题，我社负责调换）

“防旱抗旱确保粮食及农村供水安全战略研究”咨询项目参加人员名单

李佩成　中国工程院院士、长安大学教授

山　仑　中国工程院院士、西北农林科技大学水土保持研究所、中国科学院水利部水土保持研究所研究员

李文华　中国工程院院士、中国科学院地理科学与资源研究所研究员

汪懋华　中国工程院院士、中国农业大学教授

孙九林　中国工程院院士、中国科学院地理科学与资源研究所研究员

罗锡文　中国工程院院士、华南农业大学教授

康绍忠　中国工程院院士、中国农业大学教授

朱有勇　中国工程院院士、云南农业大学教授

郭　曼　长安大学水与发展研究院博士后

冯　浩　西北农林科技大学教授

郑飞敏　长安大学水与发展研究院办公室干事

陈亚宁　中国科学院新疆生态与地理研究所国家重点实验室主任、研究员

樊志民　西北农林科技大学教授

李永宁　西北政法大学教授

李启垒　长安大学水与发展研究院高级工程师

刘　莉　西安建筑科技大学副教授

周璐红　长安大学地球科学与资源学院副教授

刘　燕　长安大学水与发展研究院副教授

刘　招　长安大学水与发展研究院教授

姜　凌　长安大学水与发展研究院副教授

伏　苓　山东建筑大学市政与环境工程学院讲师

王金凤　长安大学水与发展研究院讲师

前 言

本书是一份研究报告。

水旱灾害一直困扰着中华大地，尤其是频发的旱灾已成为我国全面奔小康、人与自然和谐发展、实现和谐社会的严重障碍，亟须从战略和全局上深化防旱抗旱战略及重大技术配套措施研究，为国家决策提供参考和依据。

在这个大背景下，2011年中国工程院启动了“防旱抗旱确保粮食及农村供水安全战略研究”咨询项目，由长期从事水科学研究的李佩成院士和长期从事旱农研究的山仑院士合作主持，有多位院士和专家学者参与，开展了大量调查研究和资料分析，召开了多次学术交流会议，获得了宝贵的研究成果，除向中国工程院汇报外，还在水利部科技委员会全体会议上做了汇报，获得好评，现将主要研究成果整理出版，以便听取更多宝贵意见，也可为防旱抗旱决策提供参考。

本书共分为四篇。

第一篇介绍了研究产生的具体成果，也就是我们主张的防旱抗旱应采取的战略措施，其包括以下三点：一是防旱抗旱十六字方针，主要是为了便于领导和人民群众把握防旱抗旱工作要领，便于宣讲，把研究的核心成果归纳为四句话十六个字，并对这十六字方针进行简要的解读。二是实质性的研究成果，称其为战略十策，也就是为了实现防旱抗旱，人们应付出的努力，把这些努力归结为十个方面。三是提出了保障战略顺利实施的三点措施。

第二篇论述了研究过程及涉及的研究内容，可以认为是第一篇的说明和解析。

第三篇是本成果依据的主要文献，其中包括专家学者们在项目组召开学术会议上宣读的论文和发言。

第四篇是在项目执行期间的调研报告和会议摘要。

由于本书产生于科研项目的研究成果，未做大的修改和润色，不妥之处，恳请广大读者指正和见谅！

编 者

2016年5月

目　录

第三篇 学术论文及主要参考文献

第四篇 实践与调研

第一篇

防旱抗旱确保粮食及农村供水安全战略研究成果

本篇是研究成果的核心内容，凝聚了全部研究成果的精华，主要包括三方面内容：一是提出了防旱抗旱战略十六字方针；二是提出了防旱抗旱战略十策；三是提出了保障防旱抗旱战略顺利实施的三大建议。

“民以食为天”“食以粮为本”“无农不稳，无粮则乱”，粮食问题也是直接涉及民生和安定团结的政治问题，而粮食的歉收在很大程度上在于干旱缺水，因此，古今中外政府都重视与干旱作斗争。新中国成立后，党和政府更是重视防旱抗旱，采取了大兴水利、备战备荒等众多措施，取得了巨大成绩。但是，由于经济规模的不断扩大、人口的增长、城市化进程的加快、以及生态环境的恶化等原因，干旱威胁和旱灾危害仍居众多农业灾害的首位，影响着经济的可持续发展和人民生活的安稳与提高，影响着三农问题的有效解决，甚至影响中国乃至世界的粮食安全。因此，2011 年 4 月中国工程院启动了“防旱抗旱确保粮食及农村供水安全战略研究”咨询项目。在项目执行的两年间，项目组在深入研究、查阅文献、实地考察并广泛听取专家意见的基础上，完成了咨询报告，提出了防旱抗旱“战略十六字方针”“战略十策”和“三大实施建议”等。

1.1　中国旱情分析

1.1.1　范围大，且有明显扩展趋势

中国绝大部分地区属大陆季风气候，降水年际、年内分布极不均匀。干旱半干旱地区约占中国国土面积的 50%，但由于该地区水土资源分布极不平衡，如京、冀、陕、甘、宁、青、新、晋、内蒙古等 13 个北方的省（自治区、直辖市）的耕地面积占全国的 64.8%，而水资源量只占全国的 19.6%，旱灾在广大北方地区已成为一种经常性灾害。更加令人不安的是，近些年来，南方很多省区也时有旱灾发生。例如，在 2003 年夏秋季，南方 10 个省区大旱，损失十分严重。2012 年，位于中国西南部的云南、贵州、广西、四川及重庆 5 个省（自治区、直辖市）相继出现了百年一遇的特大旱灾，至少造成 1.16 亿亩[①]的耕地受灾、2425 万人及 1584 万头大牲畜出现饮水困难。

1.1.2　直接危及粮食安全

旱灾使大面积农田受灾，作物减产，严重威胁到中国粮食安全。据统计，中国因旱灾损失的粮食约占各种气象灾害造成损失总和的 60%，因旱灾减产的粮食由 20 世纪 50 年代的 435 万 t，增加到 1990～2002 年的 2734 万 t。

1.1.3　逢旱人畜饮水困难，影响民生及社会安定

1990～1999 年，全国年均因旱饮水困难的人口和牲畜分别为 6.9%和 23.5%；2000 年后分别增加到 8.4%和 24.7%。20 多年来，饮水困难的人口和牲畜不但没有减少，反而有所增加。尤其是近年来的西南大旱，人畜饮水困难的现象更是举不胜举，如 2012 年，云南旱灾造成 1637 万人、848 万头大牲畜饮水困难。

---

① 1 亩≈666.7m^2。

1.1.4 旱灾的形成除气象因素外，应对不力也是重要原因

农村土地自承包以来，地块的细碎化影响了原水利设施的效益，水利设施的损毁、陈旧导致农田灌溉率较低，全国有效灌溉面积仅占总耕地的34.8%，农村供水工程不足，抗灾能力低下。

1.2 关于防旱抗旱战略的十六字方针

对于中国当前的旱灾形势，本书拟提出“以防为主、灌饮并重、以丰补歉、保水储粮”的十六字方针。

“以防为主”，干旱是一种常发的自然现象，旱灾也是常遇的灾害，不要把它当作偶发事件而临时抱佛脚，应在日常工作和工程布设中有所安排，尽力防止干旱转化为旱灾，做到大灾化小，小灾化了。

“灌饮并重”，就是说防旱抗旱要根据现代旱灾不仅表现为田禾受旱、缺粮成灾，而且扩展为缺少饮用水成灾的特点，既要防止庄稼歉收绝收，又要防止饮用水的缺失，既要防止粮荒，又要防止水荒，做到灌溉和饮用水供应并重。

“以丰补歉”，就是对收成和供应要从空间（不同区域）和时间（丰收年际和歉收年际）上进行调节，做到丰收年补救歉收年，丰收地区补救歉收地区。

“保水储粮”，就是要强调珍惜水源，要保护和涵养水源，免遭枯竭和污染，还要储粮备荒。

1.3 关于防旱抗旱战略十策

有了战略方针，还要有具体的战略对策，为了保证战略目标的实现，本书提出了防旱抗旱战略十策。

1.3.1 强化农田水利建设，实现人均0.6亩灌溉地，平均亩产650kg

中国的灌溉地存在以下问题。

（1）实灌面积未落实，特别是近些年来工业化、城镇化和交通的快速发展占用了大量的灌溉地；

（2）部分灌溉设施老化失修，降低了灌溉功能；

（3）因增产经济效益低，农民浇地积极性不高，使灌溉设施不能充分发挥作用。

再加上，20世纪90年代初对粮食形势过分乐观的估计所引发的对灌溉的放松思想至今尚未完全消除，使得原有的8.9亿亩灌溉地有效灌溉面积仅为6.3亿亩[1]。这些问题若不解决，将会在防旱抗旱上失去应有的主动，给粮食安全造成重大威胁。

因此，在灌溉事业上应下决心：从面积上落实、从工程上保证、从管理上加强、从科技上提高。保证在2020年全国保有9亿亩有效灌溉地，约占全部耕地的50%。

按15亿人计算，人均0.6亩灌溉地，其中粮田0.5亩、果蔬田0.1亩。粮田亩产650kg，人均325kg/a，若按人均用粮400kg计算，尚缺75kg/（人·a），这将由旱地农业补充。

人均0.6亩灌溉地和亩产650kg指的是全国平均数，各地区在统一规划下，应按实际情况有所增减。

1.3.2　重视旱地农业，丰年多收，常年稳产，种草种树，发展果蔬

中国现有旱地约占全部耕地面积的53.5%，建议2020年调整为50%，即9亿亩，按15亿人计算，也是0.6亩/人。其中，0.4亩用于种植庄稼，0.2亩用于种植林果和牧草。按平常年单产200kg/亩计算，则可收获80kg/（人·a）的产量，与灌溉地的325kg/（人·a）相加，可达到405kg/（人·a），基本达到400kg/（人·a）的要求。

“手中有粮，心里不慌，脚踏实地，喜气洋洋”。由于中国旱地农业大多在年均降水量400mm以上的半干旱地区，面积约为2000万hm^2，约合3亿亩；但这些地区的人口不足1.5亿人，人均耕地可达2亩，在正常年景，人均可获300kg左右的谷物，可以为储粮应对偏旱或大旱年景提供物质基础。

1.3.3　保护耕地，改良土壤，适当发展后备农田，到2030年新垦1.5亿～2亿亩耕地

近30年来，大量良田好地被轻易“开发”占用，占用耕地面积在一亿亩以上。轻视和不珍惜耕地的情况若不改变，将直接危及粮食安全。因此，严格保护耕地数量和质量，继续推进水利和水保建设，改良土壤，科学实施退耕还林（草），应作为防旱抗旱实现粮食安全的重要战略措施之一。

为确保18亿亩耕地红线，在生态安全的条件下，应有规划地在新疆和内蒙古等地区发展适当面积的后备农田1.5亿～2亿亩，使全国耕地面积基本稳定，又有利于边疆发展。

1.3.4　加强农村供水建设，3～5年内基本实现农村自来水化，保证遇旱半年仍能做到供水安全

由于人口的增长和居住环境的变化，加上地表水和浅层地下水的污染，现在的旱灾常常首先表现为饮用水断源，群众没水喝。像在江西、湖南、重庆、云南等地发生的旱灾那样，我国农村供水设施相当薄弱，稍遇旱情，井干池涸，饮用水便无法保证。

因此，应当十分重视防旱抗旱，并尽快解决农村饮用水安全问题。群众对此甚为期盼，也一定会积极配合。如果能在3～5年内实现该项亲民工程，消灾于未然，人民将会十分感激党和政府。

1.3.5 重视水资源，特别是地下水源保护，杜绝污染，限制开采，实现永续利用

地下水分布面广、抗旱防旱性能强，是良好的供水水源。应当认真勘查，对于适宜饮用的水源要将其作为“救命水”加以保护，特别是深层地下水，更应严格控制开采，不能因采矿采油等原因随意疏干和污染。

在有条件的地方，应修建地下水库和沙石水库，以及水窖等蓄水工程，藏水于地下和含水层中，避免污染和大量蒸发损耗，以备非常时期的需要。

1.3.6 重视西线调水工程，加大荒漠化土地修复力度，适度发展沙产业和草原畜牧业，增加食物产出

中国有 70 多亿亩沙漠和草地，其中有相当部分只要解决水的问题便可以为农牧业所利用，成为牧业和杂食基地，从而获得肉、奶、蛋、油等食品，补充粮食的不足，其也是当地人民度日和抗御干旱的必要条件，应认真对待。特别应将西线南水北调和区域水资源调节作为防治荒漠化的重大举措，并尽快实施。

1.3.7 推进秸秆养殖利用，科学发展农区养殖业，节约养殖用粮

中国农民勤劳智慧，素有利用秸秆杂草饲养牛羊鸡猪的好经验，应当在科技进步的推动下，继续发扬和发展。同时，发展果蔬及菌类生产，节约养殖用粮，补充人类营养和促进粮食安全。

1.3.8 重现江南鱼米之乡的粮食生产，力争自给，扭转北粮南运的不合理、不安全局面

在历史上，中国江浙湖广都是鱼米之乡，粮食自给有余，但现今有的省份大量土地荒芜，经营不善，水资源大量浪费，粮食减产，出现了北粮南运的不正常局面，消耗了大量能源物资，埋下了粮食不安全的祸根，应下决心消除。发挥水资源丰富的优势，重视鱼米之乡的本色，力争实现粮食自给，保证国家粮食安全。

1.3.9 储粮备荒，实现国家、农户按人各储半年粮

2013 年 1 月 15 日，李克强总理强调“广积粮、积好粮，好积粮”[2]，中国自古也有“备粮度荒旱”的传统，新中国成立后也创造了“深挖洞、广积粮”和“藏粮于民”的成功经验，应当继续运用。

因此，在正常年份储粮备荒，荒年施放，并从政策和措施上加以落实，力争农户、国家按人各储半年粮。

1.3.10 节水节粮，建立节约型社会

勤劳节俭是中华美德，勤能补拙、俭以养富，节水节粮也是防旱抗旱、保证粮食和

饮水安全的重要法宝，应将其作为战略措施，加以制度化。

1.4　保障防旱抗旱战略顺利实施的建议

1.4.1　加强旱情预测预警工作，减少防旱抗旱盲目性

实现干旱发生时间和旱情预测，则可以增强防旱抗旱的主动性。现代科学技术已为这种预测预报提供了实现的可能，应为此对旱情预测预警做出具体安排。

1.4.2　完善防旱抗旱法制，确保防旱抗旱工作制度化

防旱抗旱是规模宏大、涉及面广的社会行为，必然涉及水权等多种利害关系，并产生相应的法律和制度问题，为了解决这些问题，应当制定出积极可行的制度和法规，作为有序防旱抗旱的保证。

1.4.3　加强防旱抗旱科学研究及人才培养

防旱抗旱涉及方方面面，既是社会问题，也是科技问题。建议有关方面重视加强抗旱育种、抗旱耕作、抗旱技术，以及水资源调控利用和水文生态保护等领域的科学研究和人才培养，同时建议在半干旱黄土高原、干旱石河子垦区和黄淮海等地区建立若干个产学研试验示范基地，并予以推进。

参 考 文 献

[1] 水利部. 全国抗旱规划. 由中华人民共和国水利部印发, 2011.
[2] 2013 年 1 月 15 日李克强副总理在国家粮食局科学研究院的讲话.

第二篇

研究过程及主要研究内容

防旱抗旱确保粮食及农村供水安全战略研究关乎国计民生，也涉及天、地、人各个系统。因此，开展本项研究必须面对现实，解决实际问题。中国旱情的新形势如何？古今中外的人们是如何进行防旱抗旱的？这些防旱抗旱策略的优势和劣势在哪里？哪些策略值得借鉴？这便是本篇要阐述的主要内容。

第1章　中国旱灾发展及对粮食和农村供水的影响

1.1　中国旱灾发展

中国复杂而独特的气候孕育了中国人，也为中国历史上频发的自然灾害创造了条件。根据邓云特《中国救荒史》的统计，从公元前206年西汉建立到1936年，中国共发生旱灾1035次，平均每两年就发生一次，这正是人们通常所说的“三年两头旱”。旱灾使农业生产遭受巨大损失，粮食大幅度减产甚至绝收，往往引发大面积饥荒，蝗灾多与旱灾相伴而生。徐光启在《农政全书》中云：“水旱为灾，尚多幸免之处，惟旱极而蝗。数千里间，草木皆尽，或牛马毛幡帜皆尽，其害尤惨过于水旱也。”长时间持续的旱灾往往还会导致大规模瘟疫的流行，严重威胁人们的生命财产安全。旱灾最直接的后果就是食物与用水短缺，农业生产难以开展，人们无法在土地上获得最基本的生活资料，因饥渴或饥饿而死者多有所在，造成了局部地区人口锐减，也必然造成大片土地荒芜。

新中国成立60余年来，中国在不同地区年年都有不同程度的旱情发生。随着国民经济和社会的发展，农业种植结构的调整，以及人们生活水平不断提高，对水的需求量不断增加，再加上水环境日益恶化，导致中国水资源日趋紧缺，供需矛盾十分突出，干旱缺水、干旱造成的损失呈上升趋势。据统计，中国受旱面积在20世纪50年代年均为1.7亿多亩，90年代年均为3.64亿亩，干旱损失粮食在50年代年均为43.5亿kg，90年代年均为195.7亿kg。进入21世纪以来，中国南方旱灾频发，带来巨大损失，严重危及中国的粮食安全和农村供水安全。

本书列举了中国历年旱灾及受灾情况，见表1.1。由表1.1可知，中国旱灾自古就有，历朝历代均时有发生。在古代，旱灾发生多以农业绝收、缺粮成灾为主，往往导致“赤地千里，饿殍遍野”。新中国成立以来，由于党和政府开展了一系列防旱抗旱措施，旱灾对人们生命的威胁已逐渐减少，转而影响到人们的生活、生产及生态，旱灾表现为缺水威胁大于缺粮威胁，而且在区域分布上也发生了变化，由干旱半干旱的北方地区扩展到湿润半湿润的南方地区。

表 1.1　中国历年来发生的旱灾及受灾情况

时间	受灾地区	受灾情况
1876～1879 年	山西、河南、陕西、山东	农业绝收，饿殍载途，死亡人数达 1000 万人以上
1899～1900 年	华北、西北大部分地区	粮食绝收，饿殍遍野，死亡人数达 20 万人以上
1920 年	北方省区	灾民 2000 万人，死亡 50 万人
1928～1929 年	陕西大旱	饿殍载道，死者达 25 万人
1934 年	中国中部和南部	粮食歉收，民生问题凸显
1943 年	广东大旱	严重粮荒，仅台山县饥民死亡达 15 万人
1959～1961 年	全国大范围	人口非正常死亡急剧增加
1972 年	北方及南方特大干旱	受旱面积 46 049 万亩，成灾 20 408 万亩，农村地区出现人畜饮水困难
1978～1983 年	全国大旱，以北方为主	受旱面积近 20 亿亩，成灾面积 9.32 亿亩
1988 年	全国大旱，以湖北、河南、山东、广西、安徽 5 省区为主	农作物受灾面积 76 305 万亩，成灾 35 925 万亩，绝收 7365 万亩；死亡 7300 人
1995 年	陕西特大干旱	冬春夏秋四季连旱，农作物严重减产
1997 年	全国范围，以北方地区为主	因旱成灾 30 015 万亩，绝收 5937 万亩
2000 年	全国范围	农作物受灾面积 6.09 亿亩，成灾面积 4.02 亿亩
2001 年	北方及长江流域春夏干旱	旱灾面积 57 707 万亩，全国 17 个省区 3295 万人饮水困难
2003 年	江南和华南、西南部分地区	旱灾造成湖南、江西等地粮食损失 504 万 t
2004 年	南方	720 多万人出现了饮水困难
2006 年	四川、重庆	农作物受旱面积 1979.3 万亩，815 万人饮水困难
2007 年	22 个省发生旱情	耕地受旱面积 2.24 亿亩，897 万人、752 万头牲畜饮水困难
2008 年	云南连续近 3 个月干旱	受灾面积达 1500 多万亩。仅昆明山区就有近 1.9 万 hm^2 农作物受旱，13 多万人饮水困难
2009 年	华北、黄淮、西北、江淮等地区的 15 个省	受旱面积 6.32 亿亩；共有 1751 万农村人口、1099 万头牲畜饮水困难
2010 年	西南大旱	耕地因旱成灾面积 1.35 亿亩，绝收面积 4008 万亩，共有 3335 万人、2441 万头大牲畜饮水困难
2011 年	江淮和长江中下游地区	共有 2895 万人、1617 万头大牲畜饮水困难
2012 年	云南大旱	作物因旱成灾面积 5263 万亩，绝收面积 561 万亩，共有 1637 万人、848 万头大牲畜因旱饮水困难

由上述可知，中国的干旱具有多发性、地区性、季节性和持续性等特点。而且，旱灾影响的新趋势涉及面之广，影响范围之大，远远超出了学术界既往对干旱问题的研究。基于战略层面，审视与研究防旱抗旱问题尤显必要。

1.2　旱灾严重威胁中国粮食和城乡供水安全

干旱是一种对经济、社会、环境带来巨大影响的自然现象。旱灾使大面积农田受灾，粮食减产，严重威胁到中国粮食安全。同时，旱灾造成水资源短缺，引发城乡供水困难，一些地区地下水超采严重，影响水资源可持续利用。

1.2.1　旱灾对粮食安全的影响

据统计，中国因旱灾损失的粮食约占到各种气象灾害造成损失总和的60%，因此缺水干旱不仅是困扰中国农业生产的主要因素，而且已成为制约中国经济发展和社会进步的重要因素之一。

据统计，20世纪50年代中国受旱面积平均约为1.7亿亩，90年代平均为3.64亿亩，干旱严重的1959年、1960年、1961年、1972年、1978年和1986年，全国受旱面积都超过4.5亿亩，且成灾面积超过1.5亿亩。1972年，北方大范围少雨，春夏连旱，灾情严重，南方部分地区伏旱严重，全国受旱面积达4.6亿亩，成灾面积达2亿亩。1978年，全国受旱范围广、持续时间长，旱情严重，一些省份1～10月的降水量比常年少30%～70%，长江中下游地区的伏旱最为严重，全国受旱面积为6亿亩，成灾面积为2.7亿亩，是有统计资料以来的最高值。对1991～1999年与1959～1961年因旱灾粮食减产的情况作对比（图1.1）可以发现，20世纪90年代因旱灾粮食减产幅度呈增加趋势，干旱始终困扰着中国经济、社会，特别是农业生产的发展。

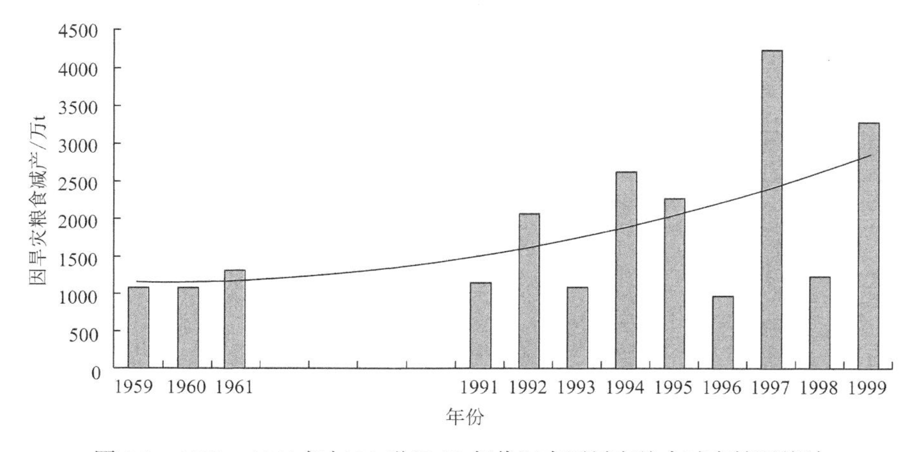

图1.1　1959～1961年与20世纪90年代以来因旱灾粮食减产情况统计

1.2.2　旱灾对农村供水安全的影响

中国农村供水设施相当落后，稍遇旱情，井干池涸，饮用水便无法保证。像在中国江西、湖南、重庆、云南等地旱灾出现时所发生的那样，群众不是没粮吃，而是没水喝。

在21世纪初，2001年、2003年和2006年对于中国来说都是重旱年，使得中国的饮水安全问题更加严重。世界银行曾测算，中国每年因干旱缺水造成的损失约为350亿美元。

2001年，中国华北大部、黄淮大部、东北中南部及西北东部部分地区发生大范围春夏连旱、高温，长江中下游地区发生夏伏旱。全国有2260万农村人口和1450万头大牲畜出现饮水困难，日缺水量达1300多万立方米；2003年7月，中国南方大部分地区持续高温干旱，造成1438万城乡人口、727万头大牲畜出现饮水困难；受灾较严重的福建省因缺水造成直接经济损失79亿元。根据国家气候中心统计，2006年8月上旬，重庆、四川、湖北、贵州、甘肃和宁夏6省（自治区、直辖市）已有13 687万人、9807万头大牲畜出现饮水困难，因缺水造成直接经济损失1269亿元；至8月下旬，仅四川省就因干旱导致109 467万人、97 586万头牲畜出现饮水困难，因缺水转移安置1375多万人，另外因干旱、高温致病3124万人；尤其是重庆市，最严重时全市有2/3的溪河断流，275座水库的水位处于死水位，472座水库、3.38万口山坪塘干涸，82 039万人、74 878万头大牲畜出现饮水困难，旱灾造成直接经济损失90多亿元，旱灾频发对于中国本来就不乐观的饮水安全更是雪上加霜。

1.3 中国历代应对旱灾策略

对于旱灾，从古至今，人类都在艰苦卓绝、不屈不挠地与其作斗争，至今已积累了丰富的防旱抗旱经验可供我们借鉴（表1.2）。中华人民共和国成立以来，党中央、国务院高度重视防旱抗旱工作。60多年来，中国坚持水利工程建设，大大增强了供水能力、全面推行了节水灌溉，提高了作物抗旱能力，并重视水土保持、农业等技术措施，综合防治旱灾。

表1.2 中国古今抗旱策略汇总

时代	抗旱策略	具体内容
古代	灾前预防	西汉政治家晁错在《论贵粟疏》中曾提出，通过“务民于农桑、薄赋敛、广蓄积”等方式，“以实仓廪，备水旱”（《汉书·食货志》），强调的是使人民能够有一定的粮食储备，体现的是重农以防灾的思想。仓储制度成为抗旱救灾的重要保障。除了粮食储备外，兴修水利、完善农业灌溉体系也是防旱的重要手段
	赈济救灾	《周礼·地官·大司徒》总结了“荒政十二条”，包括发放救济物资、轻徭薄赋、缓刑、开放山泽、停收商税、减少礼仪性活动、敬鬼神、除盗贼等。后世救灾基本不出此范围。另外，家族内部互助、乡里周济、寺院施舍、民间社会团体救助等也作为政府赈济的补充形式
	移民就食	移民是历代政府组织受灾民众到条件相对较好的地区就食的一种救灾方式，这在汉魏以后比较常见
	保护植被，改良作物，改进农耕技术	周代先民在河边种树既可防水患，又可保持水土而防旱灾，可谓一举两得。汉武帝时发明并推广了“代田法”。唐代派专人管理与协调农耕地区的水源分配。清人杨屾在《知本提纲·修业》篇中认为：“每岁之中，风旱无常，故经雨之后，必用锄启土，籽壅禾根，遮护地阴，使湿不耗散，根深本固，常得滋养，自然禾身坚劲，风旱皆有所耐，是籽壅之功兼有干风旱也。”另外，农作物品种的改良也是增强抗旱能力的一条途径

续表

时代	抗旱策略	具体内容
新中国成立后	兴修水利，发展灌溉	防旱抗旱的基本对策是兴修水利，发展灌溉。据统计，新中国成立50年期间，全国共兴建了大中小型水库8.5万多座，修建万亩以上灌区5611处，固定机电排灌站50余万处、机电井37万眼，使中国有效灌溉面积由新中国成立初期的2.38亿亩发展到6.3亿亩，全国灌溉耕地上生产的粮食占全国粮食总产量的2/3，水利工程为中国农业长期稳定发展起了至关重要的作用
	开展抗旱节水技术研发	例如，“坐水种”就是在东北地区西部无水利设施的旱田或灌溉水源不足的地方，农民采用的一种抗旱播种方法，这种播种方法由于省水、水肥集中、保苗率高（95%以上）、增产效益好（同样生产条件下，玉米坐水比不坐水播种可增产50%），是抗春旱、保全苗、保壮苗的有效措施。再如，河南、宁夏研究推广“窖窖蓄水微灌技术”，以及新疆实施的膜下滴灌节水技术，均在抗旱节水减灾中发挥了良好作用
	发展旱作农业技术	中国华北、东北、西北的干旱半干旱地区探索出一套完整的旱农业技术，包括平整土地、耙耱、中耕、深耕（翻）深松，提高了土壤水分渗入率；建立“土壤水库”，做到秋雨春用、春旱秋抗；推广秸秆还田，科学施肥，改良土壤，培肥地力；发展地面覆盖（秸秆、麦糠、薄膜），减少地面无效蒸发，提高地温，促进种子提早萌发和出土，并最大限度地利用光热土地资源潜力；选育耐旱良种；调整作物种植结构、加强田间管理等旱农技术。20世纪90年代，黄河流域的学者提出“窖水节灌、梯田建设、地膜覆盖”三结合的旱地农业综合抗旱技术，增强了农田抗旱能力
	建立抗旱社会化服务体系	20世纪80年代后期，水利部组建县级抗旱服务组织，对农户实行抗旱有偿优质服务，并逐步形成产、供、销、管、修一条龙服务网络，为农户提供产前、产中、产后系列化技术服务，由于抗旱服务组织具有机动、灵活、及时、收费低、抗旱效益大等优点，深受群众欢迎，也得到政府部门的肯定
	抗旱法规建设初具规模	新中国成立60余年以来，抗旱工作的法规建设逐步加强。水利部、国家防办先后制定了“报旱制度”“报旱标准”，建立了《旱情统计报表》《抗旱工作正规化、规范化建设意见》《旱灾损失与抗旱效益计算办法》《抗旱条例》等，并与财政部联合颁发了《特大防汛抗旱补助费使用管理暂行办法》《抗旱服务组织示范县建设，验由标准》等，把防旱抗旱逐渐纳入法制轨道
	建设抗旱信息系统	1992年10月，水利部提出了“建立抗旱信息系统计划”，并建立了抗旱数据库。1996年，国家防汛抗旱总指挥部办公室与清华大学水利水电工程系完成了《全国抗旱信息系统总体设计》，构筑了信息采集、信息传输、旱情监测、旱情灾情分析、决策于一体的全抗旱信息系统建设基本框架。1998年，抗旱信息系统作为《国家防汛指挥系统工程》的组成部分，完成了抗旱信息采集和抗旱信息处理，以及与抗旱有关的子系统的初步设计，中国抗旱信息系统建设进入了新的发展阶段。此外，在旱情测报、土壤墒情测试设备等方面也取得了明显的进步
	使用化学抗旱剂	目前，各种化学抗旱剂、保水剂已逐步在多种农作物中示范推广，1995年国家防汛抗旱总指挥部办公室组织“旱地龙”抗旱剂的示范推广工作。成果表明，当旱情发生时，作物播种期用吸水性强的抗旱剂拌种可解决底墒不足或缺苗弱苗问题；生长期将抗旱剂稀释后用于喷施作物叶面，可抑制叶面蒸腾，从而减少水分损失，延长作物耐旱能力

1.4　国外旱情与应对旱灾策略

干旱是一种全球普遍存在的自然灾害，每年有120多个国家和地区不同程度地遭受干旱灾害的威胁。据统计，20世纪70年代以来，世界旱灾地区面积扩大了一倍，同时，当地的气候响应还可能加剧和延长干旱灾情。

旱灾会造成经济损失和生态破坏，每年还会对世界上百万的人口造成影响。旱灾已引起各国关注，它们纷纷制定了防治政策、措施。当前国际上应对旱灾的办法主要包括干旱减轻和干旱防范两方面，目的是减少旱灾产生的影响，提升抵御旱灾的能力。减轻措施是指任何用以抵御自然灾害不利影响、环境恶化及技术风险的建造性和物理措施（如适度的作物种植、筑坝、工程建设等）或非建造性措施（如政策、意识、知识发展、公众行动等）；防范措施是指在灾害威胁到来之前制定政策和专门规划，采取相关行动以加强制度和应对能力，以及对危险进行预测或预警，确保在紧急状态下各方面能有效的协调与响应。

1.4.1 全球旱情与旱灾情况简述

树木年轮及其他数据表明，在过去 1000 年里，世界上许多地方发生了大规模的旱灾，包括美国、墨西哥、亚洲、非洲和澳大利亚。湖泊水位数据显示，非洲西部和东部地区在 19 世纪初期非常干燥，在 19 世纪晚期很湿润。20 世纪 70～80 年代西非发生了不寻常的严重旱灾。

20 世纪中期以来，全球干旱和旱灾地区大幅增加，主要归咎于 20 世纪 70 年代以来遍及非洲、南欧、东南亚、东澳大利亚和北半球中高纬度许多地区的日益干旱。虽然厄尔尼诺–南方涛动（ENSO）、热带大西洋表层海水温度和亚洲季风的自然变化在近年来的旱灾中扮演着重要角色，但 20 世纪 70 年代末以来的迅速升温，增加了大气的水分需求，并可能改变大气环流模式（如在非洲和东亚），两者推动了近期的土地干旱。

干旱灾害一旦发生，就会在时间和地域上产生广泛影响，受影响的人口比重远大于其他自然灾害。在全球，易发生旱灾的区域主要分布在亚洲大部、澳大利亚大部、非洲大部、北美西部和南美西部的干旱半干旱区，约占陆地总面积的 35%，每年有 120 多个国家和地区不同程度地遭受干旱灾害的威胁。中国是全世界干旱灾害高发区域之一，干旱发生的次数和受影响的人数是世界上最多的地区之一。

1.4.2 世界各国应对旱灾的策略

1. 美国

美国应对旱灾政策的指导原则是“预防重于保险，保险重于救灾，经济手段重于行政措施”，将工作重点放在防灾减灾工作上。同时，还制定有效的干旱管理计划的行动方案，建立国家综合干旱信息系统（NIDIS），研制出农业旱灾影响与脆弱性评估等。美国积极建立健全国家旱灾理事会和国家干旱预防办公室，并在人类与自然协调发展的前提下，不断改善防灾工程措施，同时强调非工程措施，即生物抗旱，已经培育出能够在极端干旱条件下存活并生长的转基因作物。

2. 欧盟

欧盟为应对日益加剧的缺水与干旱问题采取了多方位的综合措施，制定了多种政策，努力提高水资源利用效率，建立节水型经济，旨在有效地减轻缺水与干旱对社会经济的影响，其中采取的措施和制定的政策如下。

（1）制定合理的水费制度，优先确保居民生活用水，强调“谁用水谁付费”的原则，强制引入用水计量措施；

（2）强调经济发展规划与生产活动都应与当地的水资源可开采量相适应，重视农业开发项目中的水资源利用问题；

（3）加强“水资源分级管理”，确保节水专项资金的有效使用，用资金补偿方式激励用水户参与节约用水，制定财政奖励政策推广节水设备和技术；

（4）强调发生严重干旱时新的供水和调水措施，要实行最为严格的标准，同时充分考虑气候变化背景下工程对环境的不利影响；

（5）强调从水资源危机管理走向干旱风险管理，建立并完善干旱预警系统；

（6）加强对耗水行业的节水管理，增加用水设备的节水标准，对浪费水的行为采取有效的罚款措施；

（7）强调企业社会责任，推广“产品节水标签”的使用，将节水标准加入到产品质量认证体系，促进对节水文化的培育；

（8）建立缺水与干旱信息管理系统，提高数据共享能力，完善水资源信息化体系，促进对干旱与缺水问题的研究。

3. 日本

20世纪前，日本从江户时代到明治中期的300年间共发生过100多次干旱，曾出现饿死人、灾民逃荒形成难民潮和耕地荒漠化等现象。近代，随着经济的发展和国力的增强，日本逐步重视水利工程建设，修建多用途水库和应用先进的农业技术等，使干旱危害大幅度减轻，主要措施包括建立完善的防灾减灾法律体系；建立全国性防灾组织体制；制作防灾预警图等；还有若干技术措施：积极利用遥感遥测技术，提高灾害气候的监测预警水平；发展高性能计算技术，提高气象数据处理和监测预报水平；积极开展长期气候研究，努力把握气候变化规律；完善灾害气象服务体系。

4. 澳大利亚

澳大利亚是世界上著名的农牧业生产发达的国家，澳大利亚经常受到周期性干旱的影响，多发旱灾，特别是农牧业更容易受到干旱的影响。在长期应对干旱的行动中，澳大利亚确立了农业部门应对干旱灾害的三个步骤。

第一步，检查农业资源状况：①智力及物质资源状况；②可获得的资金；③可获得的水源；④可获得的饲料储备；⑤现有牲畜的脂肪状况；⑥服务及运行机制。

第二步，在确定以下问题的基础上，制定行动战略：①每种战略选择的收支平衡点；②有益于干旱管理的方法；③执行战略所需的资源、地表植被、化学药品等；④当条件发生变化时，及时退出战略的选择。

第三步，针对情况变化进行科学有效的决策：①利用已建立的网络监测影响干旱战略的主要因素，不断评估战略的效果和前景；②保持所制定决策的主动性；③为不断变化的情况做好准备；④认识到决策不仅对决策者产生影响，而且对农场也产生影响。

另外，澳大利亚也有一些抗旱的独到措施。例如，转基因作物是帮助澳大利亚农民应对气候变化的途径之一，如果转基因作物生长能承受高温且使用更少的水，就会吸引农民支持转基因作物种植；卫星导航农田管理等农业科技改革，使澳大利亚农产品出口收益在10年间增长了30%，自然降水利用率约提高了250%，当然，广阔的平原是澳大利亚采用卫星导航耕作的天然优势。

第 2 章　研究思路、目标及技术路线

人类生存的环境经常遭受气象、地质地理及生物等各类自然灾害的袭击，各类自然灾害的危害程度不同，据统计，在各类自然灾害造成的总损失中，气象灾害引起的损失约占 85%，而旱灾又占气象灾害损失的 50%左右。在中国，干旱是主要的自然灾害之一，具有发生频率高、持续时间长、波及范围广等特点，历史上曾给中华民族带来深重的灾难。

随着中国经济规模的不断扩大、人口的急剧增长、城市化进程的加快、水土环境污染的日趋严重，旱灾频发、荒漠化程度日益加剧……，直接威胁着中国的粮食安全和“三农”问题的有效解决。尤其是近些年来，中国丰水地区（南方）的一些省份频繁遭受重特大干旱灾害，造成农作物减产及当地农村人畜饮水困难，严重影响了当地经济、社会及农业的发展。旱灾已成为中国全面奔小康、人与自然和谐发展、实现美丽中国的严重的障碍因素，亟须从战略和全局上深化防旱抗旱战略及重大配套技术措施研究，从而为国家决策提供参考和依据。

2.1　项 目 简 介

“民以食为天”“有粮则稳无粮乱”“水是生命之源、生态之基、生产之要”，这些从古至今的警语时刻提醒着我们粮食安全和水安全的重要性。中国旱灾频发，严重危害着粮食及城乡供水安全。因此，2011 年 4 月中国工程院启动了院士科技咨询项目——“防旱抗旱确保粮食及农村供水安全战略研究”，该项目由中国工程院李佩成院士和山仑院士主持，吸引了中国从事防旱抗旱、粮食安全及农村供水安全等研究领域的相关院士、学者，以及长安大学水与发展研究院的师生参加。

2.1.1　研究目标及内容

该项目主要的研究目标是总结梳理古今中外防旱抗旱经验教训，结合当前旱灾特征，提出适宜中国现有国情的防旱抗旱战略方案，以确保中国粮食及农村供水的安全。其主要研究内容如下。

1）古今中外防旱抗旱经验及中国旱灾现状与特征

了解古今中外的防旱抗旱战略措施，调研中国旱灾现状、特征及其对粮食和农村供水安全的影响。

2）确保中国粮食安全的耕地需求研究

调查分析中国灌溉农业、旱地农业及后备农田现状，并对中国沙产业、草原畜牧业及秸秆养殖现状和发展前景进行研究，提出中国灌溉农业、旱地农业及后备农田的适宜面积，以期增强防旱抗旱物质的保障条件。

3）保障中国农村供水安全的水资源需求研究

加强对中国抗旱地下水源的水质和水量保护研究，并对中国农村供水安全现状及存在的问题进行分析，提出适宜于中国防旱抗旱的地下水水量和农村供水安全储备量。

4）中国储粮备荒研究

了解中国储粮现状，研究中国所需的储粮数量、储粮方式及更新时间，提出国家和农户储粮备荒的战略需求。

5）节约型社会建立研究

研究节约粮食和水资源的方式，提出节水型和节粮型社会理念，营造节约型社会氛围。

6）旱情预警研究

分析中国旱情预警现状，开展旱情预测预警系统研究，提出并建立适宜于中国旱情的预警系统。

7）健全防旱抗旱法制研究

探讨中国防旱抗旱法制建设现状及存在的问题，并提出健全中国防旱抗旱的法律体系，保证防旱抗旱有秩序的顺利进行。

8）提出适应中国国情的防旱抗旱战略

2.1.2　项目执行与管理

该项目于 2011 年 4 月正式实施，通过查阅文献、召开专家会议及实地考察等方式进行，共计召开了 8 次学术会议及论坛，邀请了全国各省区从事防旱抗旱研究的专家学者对防旱抗旱的理论及相关问题进行研讨，还多次组织人员奔赴新疆、甘肃、江西、云南及陕西等地区，对当地旱情现状进行实地调研。

2.2　研究思想及技术路线

2.2.1　研究思想

（1）该项目的主要任务是为国家决策提供咨询和参考，因此，其研究应以防旱抗旱战略为主，技术辅之。集成和梳理古今中外防旱抗旱战略，取其精华，创新发展，以获得最适宜中国现有国情的防旱抗旱战略。

（2）中国旱灾范围广，频发性强，形成原因众多，有地理因素、气候因素，也有人为因素。因而，选取典型旱区进行实地考察和旱情分析，确保研究成果既有针对性，又有普遍适宜性。

（3）该项目时间紧，任务重，涉及面广，具有很强的社会性和实践性，所以该项目集众人之力，联合各方专家共同进行。

2.2.2 技术路线

该项目开展研究的技术路线如图 2.1 所示。

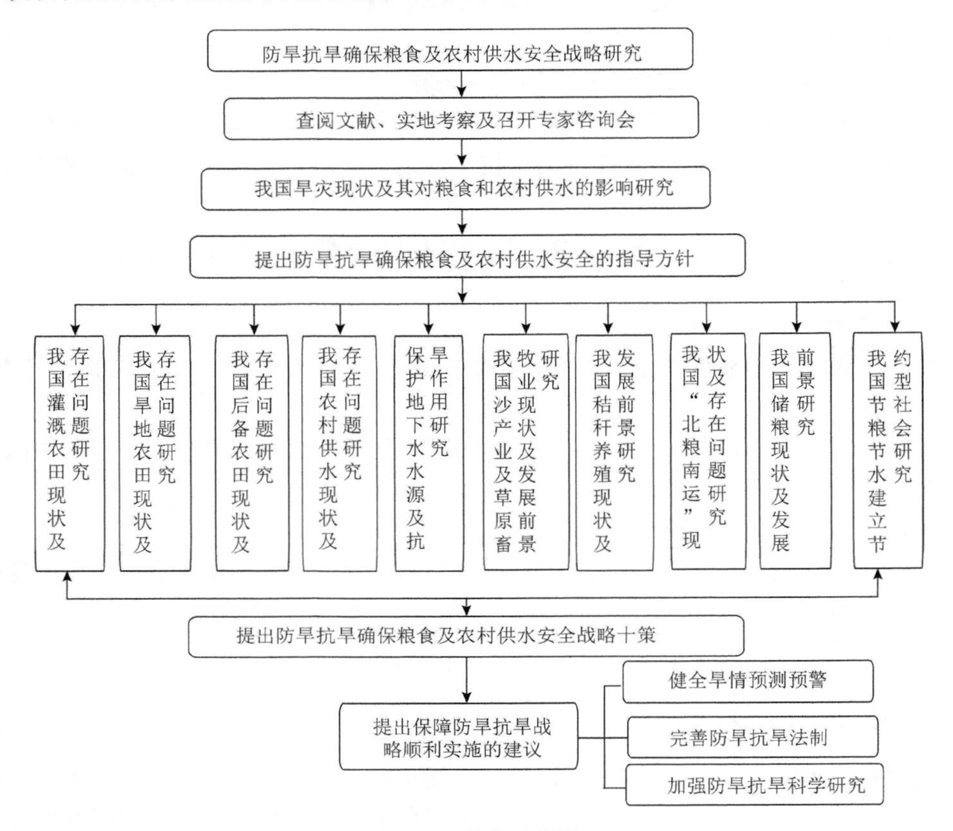

图 2.1　技术路线图

第3章　“防旱抗旱确保粮食及农村供水安全”战略研究

干旱、干旱地区、旱灾是相互关联的，但它们却有着不同的概念，干旱不等于旱灾。

狭义的干旱，指的是一种自然的气候现象，其标志主要是天然降水量比常规的显著偏少。所谓常规降水量，是指某地区在大多数年份的降水季节中，以多种降水方式出现的降水量。如果某个地区在某个时节的降水量显著少于常规降水量，那么该地区按照常规年景安排的经济活动，尤其是农业生产就会受到缺水的威胁，则其被称为出现旱象或发生干旱。根据上述定义，习惯上所说的这种干旱具有一定程度的相对性，它不仅可能发生在常规降水量少的干旱地区，而且也有可能出现在降水量大的湿润地区。

如果某个地区同地球上的其他地区相比，不仅常规的天然降水量显著偏少，而且蒸发能力大大超过降水量，这个地区在一般情况下，依靠天然降水只能生长旱生生物——植物和动物；甚至旱生生物也难于生长，这样的地区称为干旱地区。其实，一个地区从自然环境来看，是否真正干旱，不仅取决于降水和蒸发等气象条件，而且还与水文条件——河流及其他水资源的分布情况有关。气象条件干旱而水文条件好的地方未必干旱，如沙漠中的绿洲就是如此。

因此，广义的干旱既包含着气象干旱，也包含着水文干旱。广义的旱区不仅降水稀少、蒸发强烈，而且河流及其他水资源贫乏，按照当时当地的科技水平、生产能力与经济条件，不能得到廉价、足量、优质的淡水，从而使农业、工业的供水与用水严重不足，限制了该地区的发展，特别是农业的发展。

由上可知，无论是“干旱”还是“干旱地区”，主要是从自然因素定义的，而“旱灾”却包含着更为浓厚的人为因素。旱灾是指在某地出现较严重旱象时，社会未能采取必要措施，或措施不力，或无力抵御，从而未能及时解决维持正常的社会生产和人民生活所必需的最低定额的水量所造成的一种缺水灾祸。因此，尽管干旱可能导致旱灾，尽管干旱地区容易发生旱灾，然而干旱并不等于旱灾，干旱地区也绝非旱灾地区。因此，要做好防旱抗旱，必须有以下4点认识。

（1）干旱是在一定的地理环境下形成的自然现象，不以人的意志为转移。

（2）旱灾是人类未能科学应对干旱而引发的干旱缺水灾害，在农业中表现为禾苗凋萎、庄稼歉收或绝收；在生活中表现为人畜饮水困难、断水逃生。

（3）干旱虽有一定周期性和程度变化，但旱灾却是可以应对和避免的。

（4）在干旱面前，人民政府和各级干部应树立长期防旱的思想和工作安排，不要把旱象视为非常事件而临时抱佛脚。

基于以上认识，本书提出了十大防旱抗旱战略，具体描述如下。

3.1 强化农田水利建设，实现人均0.6亩灌溉地，平均亩产粮650kg

中国创造了以世界6%的可更新水资源量和9%的耕地养活世界22%的人口的奇迹，这在很大程度上归功于有效灌溉耕地。根据水利部20世纪80年代初对全国灌溉农田和非灌溉农田粮食产量的调查，一般灌溉农田的粮食产量比非灌溉农田的产量高1～3倍，越是干旱的地区增产幅度越大。由此可见，大力发展灌溉农业，保证人均灌溉地这一战略对保障中国粮食生产与安全具有重要的意义，其也是防旱抗旱的首要任务。

兴修水利、发展农田灌溉事业，是世界各国防旱抗旱的主要措施。中国的农田水利工程，在历年抗旱斗争中发挥了重要作用，但现有的农田水利工程设施抗旱能力偏低，加之大多年久失修，效益衰减，增加了抗旱工作难度。因此，完善农田水利建设是迫在眉睫的事。

3.1.1 中国灌区分布及灌溉地面积变化

1. 中国灌区的分布情况

由于中国降水的时空分布不均，所以降水不能满足作物需水要求。即使在中国的南部或降水量较高的湿润地区，夏季和秋季的干旱仍然严重影响着水稻的产量；在中国的东北及北部等半湿润地区，小麦的生产受缺水的影响较大；在中国的西北干旱地区，如新疆地区，没有灌溉就意味着没有农业。表3.1为中国2003年耕地面积和农田灌溉面积在不同地区的分布。从表3.1可以看出，不同地区由于地理位置、气候条件、水资源状况，以及当地农业生产实践的不同，有效灌溉面积也有所不同。2003年，全国耕地灌溉率为43.8%，其中，耕地灌溉率最大的地区是上海，耕地灌溉率高达91.1%，最小的是贵州，耕地灌溉率仅为14.9%。全国范围内，耕地灌溉率高于50%的地区有上海、江苏、新疆、天津、湖南、浙江、北京、河北、江西、山东、河南、安徽12个地区，而低于50%的地区包括湖北、西藏、广东、四川、辽宁、福建、内蒙古、宁夏、广西、青海、陕西、吉林、重庆、山西、海南、云南、甘肃、黑龙江、贵州19个地区。

表3.1 中国不同地区2003年耕地面积和农田灌溉面积

地区	耕地面积/10^3hm^2	有效灌溉面积/10^3hm^2	耕地灌溉率/（%/10^3hm^2）
上海	282.3	257.3	91.1
江苏	4 902.3	3 841	78.4
新疆	4 037.2	3 051	75.6
天津	475.5	354.1	74.5
湖南	3 833.7	2 675.3	69.8
浙江	2 030.4	1 403.8	69.1
北京	259.9	178.9	68.8
河北	6 498	4 404	67.8

续表

地区	耕地面积/10^3hm^2	有效灌溉面积/10^3hm^2	耕地灌溉率/（%/10^3hm^2）
江西	2 871.1	1 873.2	65.2
山东	7 593.1	4 760.8	62.7
河南	7 936	4 792.2	60.4
安徽	5 758.7	3 285.4	57.1
湖北	4 718.1	2 043.7	43.3
西藏	362.5	156.3	43.1
广东	3 058.4	1 315.9	43
四川	6 112.4	2 503.2	41
辽宁	4 073.7	1 512.8	37.1
福建	1 366.4	940	38.8
内蒙古	7 004.2	2 568.5	36.7
宁夏	1 145.2	413.2	36.1
广西	4 337	1 516.7	35
青海	555.2	181.7	32.7
陕西	4 241.8	1 271.9	30
吉林	5 541	1 545.5	27.9
重庆	2 347.6	649.7	27.7
山西	4 172.3	1 095.3	26.3
海南	736.1	1 773	24.1
云南	6 187.3	1 457	23.5
甘肃	4 720.1	994.4	21.1
黑龙江	11 666.7	2 111.5	18.1
贵州	4 567.9	682.7	14.9
全国	123 392.2	54 014.2	43.8

2. 中国耕地面积在年际的变化趋势

2007 年 3 月 5 日，国务院总理温家宝在人大十届五次会议上强调，“在土地问题上，我们绝不能犯不可改正的历史性错误，一定要守住全国耕地 18 亿亩这条红线，坚决实行最严格的土地管理制度”。如果 18 亿亩耕地能够确保的话，灌溉地将随着水资源的合理调配发展至 10 亿亩左右。随着南水北调工程的逐步实施，2020 年前后中国耕地灌溉率可望达到 60.0%。由图 3.1 可知，中国有效灌溉面积 1975～2008 年呈上升趋势，年均增长率为 5.4%；而有效实灌面积也呈增加趋势，年增长率为 5.0%。

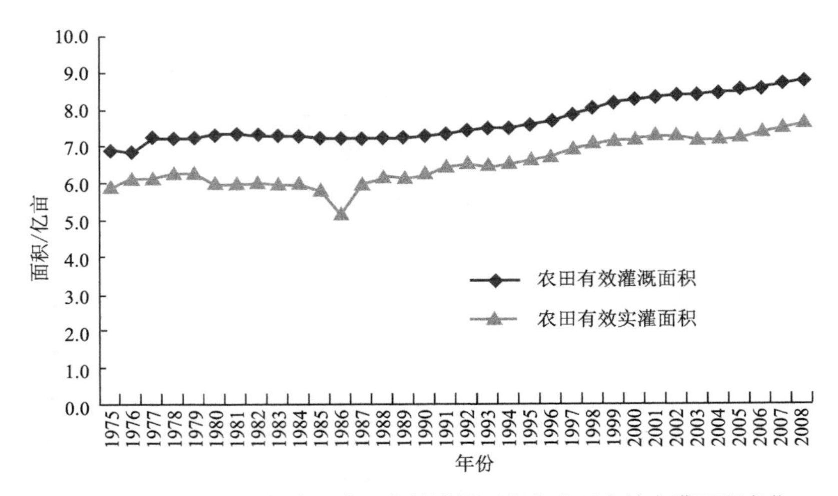

图 3.1　1975～2008 年中国农田有效灌溉面积和农田有效实灌面积变化

3.1.2　中国灌区存在的问题

灌溉地（包括水田）理应成为旱涝保收的粮仓。新中国成立以来，中国农田水利建设取得了十分显著的成就，有力地推动了农业乃至整个经济社会的发展。但也要看到，中国大部分大型农田水利设施均修建于 20 世纪 50～70 年代。20 世纪 80 年代以来，灌区管理或者说广义的灌溉管理实际上被放松了，出现了灌区萎缩、灌水质量降低、水费高、群众不愿买水灌田的现象。尤其是 2010 年以来，西南地区发生的特大旱灾充分暴露出中国农田水利设施薄弱、灌区建设严重滞后等突出问题。出现这些问题的原因可能包括以下几个方面。

（1）由于对粮食问题过分乐观的宣传，以及对灌溉浪费水过多的指责，使社会滋生了对灌溉的轻视。在上述思想的影响下，某些上级主管部门放松了应有的领导，灌区管理部门似乎感到灌溉事业得不到应有的重视，工作得不到应有的支持，导致部分灌溉设施老化失修，失去灌溉功能。

（2）灌区内农业结构的调整、果蔬花卉的增加，使原来主要管理粮棉油灌溉的技术力量不太适应，与群众的技术新需求产生差距，以致灌区管理和技术落后。

（3）由于机制等原因而出现的水费过高、地下水权不明确等现象也不利于灌区管理，群众浇地积极性受挫，使灌溉地不能充分发挥作用。

（4）大量地圈占灌区耕地而不作面积补偿，特别是近些年来城镇建设和工业交通的扩展占用了大量的灌溉地，这也是灌溉事业受到伤害的原因之一。

由于上述种种原因，至 2009 年，全国耕地有效灌溉面积为 8.9 亿亩，但农田旱涝保收实际面积仅有 6.3 亿亩。

3.1.3　战略目标和战略措施

综上所述，灌区存在的上述问题若不解决，将会在防旱抗旱上失去应有的主动性，给粮食安全造成重大威胁。因此，灌溉事业应下决心从面积上落实、从工程上保证、从管理上加强、从科技上提高，保证在2020年使全国保有9亿亩有效灌溉地，约占全部耕地的50%。按15亿人计算，人均0.6亩灌溉地，其中粮田0.5亩、果蔬田0.1亩；亩产650kg，人均325kg/a。

1. 实现人均0.6亩灌溉地

人均耕地面积阈值具有鲜明的时间和空间特征，其需要有明确的前提条件，人均灌溉地也是如此。这是由于在不同时期、不同地域，耕地的生产能力都不尽相同，此外，即使耕地生产能力不变，但不同的生活水平显然需要不同的耕地数量。确定人均灌溉地阈值，对于旱涝保收、保障粮食安全具有非常重要的战略意义，因此，在确定中国人均耕地面积阈值时，必须明确时间和空间尺度，并规定不同生活水平或人均消费粮食的数量。陈百明以2010年、2020年、2030年中国预期的耕地面积及可能达到的生产能力，按人均400kg、450kg、500kg粮食需求量的生活标准，推算全国及区域性的人均耕地面积阈值。

到2010年，按人均400kg、450kg、500kg粮食需求量的生活标准，全国人均耕地面积不应小于0.9亩、1.0亩和1.1亩，这可以看作是近期人均耕地面积的阈值。再按灌溉土地生产了占全国总量70%的粮食，即可大致推算出人均灌溉地面积阈值分别为0.62亩、0.70亩和0.78亩。

2. 实现灌溉地亩产650kg

从1950年到20世纪90年代初，中国粮食单产平均每年增加416kg/hm^2（27.7kg/亩），单产总增长250.7%，而世界粮食单产只增长了131%，中国高出世界119.7%。吴永常等通过研究预测出，到2030年，全国稻谷单产将达到620kg/亩，灌溉地小麦单产531kg/亩，玉米单产696 kg/亩，大豆单产276 kg/亩。

值得注意的是，粮食的单产不仅与作物种类、耕作方式等相关，也与当地的种植制度密切相关。作为防旱抗旱战略之一，人均灌溉地占有量和粮食亩单产的确定应当因地制宜，在不同的地区及不同的经济发展时期，其取值都不相同。也就是说，上述人均0.6亩和亩产650kg指的是全国平均数，各地区在统一规划下，可根据实际情况有所增减。

3.2　重视旱地农业，丰年多收，常年稳产，种草种树，发展果蔬

在全球范围内，旱地农业是农业生产的主要形式，农业用水主要依靠自然降水。近年来，随着农业结构调整的深化和不同作物生产比较效益的变化，旱作粮田占粮食总面积的比重呈增加趋势，国家粮食安全对旱地农业的依赖程度越来越高，旱地农业在抗旱防旱中的战略地位不容忽视。

3.2.1　中国旱地农业发展及现状

中国旱作区幅员辽阔，主要集中在西北、华北和东北地区。这些旱作区大部分属于地多水少、地表水资源不足、地下水资源短缺的平原地区，以及地形起伏、地表破碎、远离水源的丘陵山地区，主要包括沿昆仑山–秦岭–淮河一线以北的地区。这些地区属于

干旱、半干旱或半湿润偏旱地区，年均降水量为300～700mm，70%～80%的降水发生在6～9月，春旱十分严重。由于气候和人为原因，土壤沙化、退化严重，中低产田比重大。同时，农业经营粗放，农业节水技术普及率低，旱作区降水利用率一般仅在45%～50%，农作物产量低而不稳。

3.2.2 中国旱地农业面积及产量

中国现有10.1亿亩旱作耕地，约占总耕地的55%，主要集中在西北、华北、东北和西南地区。据对全国主要旱作区2365个县（场）调查，2003～2005年的平均粮食总产量达3470.5亿kg，其中旱耕地粮食总产量为1492亿kg，占全国粮食总产的43%。旱作区2/3以上为中低产田，土壤肥力低，化肥投入少，粮食单产为全国平均水平的70%左右，自然降水利用率仅为45%～55%，水分生产率不足1kg/m^3，而农业发达国家平均能达到2kg/m^3。

黄土高原综合治理试验示范区10多年的研究实例证明，在现有降水条件下，黄土高原的粮食增产潜势大致为一倍左右，而实际上现有的粮田生产力水平只有粮食产量潜势的0.3～0.5。从甘肃建设旱作节水基本农田（梯田、台田、沟坝地），推广全膜双垄沟播旱作节水技术的实践来看，短期内旱作区粮食亩产能达到290～340kg/亩，增产50～100kg或100kg以上。通过合理施肥和栽培技术的应用，陕西省长武县旱地小麦产量平均达到7875kg/hm^2（525kg/亩）以上。

3.2.3 战略目标

由于中国旱地农业大多在年均降水量400mm以上的半干旱地区，面积约为2000万hm^2，即约3亿亩；但这些地区的人口不足1.5亿人，人均耕地可达2亩，在正常年景，人均可获300kg左右的谷物，可以为储粮应对偏旱或大旱年景提供条件。

中国现有旱地约占全部耕地面积的53.5%，建议2020年调整为50%，即9亿亩。按15亿人计算，即0.6亩/人，其中0.4亩用于种植庄稼，0.2亩用于种植林果和牧草。按平常年单产200kg/亩计算，则可收获80kg/（人·a）的产量，与灌溉地的325kg/（人·a）相加，可达到405kg/（人·a），基本达到400kg/（人·a）的要求。

3.2.4 战略措施

1. 建设高标准旱作基本农田，增强农田抗旱减灾能力

通过建设高标准旱作基本农田，大规模实行旱作节水农业，将增强农田抗旱减灾能力，可增加470亿～940亿kg的粮食生产能力。旱作高标准基本农田的建设主要包括土地平整、机耕道、农田林网、土壤改良、地力培肥、节水补灌、抗旱播种及植保施肥等工程建设。

2. 树立“丰年多收，常年稳产，以丰补歉”思想

无论是旱作高产农田还是低产农田，都会受年际间降水量影响而出现波动性。在当前

科技水平下，遭受严重干旱造成大幅度减产是世界各国都不可避免的，因此对产量的要求不应以单一年度为标准，而应着眼于一个周期年内的平衡，如以5年作为一个周期，统筹安排，丰年多收，常年稳产，以丰补歉，储粮应对旱灾。做到在丰收年面前不大意，在灾害年份不恐慌，冷静积极应对，争取最大限度地减少年度损失，保持周期内储量稳步上升。

3. 农林牧结合，种草种树，发展果蔬，提高旱区生态抗旱能力

多数旱区由于土地不合理的利用导致农业生产力低下、植被覆盖低、生态环境脆弱、农业系统抵御干旱能力差，因此，旱区农业的发展方向应该是在保障生态安全的前提下，农业持续高效发展。合理的旱地农田利用方式是趋利避害，也是协调农业发展与生态环境建设的矛盾，实现生态抗旱减灾的重要途径。尤其是西部旱地应该定位于生态型特色农业，把生态环境保护放在首位，注重水土保持、生态建设、改造荒山荒坡与发展特色产业的协调发展；种树种草，扩大经济作物、园艺作物与畜牧业的比重，促进农林牧协调发展。澳大利亚、美国、原苏联的农牧业各占一半，中国牧业产值约占农林牧的30%，与发达国家相比，中国农牧结合层次较低，调整的潜力较大。建议在干旱半干旱地区调整农业内部结构，探索建立合理的农林牧种植结构，使旱地水土光热资源发挥最大的生产力、生态整体和协同效益，实现区域农业发展与生态保护的协调，增强农业系统抵御旱灾的综合能力。

3.3 保护耕地，改良土壤，适当发展后备农田，到2030年新垦1.5亿～2亿亩耕地

中国人口多耕地少，耕地后备资源不足，维护国家粮食安全、保持社会稳定始终是中国的一个重大问题。中国现拥有人口13亿人，耕地面积已逼近18亿亩红线。然而，依照目前的人口增长速度，到2050年左右，中国人口将超过15亿人，按照每人每年400kg的粮食要求，粮食总产量至少还需增加1.2亿t才能满足需求。因此，应将适当发展后备农田、科学推进退耕还林（草）、合理治理荒漠化土地作为防旱抗旱实现粮食安全的重要战略措施之一。

3.3.1 中国耕地资源现状

耕地是指种植农作物的土地，包括熟地，新开发、复垦、整理地，休闲地（含轮歇地、轮作地）；以种植农作物（含蔬菜）为主，间有零星果树、桑树或其他树木的土地；平均每年能保证收获一季的已垦滩地和海涂。

1. 中国耕地资源现状

根据国务院第二次全国农业普查耕地数据（表3.2）可知，2006年（截至2006年10月31日），全国耕地面积（未包括香港、澳门特别行政区和台湾省）为18.266 385亿亩。从地区分布情况看，西部地区分布的耕地较多，占36.9%；东部地区、中部地区和东北地区分别占21.7%、23.8%和17.6%。从耕地类别看，旱地面积比重较大，占55.1%；水

田和水浇地面积分别占 26.0%和 18.9%。

表 3.2 耕地分布及分类情况表（2006 年）

项目		面积/亿亩	占总量比重/%
全国		18.266 385	100.0
按地区分	东部地区	3.959 28	21.7
	中部地区	4.348 74	23.8
	西部地区	6.740 685	36.9
	东北地区	3.217 68	17.6
按类别分	水田	4.750 185	26.0
	水浇地	3.444 495	18.9
	旱地	10.071 705	55.1

国土资源部公布的 2011 年土地变更调查数据显示，2011 年年底，全国耕地保有量为 18.2476 亿亩，基本农田面积稳定在 15.6 亿亩以上，只有 8.67 亿亩有灌溉条件，尚有 9.59 亿亩不具备灌溉条件。

2011 年，全国耕地减少 532.7 万亩，其中建设占用耕地 485.0 万亩，灾毁耕地 33.5 万亩，生态退耕 14.2 万亩；同期，耕地增加 483.7 万亩，增减相抵，耕地面积净减少 49.0 万亩。全国建设用地净增 945.1 万亩，其中，依法批准 835.3 万亩，未批先建 172.5 万亩，变为其他用地 62.7 万亩。全国未利用地开发为农用地 261.9 万亩，建设使用地 190.9 万亩。

2. 中国耕地面积变化趋势

20 世纪 60～80 年代初，中国耕地统计数据失真较为严重，造成 1980 年以前耕地数量持续减少的假象。因此，根据国土资源部 1986～1995 年每年公布的耕地增减数据，反推出 1986～1995 年中国耕地资源总量，1996～2011 年的数据来自于国土资源部统计数据，整理数据如图 3.2 所示。

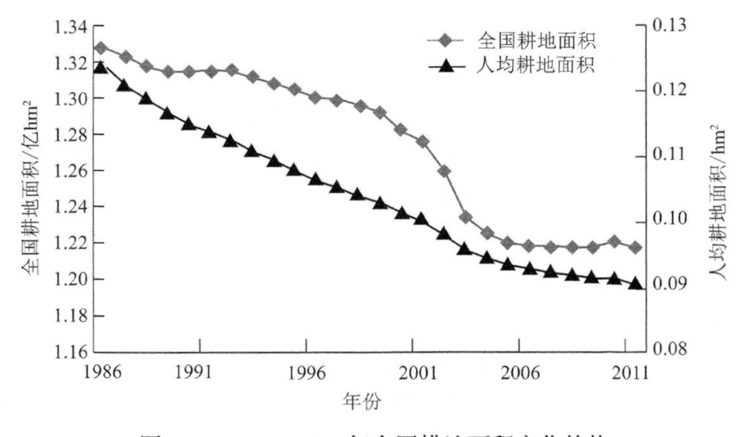

图 3.2 1986～2011 年全国耕地面积变化趋势

3. 中国粮食变化趋势

由图 3.3 可知，新中国成立以来，中国粮食生产呈持续上升趋势，人均产量由新中国成立初期的 200 kg 增加到 400 kg 以上，主要经历了以下 6 个阶段。

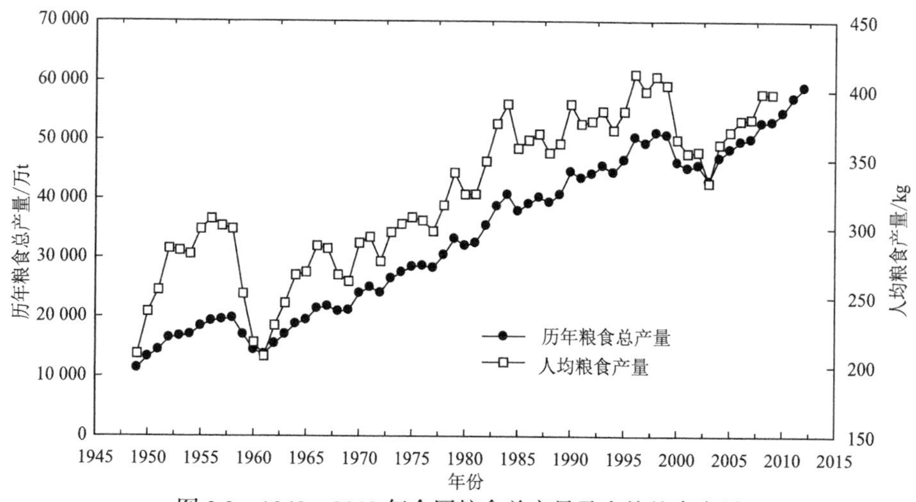

图 3.3　1949～2012 年全国粮食总产量及人均粮食产量

1949～1958 年，百废待兴，开始兴修水利，粮食产量几乎翻了一番，人均产量接近 300kg，可以认为基本解决了粮食问题。

1959～1961 年，受到大跃进的严重影响，再加上三年严重自然灾害，粮食产量倒退回 1949 年时的水平。

1962～1977 年，继续大兴水利，同时培育良种，使用化学肥料，粮食产量可观，恢复到 300kg。

1978～1996 年，兴建化肥厂，大力推广良种（如杂交水稻），粮食产量虽时有起伏，但总体增幅可观，人均产量达到 380kg。

1997～2003 年，“三农”问题严重，农业收入下降，种粮积极性锐减，导致粮食产量连年下滑，人均产量仅有 330kg。

2004～2012 年，重新振兴农业，废除农业税，提高粮食收购价格，粮食连续 9 年增产，产量突破 400kg。当前，粮食产量形势颇为乐观，这也是造成耕地面积有所下降的原因之一。

3.3.2　中国耕地面临的问题

虽然中国粮食产量的 9 连增（2004～2012 年我国粮食连续 9 年增产）奠定了坚实的粮食安全基础，但中国耕地保护依然面临 3 个难题。

1. 人均耕地仅1.35亩，不到世界平均水平的1/2

中低产田占耕地总面积近 70%。全国集中连片、具有一定规模的耕地后备资源少，且大多分布在生态脆弱地区，补充优质耕地越来越难。

2. 建设用地供需矛盾突出

城镇和农村建设双向挤占耕地，违规违法占用耕地的压力依然很大。例如，根据国土资源部的统计数据，2012 年前三季度，建设用地供应总量保持同比增长，基础设施和西部地区用地分别增长四成和五成。该年前三季度，全国国有建设用地供应总量为 44.06 万 hm^2，同比增长 9.2%。从供应结构看，基础设施用地同比增加 36.1%，占建设用地供应总量的 44.9%，同比提高 8.9 个百分点；工矿仓储和房地产用地同比分别减少 0.3%和 12.5%。从区域布局看，东、中、西部地区供地分别占全国建设用地供应总量的 37.7%、24.2%和 38.1%，西部地区占比同比提高 10.1 个百分点，东、中部地区均有所下降。西部地区供地同比增长 48.6%，其中基础设施和工矿仓储同比分别增长 91.8%和 29.0%。2012 年前三季度，全国发现违法用地行为 4.6 万件，涉及土地面积 2.09 万 hm^2，同比分别下降 8.7%和 41.3%。7 月以来，违法用地行为逐月下降，其中 9 月环比下降 8.5%。

3. 耕地质量降低

由于中国中低产田面积约占耕地面积的 70%，耕地土壤有机质含量平均仅为 18g/kg，比欧亚同类土壤低 1.5%～3%，这些耕地产量只有高产田的 40%～60%，改善耕地生产条件的潜力很大。根据《中国农用地（耕地）等级调查与评定》的结果，中国农用地平均等级为 9.8 等，高于平均值的耕地占 42.95%，低于平均值的耕地占 57.05%。其中，东部和中部地区耕地平均等级要高于西部和东北部地区，而东部和中部地区耕地数量要低于西部和东北部地区。因此，从耕地利用方针而言，东部和中部地区土地生产条件好，经济发展应尽量避免占用优、高质量耕地，确保耕地资源安全与生产能力稳定；东北地区应加强农田基础设施建设，注重基本农田规模化保护；西部地区应在不破坏生态环境的前提下，加大中低产田改造力度。从技术层面讲，在今后一段时期内，通过一系列的物理、生物、化学、工程技术等手段，改善中低产田耕地土壤理化性质，提高有机质含量，变中低产田为高产田，在耕地总量不变的情况下，可以大大提高粮食生产能力，保障粮食安全。

3.3.3 中国耕地保护的战略目标

严格保护耕地数量和质量，继续推进水土保持，改良土壤，科学实施退耕还林（草），在生态安全的条件下，有规划地在新疆和内蒙古等地区发展适当面积的后备农田 1.5 亿～2 亿亩，使全国耕地面积保持基本稳定。

3.3.4 中国耕地保护的战略措施

1. 继续推进退耕还林（草）政策，进行荒漠化治理，增加后备农田的储备力

中国西部有约占国土面积 1/6 的荒漠地，其中年降水量为 250mm 的荒漠地是可以被开发利用的，既可以种草，也可以变为良田。在治理沙地和开发沙产业方面，近年来已有若干的技术突破和发明创造，包括一些零散的成功实践，但尚未有规模地进行进一步

研究、比较、鉴定和示范，所以应建议有关部门出面，明确适合不同生态区域的治沙模式、机制和成套技术，使年降水量在250mm左右的地区成为具有可观经济产出的区域。

2. 控制城镇建设占用耕地，保证中国粮食安全

城镇化是经济社会发展的客观趋势，中国城镇化已进入快速发展阶段，但是，推进城镇化建设需要占用大量土地，而这与耕地保护在一定程度上又存在矛盾。经核实，2011年，全国纳入耕地占补平衡考核的建设项目共计20 738个，涉及占用耕地385.51万亩，对应的补充耕地项目22 001个，可补充耕地面积409.15万亩。

3. 积极改造中低产田，提高土地生产力

中国现有耕地面积18.2476亿亩，其中2/3以上为中低产田，耕地总体质量不高；而且，占耕地总面积41%的低产农田，其产量只有总产量的18%。根据测算，如果低产田中耕地面积只占10%，单产增加10%，则相当于使耕地面积增加0.44%，即803万亩。因此，随着城镇化建设步伐的加快，在短期内无法开发更多耕地的条件下，提高农业单产是一条重要途径。在继续抓好高产稳产农田建设的同时，应加强农业基础设施建设，兴修水利，积极改造中低产田，提高土地生产能力。

4. 截止到2030年，新垦发展1.5亿～2亿亩后备农田

中国土地利用仍有挖潜空间。2011年，中国集中连片耕地后备资源为734.39万 hm^2（1.1亿亩），可开垦土地为701.66万 hm^2（1.05亿亩），可复垦土地为32.72万 hm^2，主要分布在北方和西部的干旱地区。其中，66.5%集中于中国西北部的干旱和半干旱地区（包括新疆、宁夏、青海、甘肃、陕西、内蒙古等地区）；另外，有5%集中于生态脆弱的西南地区。位于东北、黄淮海、长江中下游、东南和其他地区的后备耕地资源仅占28%。其中，新疆的耕地后备资源最为丰富，面积为331.91万 hm^2（约为4978.65万亩）。

另外，2011年各地积极采取措施，清理批而未用土地，并取得明显效果。变更调查显示，往年批而未用的建设用地已于2011年开工建设，面积达到193.9万亩，比2010年增加102.2万亩。与此同时，实施鼓励开发利用低丘缓坡及荒滩等未利用地的政策也取得成效，2011年建设用地使用未利用地190.9万亩，有效减缓了建设用地占用耕地的压力。但数据还显示，2011年新批尚未建设的土地184.6万亩，占批准的新增建设用地的比重为22.1%，表明批而未用的土地仍有较大的挖潜空间。

因此，就目前形式来看，中国有一定规模的后备农田，但大多土地质量较差，为了保障18亿亩红线，在2030年，中国还需新垦1.5亿～2亿亩后备农田来保证中国的粮食安全。

3.4　加强农村供水建设，3～5年基本实现农村自来水化，保证遇旱半年无雨仍能做到供水安全

中国水利建设长期根据“水利是农业的命脉”这一指导思想狠抓灌溉，成绩巨大，

但却不够重视农民的生活用水。根据以人为本的方针，应当同等对待城乡人民，使农民也享用与城市人民相当的自来水。解决农村供水问题也是抗御旱灾的最好措施，如果人畜饮水得到保证，旱灾便可大大延缓和减轻。

3.4.1 中国农村供水现状

中国农村供水安全工程起步低、开展晚，长久以来一直是制约农村快速稳步发展的关键因素，农村饮用水形势严峻。因此，在国务院批准的《全国农村饮水安全工程“十二五”规划》中，将农村供水作为改善民生的第一要务，提出中国将在“十二五”时期全面解决农村人口的饮用水安全问题。

中国地域辽阔，地质地形和气候条件差异大，各地的技术、资源、自然地理条件和经济发展、生活水平各有差别，所以农村供水要坚持因地制宜、分类指导的方针。归纳目前农村供水不安全的原因，主要有两方面：一是资源型缺水，当地水源水量不足、水质低劣，造成供水紧张。例如，中国西北地区由于气候干旱，水资源稀少，当地人民用水困难。二是工程型缺水，由于经济落后、供水工程缺乏或滞后，造成供水不足。例如，2010年西南五省大旱，造成40万hm^2良田颗粒无收，2000万同胞无水可饮，暴露出农村水利基础设施依然薄弱的局面。由此不难看出，干旱缺水、旱灾频发和经济落后，对持续有效的农村供水工程阻碍最大，在未来农村供水工程体系建设中，要加强对此方面的战略决策制定。

3.4.2 中国农村供水安全的战略目标

综上所述，当前中国旱灾常常首先表现为饮用水断源。例如，江西、湖南、重庆、云南等地区，由于当地农村供水设施相当落后，稍遇旱情，井干池涸，饮用水便无法保证。因此，应当十分重视中国的防旱抗旱并尽快解决农村饮用水安全问题，群众对此甚为期盼，也一定会积极配合。

3.4.3 中国农村供水安全的战略措施

1. 加大扶持力度，制定相应基本政策，争取3～5年实现农村自来水化

实现农村自来水化是带动农村经济和社会发展的一大战略，各级政府部门均应重视农村供水工程建设，把集水、引水、储水工程摆在农村建设的首要位置。对农村供水工程给予相关政策倾斜和资金支持，调动一切积极因素，号召鼓励、吸引、刺激闲散资金投入到工程建设中来，把此项工作作为子孙后代生存的大工程来抓。

农村地区经济条件薄弱，供水工程作为公益性极强的公共性工程，工程建设还应以国家投入为主，地方资金配套支持，从各级税收中拨付建设资金，专款专用。此外，还可通过灵活多样的方式多渠道筹集资金，如改善乡镇供水投资环境，鼓励引导个人、私有企业投资，鼓励国外投资者以独资、合资合作等形式参与农村供水建设。对于西部贫困落后地区，应予以政策倾斜、重点扶持，提高国家对解决供水安全问题的人均资助强度，减免地方群众的配套资金，如国家对贷款银行实施贴息贷款，或出台农村供水工程

建设的用电优惠政策，支持建设运营单位的税收优惠政策和工程建设的用地优惠政策。

以甘肃省庄浪县为例，该县本来是黄土高原上饮水困难的县，但他们的口号是“引千里水，造万民福”，从百里之外的山中调引优质水源进村，实现人饮自来水，洗刷用窖水，种地用雨水，形式十分感人，群众十分拥护。2000年以来，国家对农村人饮工程建设的投资力度远远大于城区自来水工程，建成了九大农村人饮工程，共投资1.33亿元，其中国家投资0.92亿元，约占整体投资的69%；而2004年的城区水源地扩建工程年度投资644万元，其中国家投资仅123万元，不到总投资的20%，其余资金全部为地方自筹。

2. 加强农村供水工程的监管，建设水量、水质等各项达标的安全供水工程

农村饮用水安全保障的行为主体是政府，关键是监管，建立健全农村供水工程的建设运行法规和高效协调的监管机制是农村供水安全保障体系的重要方面。在工程设计建设中，应设立专职部门主持监督项目的评审，通过专家咨询讨论，招标有设计资质的正规单位进行科学规划。在全面考虑自然经济各环节的基础上，结合近远期发展，力求工程设计贴近实际需求，使供水成本及收取水价合理，达到安全标准。

在工程管理中，应结合农村地区供水范围广的特点，发动受益群众的积极性，建立民间群管组织，坚持专管与群管相结合、分级管理的管护模式。同时，建立健全相关法律法规，逐个确定管护责任，坚决维护水利工程设施不受任何损失和危害，并对监测、检测、检修记录等建立规范的档案管理制度，积极开发包括水利信息的采集、传输、存储、处理和利用的饮用水工程信息系统，提高供水信息资源的应用水平和共享程度，从而全面提高供水工程管理的效能、效益和规范化程度。

供水工程应着重考虑到水量和水质的全面安全。其中，水量保障应包括设计定额和供水保障率两部分。工程设计水量可结合各地气候特点、地形、水资源条件和生活习惯，分区制定农村居民生活饮用水定额，但最低标准要保证干旱地区不少于 20L/（人·d）的基本用水量。供水保障率应包括缺水期水源保障率和工程保障率两部分：水源保障率应在90%以上，工程保障率在事故供水率上应达到70%以上。

供水水质应从水源水质和处理后水质两级考量。水源水质标准根据不同水源类型设置，对于集中式供水和水质条件较好的分散式供水工程，水源水质标准可依据《地表水环境质量标准》（GB3838—2002）和《地下水环境质量标准》（GB/T 14848—93）；对于采用水质不稳定的雨水或坑塘水水源的分散式供水，可按照《生活饮用水水源水质标准》（CJ3020—93）指标对水质进行安全性评价。处理后水质必须符合《农村实施〈生活饮用水卫生标准〉准则》，并根据财力情况逐渐革新工艺，最终达到《生活饮用水卫生标准》（GB5749—2006）的要求。

3. 遵循自然规律，利用各种水源、多种供水方式，保证缺水期供水安全

农村供水方式的选择应遵循自然规律，科学设计，确保干旱地区或遭遇大旱之年，半年无雨仍能正常供水，一年无雨仍能就地生活。村民居住区宜设在距水源较近、自然条件较好的地方，并广泛利用区内的河溪水、湖库水、泉水、雨水等各种可用资源，联合多种供水模式进行优化供给。

（1）为节省建设经费，位于城镇近郊的农村，可考虑在已建城镇集中供水管网的基础上延伸式供水。

（2）在区内优质水源水量充足、经济条件较好的平原地区，可利用自有资源建设集中式供水工程。考虑到供水效益与工程规模大小成正比，工程设计时可打破行政区划，联合各个小型村落，对区内水源和供水范围统一规划，整区连片集中供水。

（3）在区内经济发展良好但水源水质污染严重的地区或水源稀少的山区、丘陵地区，可考虑跨行政区或水域建立高标准的调水工程，保证供给优质饮用水。

（4）在地形复杂、村落稀疏分散、不宜建造集中式供水工程的地区，可根据实际情况建设分散式供水工程。如果区内有良好的浅层地下水或泉水，可建造引泉工程或开挖家用水井。若规划区淡水资源缺乏或开发利用困难，但多年平均降水量大于250mm时，可建造雨水集蓄工程，如甘肃的“121雨水集流工程”和内蒙古的“112集雨节水灌溉工程”等。其中，水窖容积的设计应保证在无其他水源及干旱的冬、春季节足够供人畜饮用，一般北方地区应按集蓄后连续供水 10 个月确定，南方地区应按连续供水 3～6 个月计。

（5）在中国南方地区，考虑到旱季和水源污染对农村供水工程的影响较大，各地应建设农村供水工程应急响应机制，建立应急备用水源，减少灾害损失。例如，在水源稀少或旱灾频发的地区，当地除了为居民铺设自来水管和开凿户内水井外，还积极开展雨水、雪水和客水集蓄工程建设，通过水窖、水柜和水坝等集蓄技术蓄积水量，除平时作生活杂用水，有效补充日常生活用水量外，还可在旱季缺水时作为住户的应急水源，储水设施容积按每年复蓄3次左右进行设计。

4. 防治污染和过度开采，保护水源，大力推进生态文明建设

实施“可持续发展”已成为国民经济和社会发展的一项重要战略，为建设可持续发展的供水工程，应该把农村生态文明建设放在重要的位置上。在搞好环境保护和生态建设的基础上，合理开发地表及地下水源。一方面，应制订农村环境保护条例，积极开展农村生态环境建设；另一方面，环保部门要加强对农村水污染和地下水超采的监督管理，遏制农村水环境恶化的趋势。

近年来，由于水源紧缺及严重旱灾的频发，地下水的过度开采呈加剧态势。统计显示，2008年全国有地下水降落漏斗222个，其中浅层133个、深层78个、岩溶11个。过度超采导致地下水位持续下降，区域上发生地面沉降，地表干旱沙化，影响人们的用水安全。此外，生活污水和工业废液及化肥农药等渗漏渗透，造成大面积水域，尤其是地下水环境质量恶化，这让很多地方出现群众住在河边没水喝，打出的井水无法喝的现象，甚至开凿的水井根本无水，只能靠打深井汲取深层地下水或采用深度净水装置进一步处理，这不但预支了子孙的资源，还造成了供水成本的激增。

因此，加大对水源地保护区的管理，加强对现有天然水资源污染的防治，严厉禁止地下水超采，提高污水治理水平是确保农村供水工程长期有效运行的有力保障。为此，首先，应全面提高地下水环境监管能力，建成地下水污染防治体系。通过关停违规自备井，利用雨水回灌等措施恢复地下水水位，并形成成熟的地下水污染防治法律规范，违

规工矿企业必须对污染地下水做出恢复治理，并建立第三方咨询、测评和技术的专业公司。其次，对地表水系严格管理，定期维护，对辖区内河道、水渠进行清污治理和积极防护，达到有水必清的治理目标。最后，农村生活污水实施分类治理。距离市政污水管网近、符合接入要求的村庄，采用市政管网统一收集处理模式，村庄布局分散、规模小、地形复杂、污水不易集中收集的村庄，可采用分区连片进行收集，每个区域污水单独处理，以达到占地面积小、运行安全可靠、出水水质好的效果。

3.5 重视水源保护，特别是地下水源保护，杜绝污染，限制开采，实现永续利用

中国是一个水资源相对匮乏的国家，新中国成立后，随着人口激增及社会经济的飞速发展，水资源短缺的态势不断恶化，干旱成灾呈不断加剧的趋势，因旱而引发的人畜供水安全问题、旱灾区农业减产的粮食安全问题及灾区后续的生态环境修复问题也日益严峻。地下水分布面广，抗旱能力强，因此地下水资源的开发利用及保护问题乃是防旱抗旱、确保水源供给安全的当务之急。

3.5.1 地下水资源的主要特征

地下水资源是地球上总水资源的一个组成部分，又是一种埋藏于地下的特殊地质矿产资源。作为供水水源，相对于地表水而言，地下水资源具有分布广泛、水量稳定、水质良好、不易污染、易于利用等特点。

1. 分布广泛

地表水资源深受自然地理与气候条件的影响，其分布具有很大的局限性，因此地表水资源的开发利用更多惠及的是地表水所分布的局部区域或地区。相反，地下水资源的赋存则具有普遍性，是一种广泛存在的“面”状水资源，尤其是社会经济及科学技术条件飞速发展的当今时代，只要条件允许，几乎都可以在当地开采出数量可观的地下水资源。

2. 水量稳定

由于地下水深埋于地下，其对外界气候变化及人类活动的影响响应相对减弱，其自然的动态变化过程明显弱于地表水资源，但供水保证率相对较高。单从这一点来讲，地下水资源将是更良好的供水水源选择对象。

3. 不易污染

同样，由于地下水深埋于地表以下，受到上部包气带的保护，其相对于地表水体更不易受到外界物质的影响，从而不易受到污染。

4. 易于利用

因地下水广泛存储于地下空间，对其多采用管井或筒井等形式进行直接开采，就地利用，大不必像地表水体的开发利用那样需要兴修大型的地表水利工程设施，所以其具有易于开采利用的特性。

事物的某些优点往往在一定条件下也会成为它的弊端。地下水资源作为供水水源虽具备一些有利特征，但人们万万不可因此认为“地下水资源是取之不尽，用之不竭的水资源”，从而对其进行任意的开发利用。在对地下水资源进行开发利用时，还需充分考虑到由于地下水资源处于地下，更新循环缓慢，可恢复性相对较差，因此对其开发利用时更要慎重，切不可超量开采，造成地下水资源疏干枯竭。此外，由于地下水受到包气带层的保护而不易被污染，但并不代表地下水不会受到污染；相反，现在地下水的污染问题也是一个比较普遍的问题，且其恢复治理的难度要比地表水体污染难得多，有时甚至被认为在短期是不可能实现的，因此对地下水资源的污染防治与保护至关重要。

3.5.2 地下水的抗旱战略目标

通过认真勘察，对适宜饮用的水源要限制开采，并作为“救命水”加以保护，特别是深层地下水，更应严格控制开采，不能因采矿采油等原因随意疏干和污染。在有条件的地方，应修建地下水库和沙石水库，藏水于地下和含水层中，避免污染和大量蒸发损耗，以备非常时期的需要。

3.5.3 地下水资源抗旱战略措施

1. 充分认识地下水的资源属性和生态属性，做到科学评价，合理利用

地下水深藏地下，量大面广，具有十分重要的资源属性和生态，对防旱抗旱及维系区域水文生态环境安全具有十分重要的意义，因此在开发利用之前，必须要进行认真的勘察工作，做到科学评价，合理利用，从根源上避免因评价失误而造成人为的地下水资源枯竭，妨碍到其抗旱功能的实现。

根据新一轮地下水资源评价成果，全国地下淡水天然资源多年平均为 8837 亿 m^3，约占全国水资源总量的 1/3，其中山区为 6561 亿 m^3、平原为 2276 亿 m^3；地下淡水可开采资源多年平均为 3527 亿 m^3，其中山区为 1966 亿 m^3、平原为 1561 亿 m^3。

由于地下水资源的自身特征及评价过程的复杂性，对许多地区地下水的评价程度较低，甚或存在部分地区地下水评价工作的遗漏问题，因此仍然需要重视和加强对地下水资源的评价，尤其是一些偏远山区往往也是人饮工程建设缺失或落后的地区，一旦发生干旱，便会出现严重后果。

2. 加强地下水的人工调蓄，储备更多的抗旱资源

据统计，中国地下水超采量由 20 世纪 80 年代的 100 亿 m^3/a 增加到 2010 年的 228 亿 m^3/a，地下水超采面积由 5.6 万 km^2 扩展到 18 万 km^2。

其中，河北、河南和山东的地下水资源开发利用量最高，这种大规模的开发利用也导致了中国北方众多地区地下水超采，其中华北平原地下水开采程度最高，达 114%，深层地下水已严重超采，河北平原和北京平原区地下水超采量累计分别达到 500 亿 m^3 和 60 亿 m^3，已严重危及地下水的可持续开发利用和防旱抗旱能力的发挥。

值得注意的是，地下水超采问题在北方十分普遍，在南方也逐渐显露出迹象，湖南地下水开发利用增长速度十分显著，上海地下水超采问题也十分突出，地下水开采程度高达 90%，表征着地表水资源丰富的南方地区对地下水的开发利用也已呈现出较大的增加态势。

这些超采疏干地区的地层本身处于一种空置状态，大可利用地下水的调蓄特性，通过人为措施（如改掉过去一味强调节水的灌溉模式，适当加大灌溉定额或选择合适的灌溉方式，通过灌溉增加对地下水的有效涵养和补给），人为地加大对地下水的有效补给，涵养地下水源，以备干旱时利用，从而遏制或缓解干旱致灾的出现。

在这里，值得一提的是关于修建地下水库调蓄地下水的问题。中国关于地下水库的研究始于 20 世纪 60 年代，但由于各种原因，成功运行的地下水库十分少，这在一定程度上表明水利建设对于地下水的忽视，也让近些年来的干旱成灾问题愈显雪上加霜。因此，应该在进行详细的野外勘察和调查的基础上，在有条件的地方，修建地下水库，藏水于地下，这样既避免了修建地表水库的污染、蒸损、占地和淹没问题，也储备了大量优质的地下水源，以备非常时期供水利用。

3. 科学规划、统一管理，实现水资源的统一高效利用

地表水与地下水本身作为水资源系统的有机组成部分，本来应该进行统一规划，科学管理，在面对干旱问题时，不应割裂两者的关系。

在防旱抗旱应对措施方面，应该提倡地表水与地下水联合利用，确保水资源的有效供给保障能力。在地表水供给充足的情况下，优先利用地表水，对地下水资源进行有效涵养；在地表水供给不足的情况下，合理利用地下水，确保供水安全。

在此，值得提出的是，目前中国很多地下水资源开发利用工程的后期维护和管理工作相对滞后，很多老井年久失修或疏于管理，大多报废，难以在防旱抗旱工作中发挥正常作用。因此，应从政策、体制和技术等方面，加强对地下水资源工程的规划、运营和管理，确保地下水资源成为抗旱资源。

4. 加强地下水资源基础工程措施建设，防患于未然

在中国南方的很多地区，地表水资源较为丰富，无论是工农业生产还是人民生活供水，多偏重于地表水资源的开发利用，尤其是那些经济发展相对落后的地区，人民生活用水几乎全部依赖于当地的地表水体，这样便为干旱致灾埋下了隐患。对于这些地区，一旦遇到大旱，再急于找水打井，由于旱灾已形成，已于事无补。因此，应加强对这些地区地下水前期的研究勘察工作，并将 30%的地表水资源量作为启动地下水资源抗旱防灾的基本界限，合理布井，并做好后期管理，一旦遇到干旱缺水，则可启用这些备用的地下水源抵御旱灾。

5. 防治地下水污染，对已有污染进行合理修复

目前，中国地下水不同程度地遭受有机和无机有毒有害污染物的污染，已呈现由点向面、由浅到深、由城市到农村不断扩展和污染程度日益严重的趋势，而且北方污染程度要大于南方。中国 118 个大中城市地下水的监测统计结果表明，较重污染的城市占64%，也就是说，大致有 75 个大中城市地下水属于较重污染区。地下水污染问题已严重影响到其使用，因此必须对地下水进行有效修复。前面已经提出，地下水一经污染修复治理的难度非常大，因此要确保地下水作为防旱抗旱资源，就必须保证其水质的优良，所以必须通过法律、制度等措施来加大对地下水的保护力度，划分地下水源保护区，以防为主，防治结合，最好做到防患于未然。

3.6 重视西线调水工程，加大荒漠化土地修复力度适度发展草原畜牧业和沙产业，增加食物产出

长期以来，中国形成了狭隘的“粮食观”，然而现代农业应是“食物观”。所谓“食物观”，不但包括食用谷物，也包括肉、蛋、奶等。在符合营养标准的食物构成中，后者的食物当量明显高于谷物。中国有 60 亿亩的天然草地资源（其中 45 亿亩为北方草原，15 亿亩为南方草山草坡），约为中国可耕地面积的 4 倍，草原的合理开发不但可以发展畜牧业，减轻对粮食问题的压力，而且可以改善生态环境和减少碳排放。因此，必须重视中国草原的建设与开发。

中国沙漠，包括戈壁及半干旱地区的沙地在内的总面积达 1.31 万 hm^2，约占国土总面积的 13.6%，其中年降水量为 250mm 的地区是可以被开发利用的，既可以种草，也可以变为良田。近年来，在治理沙地和开发沙产业方面，已有若干的技术突破和发明创造。

3.6.1 中国草原畜牧业和沙产业现状

沙产业、草产业理论是由中国著名科学家钱学森先生于 20 世纪 80 年代首先提出来的，他预言，创建知识密集型沙产业、草产业将是 21 世纪中国出现的第六次产业革命。

1. 中国草原畜牧业发展现状

草原畜牧业是以草原为基地，主要采取放牧的生产方式，利用草原牧草资源饲养家畜来获取产品的畜牧业。以草原畜牧业经济活动为主的经济类型区称为草原牧区。

中国草原主要分布在东北平原西部、内蒙古高原、黄土高原北部、青藏高原、祁连山以西、黄河以北的广大地区。全国有 259 个牧区、半农半牧区县（旗），其中牧区有122 个县（旗），半农半牧区有 137 个县（旗）。中国草原牧区总面积约为 360 万 km^2，占全国土地面积的 37%，有天然草原面积 2.77 亿 hm^2（其中可利用面积为 2.02 亿 hm^2）。草地类型多样，有各种牧草 3000 多种，人工栽培牧草数十种。许多种牧草产量高。同时，还分布有属于国家一、二类保护的珍稀野生动物数十种，名贵药材和珍贵经济植物数百

种。此外，草原地区还蕴藏着丰富的能源和矿产资源，是21世纪中国重点开发的地区，其经济发展潜力很大。

改革开放以来，尽管中国草原畜牧业有了很大发展，但是，从总体上看，仍然不能满足国家建设和人民生活日益增长的需要，不仅发展速度慢、水平低、不稳定，而且存在基础脆弱、后劲不足等严重问题。

2. 中国沙产业的现状

中国人口众多，土地资源匮乏，在沙漠、戈壁、沙化土地上，通过高科技，提高太阳能转化率，发展沙产业，有利于重点治理区生态状况的明显改善。据调查，西北地区难利用土地约为1.80亿hm^2，其中除了冰山、雪山、城市等不可利用外，还有近1.33亿hm^2土地。近10年来，中国在北方风沙线上，依托“三北”防护林、京津风沙源治理、退耕还林等重点生态工程，大力开展植树造林种草，加大沙化治理力度，使重点治理区生态状况得到明显改善。“三北”防护林累计完成造林面积2467万hm^2，森林覆盖率由1977年的5.05%提高到2011年的10.51%。

沙产业发展促进了市场营销体系的初步建成，如新疆和田帝辰沙生药物开发有限公司发展肉苁蓉产业。近10年来，各地以重点项目为抓手，通过产业结构调整，形成合理的产业布局，如内蒙古鄂尔多斯市形成了以造纸、生物质能源、生物制药和生态旅游为主体的产业体系；河北形成了优质梨、燕山京东板栗、桑洋河谷、冀东优质葡萄、冀西北仁用杏等“五片两带”果业发展布局（金正道，中国治沙暨沙业学会）。

3.6.2 战略目标

如上所述，中国现有70多亿亩沙漠和草地，其中有相当一部分只要解决水的问题便可作农牧业利用，可以成为牧业和杂食基地，从而获得肉、奶、蛋、油等食品，补充粮食的不足，这也是当地人民度日和抗御干旱的必要条件，应认真对待。发展沙产业和草原畜牧业必须要解决水的问题，因此重视西线南水北调，是保障西北地区沙产业和草原畜牧业快速发展的重要措施。应将西线南水北调和区域水资源调节作为重大决策，尽快实施。

3.7 推进秸秆养殖利用，科学发展农区养殖业，节约养殖用粮

农业投入要素中最终约有50%转化为农作物秸秆。秸秆资源的浪费实质上是耕地、水资源和农业投入的浪费。中国是农业大国，农作物秸秆产量大、分布广、种类多，长期以来一直是农民生活和农业发展的宝贵资源。随着农业连年丰收，秸秆产出量也逐年增多。全世界秸秆年产量达29亿多吨，中国是粮食生产大国，也是秸秆生产大国，每年可生产秸秆7亿多吨，占全世界秸秆总量的20%～30%，其中，水稻、小麦、大豆、玉米、薯类等粮食作物秸秆约为5.8亿t，占秸秆总量的89%；花生、油菜籽、芝麻、向日葵等油料作物秸秆占总量的8%，棉花、甘蔗秸秆占总量的3%。据调查统计，2010年秸

秆收集量约为 7 亿 t，其中 13 个粮食主产区约为 5 亿 t，约占全国总量的 73%。随着农业生产方式的转变和农村生活条件的改善，秸秆随意抛弃、焚烧现象严重，会带来一系列环境问题。

3.7.1 中国秸秆养殖现状

据粗略估计，目前中国直接用作生活燃料的秸秆约占总量的 20%，用作肥料直接还田的秸秆约占总量的 15%，用作于饲料的秸秆约占总量的 15%，用作工业原料的秸秆约占总量的 2%，废弃或露天焚烧的秸秆约占总量的 33%。露天焚烧虽然是目前解决秸秆去向的主要途径，但该途径既浪费了资源又污染了大气环境，还带来了严重的社会问题，导致附近居民出现呼吸道疾病，也造成高速公路被迫关闭、飞机停飞等问题。

秸秆综合利用一般分为肥料、饲料、燃料、工业原料 4 个方面。近年来，在国家政策的引导和扶持下，秸秆资源化利用技术不断完善和推广，其在秸秆用作肥料、饲料、食用菌基料、燃料和工业原料的产业化利用等领域得到较快发展。目前，一批以秸秆为工业原料生产代木产品、商用发电、秸秆成型燃料、秸秆沼气的兴起，推进了秸秆资源综合利用的产业化进程。

3.7.2 战略目标

综上所述，中国素有利用秸秆杂草饲养牛羊鸡猪的经验，应当在科技进步的推动下，继续发扬，同时发展果蔬及菌类生产，节约养殖用粮，补充人类营养和促进粮食安全。

3.8 重现江南鱼米之乡的粮食生产，力争自给，扭转北粮南运的不合理、不安全局面

中国地域辽阔，气候多样，但受制于地形地貌和大气环流的影响，自然降水南北悬殊；西高东低的阶地，使地表径流、地下水依势分配，东西差异明显。与此相应的大气干燥度则由东南向西北逐级升高，由此造成中国东南沿海及整个南方地区水资源丰足，水热要素匹配好，成为农业富庶之区，更是南方农业地域资源的所在，也是历史上形成“南粮北调”的重要基础。改革开放后，东南沿海和南方经济快速发展，由于忽视农业、过度开发、侵占农地，造成粮食短缺，使得“南粮北运”难以维持。

中国北方降水少，光照充足，但因为水资源短缺，致使光温应能实现的生产力远未能成为现实生产力。为此，北方旱区大力发展水利，拦截径流，开发地下水，强化水、热资源调控力度，有力地促进了北方粮食生产的发展，这是“北粮南运”的基础所在。然而，这种粮食生产格局的变化是以过量地消耗本已短缺的北方地表水和地下水资源为代价的。一旦持续干旱，北方粮食生产的安全性能就会下降，“北粮南运”必将难以为继，届时全国粮食，乃至整个农业将会呈现危急状态。

3.8.1　中国当前粮食生产格局分析

新中国成立以来，中国粮食主产区空间格局发生了较大变化，全国粮食生产区域由南方持续向北方转移，由东部、西部逐渐向中部推进，其中东南沿海区粮食生产急剧萎缩，东北区和黄淮海区成为全国粮食增长中心。

以浙江为例，粮食种植面积在20世纪50年代为326.35万hm^2，到了20世纪90年代下降到293.99万hm^2，2008年进一步下降到127.16万hm^2。广东等的粮食种植面积变化与浙江具有相同的趋势。与此相反，北方一些省份粮食种植面积则呈增长的趋势。以黑龙江为例，粮食种植面积在20世纪50年代为604.76万hm^2，到了90年代扩大到767.27万hm^2。2000年以后，黑龙江的粮食种植面积继续呈扩大趋势，2008年黑龙江的粮食种植面积达1098.89万hm^2，是20世纪50年代的1.82倍。

半个多世纪中，粮食种植面积呈增加趋势的地区有9个，包括内蒙古、吉林、黑龙江、江西、贵州、云南、西藏、宁夏、新疆。在种植面积增加的地区中，增幅也呈现较明显的差别。例如，贵州、云南、宁夏等地区的种植面积与自身相比呈现较大增幅，但由于原来起点较低，所以增长后的种植面积占全国的比例不大，原来起点较高且增幅较大的省份主要位于东北地区。从粮食种植区划上看，粮食生产主要分布于长江中游地区、黄淮海地区和东北地区，其中种植面积在400万hm^2以上的地区有河北、内蒙古、吉林、黑龙江、江苏、安徽、山东、河南、湖南、四川；辽宁、江西、湖北3个省份的粮食种植面积也超过了300万hm^2。这13个地区的粮食种植面积占全国粮食种植面积的71.84%，产量占全国的75.50%，成为中国的粮食主产区。

3.8.2　战略目标

在历史上，中国江浙湖广都是鱼米之乡，粮食自给有余，但现今有的省份大量土地荒芜，经营不善，水资源大量浪费，粮食减产，出现了北粮南运的不正常局面，消耗了大量能源物资，埋下了粮食不安全的祸根，应下决心消除。

3.9　储粮备荒，实现国家、农户按人各储半年粮

“民以食为天”，粮食是关系国计民生的重要战略物资，粮食储备关系到社会的和谐、政治的稳定和经济的持续发展。2013年1月15日，李克强总理强调“广积粮、积好粮，好积粮”，而中国自古就有“备粮度荒旱”的传统，新中国成立后也创造了“深挖洞、广积粮”和“藏粮于民”的成功经验，我们应当继续运用。

3.9.1　中国储粮现状

改革开放前，中国粮食供应长期处于短缺状态，粮食储备数量有限，仓储设施建设投入较少。因此，仓容总量不足，配套设施、设备落后的情况普遍存在。改革开放以来，中国粮食产量连续上了几个台阶，国有粮食企业收购数量逐年增加，仓容不足和设施落后问题日益突出。原商业部、原国家粮食储备局的内部统计资料显示，1991年以前，中

国历史上没有成规模地建设粮库。全国 80%以上的粮库仓容规模不足 0.25 亿 kg，且仓型落后。至 1991 年 12 月底，全国粮食总库存（混合粮）1665.5 亿 kg，其中露天储粮 509.5 亿 kg，占总库存的 31%。

中国粮食储备经历了三个阶段：1982 年前为第一阶段，粮食储备包括备荒储备、战略储备、商品库存和农村集体储备 4 部分；1982～1990 年为第二阶段，上述粮食储备的 4 部分中，农村集体储备被农户储藏取代；1990 年后为第三阶段，以国家建立粮食专项储备制度为标志，主要包括战略储备、备荒储备、后备储备（专项储备）、周转储备（商品储备）和农户储藏，标志着中国粮食储备体系向现代储备制度迈出了决定性的一步。

3.9.2 中国储粮备荒的战略目标

现阶段，中国防旱抗旱确保粮食及农村供水安全的战略目标应为正常年份储备粮食，荒年施放救灾，并从政策和措施上加以落实，力争农户、国家按人各储半年粮。

3.9.3 中国储粮备荒战略措施

中国粮食库存主要包括国家粮食储备、企业周转储粮和农户存粮三大部分。本书主要分析国库藏粮和农户藏粮。

1. 藏粮于国库

目前，中国中央储备粮以原粮为主，更新时间因事而异，但轮换周期要保证在 1 年以上，其中，战略储备和备荒储备要在 3 年以上，后备储备 2～3 年，周转储备 1～2 年。但鉴于一般的旱情持续时间约为半年，因此要储备抗旱粮食必须要保证国库有半年储备粮。

2. 藏粮于民

农户储粮在中国粮食储备体系中占有很重要的位置，是确保粮食安全的基本保障。与发达国家不同，中国粮食生产以一家一户为主。与此相应，农村居民的口粮也大都分散储存在农户家里，数量高达 2000 多亿千克，约占全国粮食总产量的 50%。大量粮食存于农户之手，使得粮食供应紧张时，农民不会跟风抢购；粮食丰收时，也不会出现大量抛售，这对稳定粮食市场具有不可替代的重要作用。

但近年来农户存粮趋于下降值得关注。据抽样调查，有 61%的农户存粮只够 7 个月所需的口粮；有 10%的农户存粮只够维持 3 个月的消费需求；另有 29%的农户甚至不存粮或很少存粮。如果照这种趋势发展下去，将不利于农村粮食安全，应引起各方高度重视。

因此，本书认为，必须加强农户储粮建设，争取国家和农户各储半年粮，以度荒灾。

3.10　节粮节水，建立节约型社会

水问题从大禹时代就困扰着中华民族，水荒、水患和近年来日益严重的水污染正伴随我们进入 21 世纪。粮食问题也不容乐观。如前所述，目前中国人均粮食占有量已接近世界粮食人均占有量的警戒线。尤其是近年来，在防旱抗旱的紧张形势下，节粮节水问题成为关系到国计民生的重大问题。因此，节粮节水是构建节约型社会的重要内容，节约型社会的构建也为节粮节水提供了广阔的社会保障。

3.10.1　节粮节水的节约型社会理念的形成

勤俭节约历来是中华民族的良好传统，但是节约理念的形成应该从理念形成的深层价值观进行挖掘，从强化节约意识、树立节约的道德观念进行。

1. 节粮型社会理念的形成

首先，形成粮食资源的忧患意识，是节粮型社会形成的基础。近年来，中国工业化、城镇化进程加快，人口增长，耕地减少，这种国情决定了在相当长的时期内，粮食供求平衡将处于偏紧的状态，加上受到全球气候变暖和生物能源技术的影响，中国粮食安全时刻面临挑战，粮食安全始终是摆在我们面前的重要课题。一旦爆发世界性的粮食危机，没有哪个国家能够帮助我们这样的人口大国。因此，要充分认识节约粮食的重要性和紧迫性，增强历史责任感和使命感，在全社会广泛开展节粮活动，切实维护粮食安全，做到温饱不忘饥寒，丰年不忘灾年，增产不忘节约，消费不能浪费。

其次，节粮的同时应培植节粮和保护耕地并行的理念。在全社会形成节约粮食、反对浪费的氛围，同时要下大力气保护耕地，“民以食为天，粮以地为基”，任何时候都不能放松土地监管，必须看牢盯死，严防死守耕地红线，这是国家的重大战略。一旦出现粮荒，将会危及社会的和谐稳定，节约粮食，保护耕地，二者合为一体，节流开源，才能不断实现粮食总量的增加，真正保障粮食安全，造福子孙后代。

最后，从手段上，通过新闻媒体、学校等多种途径，在全社会广泛深入开展节约宣传教育活动，传播健康的生活方式和消费理念，不断提高全民的资源节约意识和环境意识，建设节约文化，倡导节约文明，形成“节约光荣、浪费可耻”的良好社会风尚。

2. 节水型社会理念的形成

有关节水型社会的建立，李佩成[1]院士早在 20 世纪 80 年代就已经提出了。在当前形势下，面对防旱抗旱的主题，这种节水型社会的理念应该广泛传播。所谓节水型社会，就是社会成员改变了不珍惜水的传统观念，改变了浪费水的传统方式，改变了污染水的不良习惯，深入认识到水的重要性和珍贵性，认识到水资源并非无限，认识到为了获取有用的水需要花费大量劳动、资金、能源和物质投入；并从工程技术上变革目前的供水、排水技术设施，使其成为可以循环用水、节约用水、分类用水的节水系统，实行有采有补、严格有序的管理措施，并将节水认识和节水道德传教于后代，从而把现在浪费水的社会改造成为“节水型社会”。建立节水型社会必须做到以下几点。

第一点，深层理解节水社会理念。首先，认识水资源的自然规律，这是指根据水资源特性显现出来的水资源的基本规律，包括“水循环原理”和“水量守恒定律”共同构成开发利用水资源的基础和前提。其次，认识水资源的社会规律，即在人类发展的现阶段，水资源在参加生产的同时，常常既能作为劳动资料，又能扮演劳动对象，成为了一项新的社会生产力。再次，认识水的生态规律，从生态学（即关于生物圈中生物主体与周围环境关系的科学）的角度看，其是合理利用自然资源的科学基础，根据生态学原理，对水资源的开发与管理进行指导。最后，节水型社会的核心就是必须认识到水资源的永续供给。

第二点，重视多维治水的思维。在节水型社会的建立过程中，应该综合各种因素，形成多维治水的思维。自然界是一个整体，水资源问题不是一个孤立的问题，“三水”的统观和统管只有在国家的宏观治理和科学调度中才能得到完满的解决，通过思想意识、科学技术手段、经济刺激和法律保障等多项措施联合，保证水文生态的整体性良好发展。

第三点，节水养水结合。节水和养水之间有着对立和统一的关系：节水主要是指灌溉节水，养水就是在水事活动中，通过科学用水管水、人工补给、调控丰歉、保护水质等人的主动行为，改善水的循环过程，使水资源在被开发利用的同时得到涵养和管护，避免衰竭，防止腐败，使其始终处于采补协调、水质优良的健康状态。

第四点，形成水事活动新准则。人类的水事活动是指社会人围绕水而发生的一切有意识的行动，正确处理“人–水–环–发–社”五大关系，实施“多维治水”，开源节流，水质与水量兼顾，继续坚持“三水”统观统管，强化对天上水的研究，开发和利用，扩大海水的研究和开发利用；保护和营造绿色水库，正确处理耕地、绿地和水面的关系；建立“信息水利”，发展“应变农业”，最终促进节水型社会的建立。

可以认为，如果想使未来社会成为持续发展进步的社会，人类社会要经久不衰，则必须构建“节水型社会”，而节水型社会的形成过程也将是促进社会发展与进步的过程。

3.10.2 节粮节水的节约型社会制度体系的建构

节约型社会的构建是一个系统工程，涉及社会各行各业、方方面面，需要我们多视角的审视与多维度的努力，需要依靠一系列具体高效的对策体系来推进。节约型社会的建立需要有一个完整的对策体系，有效的建构才能真正成为建立节约型社会的重要支柱。

1. 节粮型社会对策体系的建构

粮食问题关系到社会生活和生产的各个环节，因此节粮对策体系应以粮食流经社会的各个环节为主线，制定对应的社会对策，以系统工程论为指导，从粮食的耕种、储存、运输、加工、供应，以及后期的监督保障等各环节“无缝”地连接成统一的对策体系。节粮型社会对策体系总体设计见表 3.3。

表 3.3　节粮型社会对策体系的构建

主要阶段	主要对策
（1）粮食耕种环节	（1）保护耕地；改善种子技术；完善收获措施
（2）粮食储存环节	（2）研发储粮技术；改善储粮设施；保障储粮安全
（3）粮食运输环节	（3）建立粮食物流系统；减少粮食的运输损失
（4）粮食加工和利用环节	（4）改进粮食加工技术；提高粮食利用效率
（5）粮食消费环节	（5）增强节约意识；加强监督
（6）粮食间接利用环节	（6）改进技术；增进集约化利用模式
节粮的基础性对策	**节粮的补充性对策**
（1）节粮观念的倡导	（1）节粮和反浪费的立法
（2）制定节约粮食的政策措施	（2）餐饮业的考核监管制度
（3）制定奖惩机制	（3）公务招待费用的制度化
（4）制定反对浪费的约束机制	（4）建立目标管理责任制
（5）制定有关节粮的规章制度	（5）实行责任追究制度

（1）粮食耕种环节。粮食耕种是节粮的第一步，增大耕地，保护耕地；通过技术促进种子的高效利用，杜绝种子消耗偏大、种子发芽率不高、技术落后等的影响；并在粮食的收获环节，确保粮食低损耗和零损耗，这样才能确保粮食丰收，为下一步的节粮奠定基础。

（2）粮食储存环节。国家提供必要的资金支持，改善农村储粮条件，避免粮食干燥基本依靠露天，从而造成粮食损耗。加强粮食的储藏技术，改善储粮设施，避免遭受虫、鼠、菌的侵害。从中国农村的不同环境条件出发，有针对性地改善农村储粮条件，推广先进适用的储粮新装具、新技术，以有效改善农户储粮条件，这将大幅度地减少农村粮食储存损耗，大大提高农村科学储粮水平。

（3）粮食运输环节。建立健全粮食物流系统，减少粮食运输损失。同时，大规模地推广具有先进性、实用性和损耗低的散存、散装、散卸、散运“四散”技术和装备，有效提高粮食运输效率，降低粮食物流损失。

（4）粮食加工和利用环节。中国农村广阔分散，自然条件复杂，粮食加工技术装备陈旧，出品率低，加之交通不便，物流闭塞，不仅流通成本高昂，而且粮食损失浪费严重。为解决这些问题，应采取必要措施，大幅度减少粮食损失。改进粮油加工工艺，提高粮食成品率。改造传统粮油加工工业，革新技术工艺，可以明显提高加工成品率的功效。例如，革新碾米、制粉技术工艺，不再过度加工，而采用正常加工精度，既可以避免粮食成品营养成分的流失，又可以提高加工成品率。

（5）粮食消费环节。人们在粮食消费上日趋求精、求白，致使消费环节浪费现象司空见惯。制定完备的考核监管制度，需要对饮食质量、食物安全、环境卫生、废水废物数量、废弃物处理等制定出具体指标，随时进行检查，实行严格奖惩。建立强化厉行节约、反对浪费的长效机制。

（6）粮食间接利用环节。粮食同时也是工业的原料和养殖业的主要来源。加强养殖业节约，应重点抓好畜禽饲养等主要环节的节约。抓紧制定节粮型畜牧养殖业发展规划，大力发展节粮型草食牲畜，积极开发利用秸秆等非粮食资源。改进畜禽饲养方式，促进畜牧业规模化、集约化发展，提高饲料转化率。

2. 节水型社会对策体系的建构

在节水型社会的建构中，宏观地认识水资源才能制定出合理的战略，因此广泛地应用科学方法和人文方法才能真正达到节水的目的，才能在干旱条件下确保有足够的水源。节水型社会建立的对策体系总体设计见表 3.4。

表 3.4　节水型社会对策体系的总体设计

定位	手段	对策	主要内容
科学治水	开源	寻找替代水源	通过建立地下水库、重视利用土壤水、加快海水淡化、寻求矿山排水复净等方法，寻求更多的水源
		建立后备水源地	重视森林、湿地等绿色水库，使其成为后备水源
		跨流域调水	实施跨流域调水，解决某些流域的水资源短缺
		中水利用	通过净化和处理，对中水全方位利用，扩大水源
		“三水”统观统管	将天上水、地下水和地面水全面规划，多种形式调蓄水源，因时因地调用水源
	节流	研发节水措施	在工业、农业和生活领域推广各类技术措施，促使节水成为现实
		防治水污染	通过各项防治水源污染的措施，增加净水量
	高效利用	节水和养水结合	通过节水和养水结合的方式，为水资源的利用提供更多的前景，达到高效用水的目标
		严格水权管理	对水权的确定，明确责、权、利的关系，促进水资源的高效利用
		科学的水资源管理模式	通过对水资源科学管理，明晰水资源的利用和保护模式，促使水资源的利用效率成倍增长
人文治水	哲学方法	生态伦理	借助生态伦理，将节水观念深入人心，使其成为行动的准则
		生态评价	通过生态评价，不断调整水资源的利用和保护措施，形成节水型社会
	法律方法	法律体系	整体构建法律体系，对节水型社会形成法治保护
		法律制度	设定法律制度，使节水型社会具体运行
	经济方法	经济杠杆	借助各类经济杠杆，通过市场调节，达到节水型社会的自我完善
		水资源的生态补偿	通过生态补偿措施，为节水型社会提供必要的资金支持
	社会方法	社会规制	利用社会规制，对节水型社会的各类政策进行补充
		社会预警机制	建立社会预警机制，为防旱抗旱的紧急状态解除后顾之忧

节水型社会对策体系可定位为科学治水和人文治水两个方面。科学治水对策体系分为开源、节流和高效利用体系。科学治水的首要措施是开源。从性质上看，水资源不是自然界存在的所有的水，其也不是固定不变的，因此通过多种不同途径，扩大水资源的

总量，即开源的方法成为科学治水的第一步。开源主要包括：①寻找替代水源。大力开发利用地下水，修造地下水库，增加有用水源；重视土壤水的利用，进行深耕改土、保墒蓄水；扩大海水的研究和开发利用；开展矿山排水及工业废水复净利用等方面的水源。②建立后备水源地。把保护和营造绿色水库视为保护和恢复水源的决定性措施，并加以实现，肯定森林涵养和调节水源的作用。③跨流域调水。通过水利工程项目进行跨流域调水，能够缓解区域水资源不平衡，优化水资源配置，实现区域可持续发展。

其次要节流。在人们不断扩大水源的基础上，必须厉行节约的政策，从而保证水资源的丰沛程度。第一，研发节水措施。农业领域在水源涵养中节水，不仅可以解决农业灌溉问题，而且还能解决人畜用水问题；工业领域中，推进相关的节水措施，如建立循环用水通道。第二，防治水污染。

最后要做到高效利用。第一，推行养水与节水相结合，不实行节水灌溉，有限的水源就难以发挥小水大用。不涵养水源就无源可灌，也谈不上节水。第二，实行严格的水权管理。为解决水资源紧缺，优化水资源配置、提高用水效率是现实所需，培育和形成水市场，即实现水权交易是解决问题的途径之一。第三，使水权交易成为可能，明确界定水权。第四，进行科学的水资源管理模式。节水型社会建设的前提是实现水资源统一管理，将各地水资源管理、防洪、城镇供水、排水、污水处理等职能统一协调，加大管理体制和机制创新力度，提高水资源管理水平。

治水不仅是技术上的难题，更是观念与决策上的难题，不仅应该技术治水，更应该人文治水，从思想观念教育、风险预防、法律政策，以及经济补贴等各个方面进行全方位的规划。人文治水包括法律方法、哲学方法、经济方法和社会方法。

首先是法律方法。节水型社会法律的建立主要由两方面构成：一方面，建立涉水的法律规范体系，在统一观念的指导下，设立一个新的法律规范体系，这样才能更有效地进行防旱抗旱的法制建设。另一方面，完善涉水法律制度的构建。例如，应加强水资源立法中水资源保护的内容，使水资源保护得到更加充分和完整的体现；从立法的具体结构看，应该将防旱抗旱的各项内容与水资源开发利用制度相呼应。又如，根据水资源的不同功能，建立不同水功能区的保护制度。再如，应明确取水权的物权属性，从而为建立、健全和完善水市场与水权交易制度奠定基础。

其次是经济方法。应将节水型社会战略纳入到市场经济中来，利用市场经济的优势，加之政府的合理调控，从经济层面促进节水型社会战略的实施。第一，可以建立经济激励制度。第二，利用市场经济的工具，如价格杠杆，实现对水资源的合理保护。第三，借助国家的宏观水利政策强制性保护环境。

最后是社会方法。社会规制学派主张用政府规制来解决法律与经济解决不了的问题。政府规制，主要是有针对性地颁布和实施一些公共行政对策，它是从公共利益出发而制定的一系列规则的总和。在节水型社会的构建中，它具体指水资源管理对策、经济对策及技术对策，即政府为推行节水型社会的构建及水资源的有效合理利用而做出的有利于行业发展的政策及具体的调控手段和措施。

3.10.3 战略目标

勤劳节俭是中华美德，勤能补拙、俭以养富。2004 年年初，我国就正式提出建设节约型社会，保障经济社会的持续、协调和健康发展。针对目前社会上粮食资源、水资源整体供给不足的现状，节粮节水，建立节约型社会，也是防旱抗旱保证粮食和饮水安全的重要法宝，应作为战略措施加以制度化。

参 考 文 献

[1] 李佩成. 试论干旱. 干旱地区农业研究, 1984, 2: 4-17.

第三篇

学术论文及主要参考文献

本篇收集了参加项目研究的专家学者在学术会议上的论文报告和发言。其中，既有防旱抗旱的相关理论，也有不同地区应对旱灾的实践经验；既有旱情预警预报的方法论，也有防旱抗旱的法律研究……，每篇文章都是凝结了学者们的心血而成，也为本研究成果提供了重要的支撑材料。

试 论 干 旱

李佩成

（长安大学，陕西西安　710000）

摘要：20 世纪 80 年代初，在全国范围内争论着干旱与旱灾发生的原因在天还是在人？干旱是中国独有，还是其他国家也有？是否今比昔都旱？有什么规律？是否今后越来越旱？如何看待干旱与旱灾等问题？争论中常常把干旱与旱灾的概念混淆，影响着防旱抗旱正确的决策。本文用大量数据和史实回答了这些问题，表明了作者的观点。

关键词：干旱，旱灾，干旱地区，气候变迁

干旱是坏事，旱灾更是灾难！中国从古到今气候一直在变旱吗？干旱和旱灾是怎样形成的？主导因素是天还是人？干旱和旱灾能不能避免和战胜？这些都是认识有关干旱的重要问题，也是一些长期有争论的问题。正确的回答，关系着改造自然的决策，关系着国家经济建设的布局。在本文中，作者将论述这些问题。

1　干旱并非中国独有，旱灾是人类面临的共同祸害

20 世纪以来，世界人口增长速度提高了一倍，预计到 2000 年，中国的人口将达到 12 亿，全球人口将增至 65 亿。要保障这么多人的饮食和用水，即使维持最低标准，也是十分困难的。这不仅要求农业高产，而且需要一定产量水平的稳产。但老天常常和人作对，尤其是干旱，经常袭击着每个大陆，1972 年出现过全球性的旱象；而从 1968 年直到今天，除 1974～1975 年中断一年外，从南部非洲到东非萨赫勒地区的 22 个国家一直经受着由干旱导致的苦难，成千上万的人在饥饿中死亡；澳大利亚也遭受着 200 年来历时最长的干旱，不少地方 5 年内未下几滴雨，袋鼠纷纷进城觅食；美国的天气也显得十分异常，专家们预言，美国一些地区的干旱可能会延续到 1985 年；即使多年平均降水量达到 2000mm 的日本，在 1982 年也经历了 80 年来最严重的夏旱。

根据联合国资料，世界上经常有 25 亿人营养不良，5 亿人在挨饿，每年有 1000 万～

注：本文是 1984 年 9 月 9 日作者在中国自然资源研究学会、中国地理学会、中国农学会、中国林学会、中国生态学会和中国环境科学学会举办的“干旱半干旱地区自然资源开发和保护学术研讨会”上的发言，刊登在①中国自然资源研究会等编，《中国干旱半干旱地区自然资源研究》，北京：科学出版社，1988 年；②《干旱地区农业研究》，1984 年，第 2 期。

2000万人因饥荒而死亡。

在我国，干旱也成为突出问题，引起了党和政府的极大关注。在干旱如此经常，旱灾如此嚣张的今天，加强干旱研究，深刻认识干旱，探明干旱发生的原因，寻求防旱抗旱的有效办法，已成为众多领域科技工作者的共同目标，尤其成为大西北开拓者的光荣任务。

2 “干旱”“旱灾”“干旱地区”各有概念，干旱并不等于旱灾

干旱、干旱地区、旱灾是互相有关的，但却有着不同的概念。

狭义的干旱，指的是一种自然的气候现象，其标志主要是某地域的天然降水量比常规的显著偏少。所谓常规降水量，是指某地域在大多数年份的降水季节中，以多种降水方式出现的降水量。如果某个地区在某个时节的降水量显著少于常规降水量，则该地区按照常规年景安排的经济活动，尤其是农业生产就会受到缺水的威胁，其被称为出现旱象或发生干旱。

根据上述定义，习惯上所说的这种干旱具有一定程度的相对性，它不仅可能发生在常规降水量少的干旱半干旱地区，而且也有可能出现在降水量大的湿润地区。

如果某个地区同地球上的其他地区相比，不仅常规的天然降水量显著偏少，而且蒸发能力大大超过降水量，这个地区在一般情况下，依靠天然降水只能生长旱生生物——植物和动物；甚至旱生生物也难于生长，这样的地区称为干旱地区。

干旱地区又被划分为几种，其划分标准至今不一。但是，通常以天然降水量为主要划分依据：把年降水量小于50mm的地区称为“异常干旱区”；50～150mm的称为“干旱区”；而年降水量为150～250mm的地区称为“半干旱区”。按此标准，地球上的全部干旱区的总面积为570 000万hm^2，占陆地面积的43%，主要分布在非洲、大洋洲和亚洲。也有人把年降水量小于250mm的地区划为干旱区，而把250～450mm的地区划为半干旱区，还有人把半干旱区降水量的上限划得更高。

其实，一个地区从自然环境来看，是否真正干旱，不仅取决于降水和蒸发等气象条件，而且还与水文条件——河流及其他水资源的分布情况有关。有些地方气象条件干旱，但水文条件未必干旱，如沙漠中的绿洲就是如此。

因此，广义的干旱既包含着气象干旱，也包含着水文干旱。

而在广义的旱区不仅降水稀少、蒸发强烈，而且河流及其他水资源贫乏，按照当时的科技水平、生产能力与经济条件，不能得到廉价足量优质的淡水，从而使农业、工业的供水与用水严重不足，限制了该地区的发展，特别是农业的发展。

可以看出，无论是干旱或半干旱地区，主要是从自然因素定义的，而“旱灾”却包含着更为浓厚的人为因素，旱灾是指在某地出现较严重旱象时，社会未能采取必要措施，或措施不力，或无力抵御，从而未能及时解决维持正常的社会生产和人民生活所必需的最低定额的水量所造成的一种缺水灾祸。因此，尽管干旱可能导致旱灾，尽管干旱地区容易发生旱灾，但是干旱不等于旱灾，干旱地区也绝非旱灾地区。

辩证地了解这些不同的事实和概念，并把它们加以区别，将会有助于对干旱问题的深入探讨。围绕干旱问题所产生的争论实际上主要围绕着狭义的干旱，本文则着重阐述这方面的认识。

3　形成干旱气候的因素主要在天而不在人

为什么同一个中国，“马前桃花马后雪”“春风不度玉门关”呢？为什么同一个世界，沃野荒漠，此旱彼涝呢？是谁主宰着这一切？究竟是什么原因造成了一个地区一个时期的干旱呢？

对于这一重大问题，至今仍无圆满的回答，尤其对各种影响因素的定量关系的认识，更是模糊。尽管如此，人们却越来越多地认识到，一个大区域干旱气候的形成和变化是各种因素综合作用的结果，这些因素有的在地上，有的在地下，更多的在天上，可把这些因素介绍如下：

影响干旱的因素
- 自然因素
  - 天文因素——地球轨道变化，太阳系（尤其是太阳）发生的物理和化学过程（如太阳黑子数的变化等）
  - 地球物理因素——地球的尺寸、质量、构造，地球内部发生的过程，地表形态及状况，地球绕地轴旋转速度的变化，重力场，磁场及磁强度，地球内部热变化，在进化过程中大气成分变化等
- 人为因素——人类通过对地球生物量、地面状况、大气成分所施加的对气候的影响

上述因素主要组成 5 个气候系统：大气圈、海洋圈、冰结圈、陆地圈和生物圈，这 5 个系统的综合作用直接影响着气候，决定着气候干旱或不干旱。

这 5 个系统如下

（1）大气圈是气候系统中最为活动的组成部分，在外部参数的影响下，大气环流的稳定特性时间大约是一个月。

（2）海洋圈活动性较差，由于水的热容量很大，因而海洋成为太阳能的巨大储藏库。它既可储藏能量，随后又以热的明显的或潜在的形式转入大气层。其循环的稳定特性时间，在海洋上层为数日到几年，在深层为一百年到几百年。

（3）冰结圈，它是气候系统中比较稳定的因子，多数循环可能是数百年、数千年，甚至几十万年。但是，冰结圈强烈地影响着辐射量，影响水在地面的分布，从而对气候具有明显影响。

（4）陆地圈的影响因子包括土壤、河川、湖沼和地下水，它们都是水循环的积极干预者和参与者，它们的分布状况，影响着大气的辐射、热状况，以及大气和大气溶胶的交换等。

（5）生物圈主要表现为生物群落的数量，包括陆地和海洋中的生物界对水分循环、气体交换及热动态的影响等。

通过对陆地圈、生物圈，尤其是对生物量的影响，或通过以上各种方式间接地对其

他系统的影响，便形成人类影响气候的重要手段。

从上述内容可以看出，造成一个地区，或一个地区在某个时期干旱与不干旱的原因是很多的、复杂的。人们至今不能确切地说明各种因素影响程度的定量关系，但是，存在的这些影响却是肯定的。因此，可以断言，即使发展到今天，从总体讲，自然因素仍然是影响气候、造成干旱的主导因素。人类活动至今仍然不足以影响地区性气候的基本属性，更不足以引起冰期或间冰期等巨大的气候变化。

只是在相对很小的程度上，个别的、局部的气候恶化，才被解释为不自觉的人类活动的结果，如大面积的毁林开荒，毁草滥牧等。这就告诉我们，研究干旱应当向更广阔、更深邃的领域上去分析和认识，从而有把握地进行产生实效的抗旱活动。

中国西北地区的干旱主要是由强烈的大陆性气候造成的。西北地区位于世界最大的大陆——欧亚大陆的中心部位，周围又被高山环绕，很少受到海洋的影响。对我国降水量有最重要影响的季风所携带的水汽在向内陆深入的路途中，沿途降落并逐渐减少，随着离海洋距离的加大，降水量也在减少[1]。加上高山阻拦，除因部分地形影响降水量略大外，总体而言，越入西北腹地降水量越少，有的地方终年无雨，形成广大的干旱地区[2]（表 1）。

表 1　西北地区年降水量统计表

地名		年降水量/mm	各季占年降水量百分数/%			
			冬	春	夏	秋
新疆	伊宁	285.3	20	32	27	21
	塔城	333.6	23	28	29	19
	乌鲁木齐	290.8	12	31	33	23
	吐鲁番	21.0	21	7	65	7
	库车	75.6	8	23	59	10
	若羌	10.9	28	26	41	2
青海	茫崖	15.0	10	7	71	10
	西宁	327.4	1	21	55	23
	玉树	462.4	3	14	61	22
	敦煌	29.5	17	13	55	15
甘肃	酒泉	81.4	8	18	62	12
	兰州	332.3	2	17	58	22
	天水	525.7	3	21	50	26
宁夏	银川	205.7	2	18	57	22
陕西	延安	572.3	2	18	54	26
	西安	604.2	4	23	40	33
	汉中	889.7	3	21	46	30

4　干旱是变化的，看不出今比昔都旱

由于影响气候的因子是复杂多变的，因此纵观自然史，一个地区的气候也应当是复杂多变的；由于这些影响因子变化的偶然性中包含着某种必然性，因此旱涝变化也具有某种必然性；又由于影响因子的变化具有某种周期性和在周期内的相对稳定性，因此旱涝的变化也有周期性和相对稳定性。认识气候的这种变化性、相对稳定性和可知性，对于开展干旱研究、制定防旱抗旱措施是十分必要的。

作者从已有资料中列举几张图（图 1～图 7），从这些图件中可以得到如下启示。

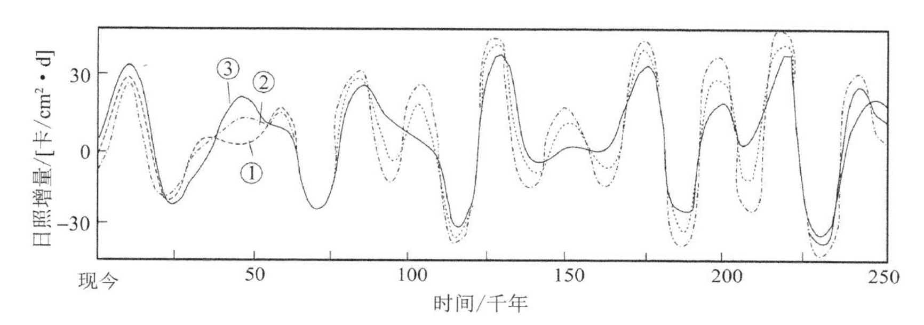

图 1　250 千年来太阳夏季日照量变化图

①北纬 45°；②北纬 55°；③北纬 65°

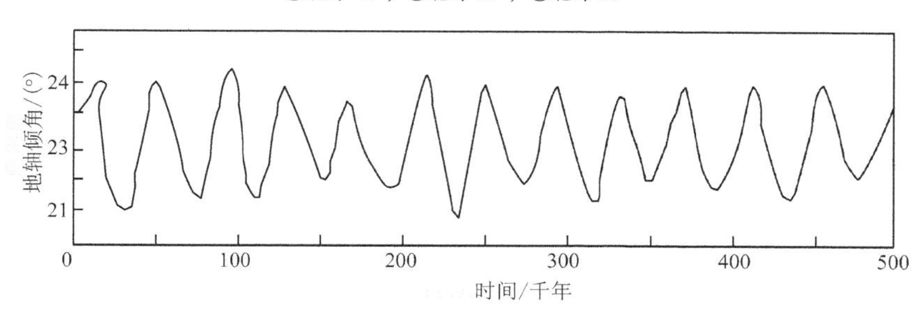

图 2　500 千年间地球轨道及旋转轴倾斜参数变化图

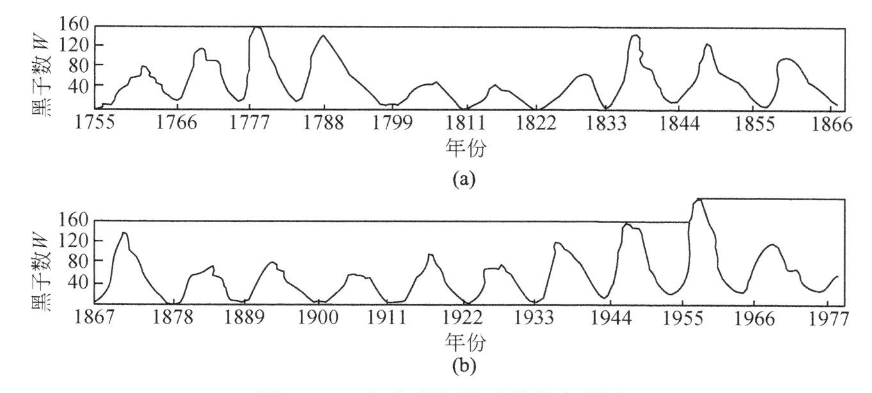

图 3　220 年来太阳黑子数斜变化图

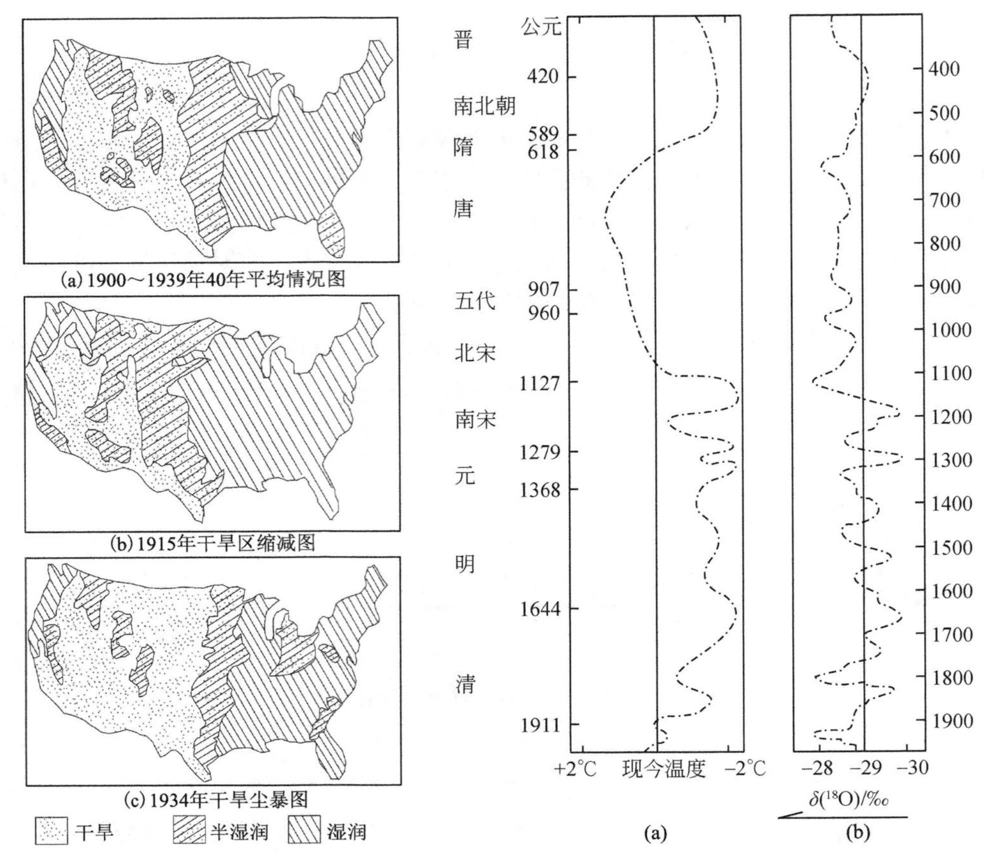

图 4　美国气候变迁示意图

图 5　1900 年世界温度波动趋势图

（a）依据中国物候资料；（b）依据格陵兰冰雪资料同位素测量 δ（^{18}O）增加 0.69%，温度增 1℃

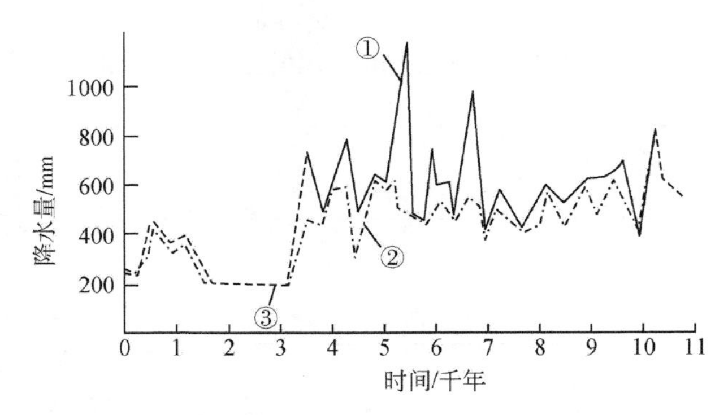

图 6　1.1 万年来印度拉贾赫斯坦的平均降水量

①年平均；②夏季风期；③干旱期

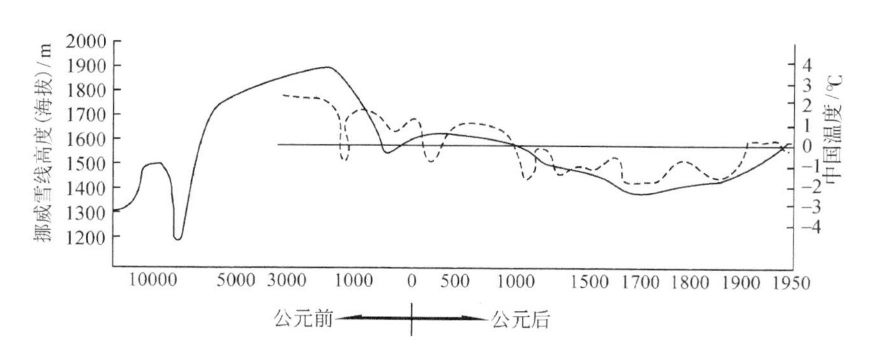

图7　1万年来挪威雪线高度（实线）与5000年来中国温度（虚线）变化图

目前挪威雪线高度为1600m左右；0℃作为目前温度；横线实线比例尺是幂数的，越向左越小

（1）从自然发展史的角度来看，气候是随时随地变化的，作为气候表现的干旱，当然也是变化着的，到目前为止，还不能说人类所处的气候条件一定比从前坏，或者比将来好。

（2）影响气候变化的因子是多变的，如图1～图3所示。到目前为止，人类还无力对气候施加决定性的影响，即使发生在地球本身的一些影响因素，如海洋、冰川和陆地上的山原分布等，也不是人们在短期内可以改变的。因此，一个地区干旱气候的形成主要是由自然因素造成的。

（3）气候变化具有全球性。中国气候在不同历史时期的波动与世界其他地区比较，虽然最冷年和最暖年或者说涝和旱并非完全一致，但彼此先后呼应[3]（图5）。因此，得不出外国气候变好，中国因为某种人为原因气候单独变坏的结论。

（4）从我国著名气象学家竺可桢编绘的图5、图7可以看出，设图7中温度“0”线是现今的温度水平，在殷、周、汉、隋时代，温度低于现代；唐至北宋，温度高于现代；唐代气候最为温暖，当时在唐都长安可以栽种柑橘。

即使是近5000年来，仍然得不出今比昔旱的结论，也不能笼统地说中国古代气候一概比今天好，不能用某一个朝代的记载代表整个古代，只能说今天的气候比古代有好有坏，但非最坏；有旱有不旱，绝非最旱。

（5）习惯上所说的某个时期冷、某个时期暖、某个时期干旱、某个时期湿润，是就总趋势而言的，是个平均概念。但在年际之间是有差别和变化的，人们既不能见旱忘雨，更不能见雨忘旱，应把自己的立足点置于当地的基本气候特征上，从最坏处着想，防患于未然，在干旱地区尤其应当如此。

（6）自然的变化尽管复杂而且有些神秘，但也绝非没有规律。例如，太阳活动的变化便有着11年左右的小周期（图3），50～100年的中周期，从图1、图2中也可发现这种变化的循环性。自然因素的这种具有某种规律的循环变化也影响着气候具有某种循环特性或波动特性，对此，从图4、图6和图7中均可发现。竺可桢在研究了我国近5000年的气候变迁之后认为，中国的气候一系列的上下摆动，“其最低温度在公元前1000年、公元400年、公元1200年和公元1700年”；“在每个400～800年里，可以分出以50～100年为周期的小循环”[3]。

进一步研究这些变化规律，对防旱抗旱、改造自然的事业无疑是重要的。

5 干旱地区并非没有希望，正是在干旱地区孕育了人类最早的灿烂文明

在谈论干旱的时候，有的人常常喜欢以自己丰富的想象断定：人类最早文明的发祥地一定在“千里莺啼绿映红，水村山郭酒旗风……”的水乡，一定是在降水量大的湿润地带。其实这是不适当地利用反推法以今论古而造成的误解。然而，事实却恰恰相反。世界四大文明发祥地无一例外地都分布在干旱和半干旱地区的尼罗河流域、美索不达米亚平原、印度河流域及黄河流域。这些地方有的是年降水量在 200mm 以下的干旱半干旱地带，有的是年降水量为 500mm 左右的黄土旱原；而古埃及文明发祥地尼罗河流域的全部耕地是在几乎无降水的情况下，通过灌溉而经营的。

这种矛盾现象的出现，可能由于当时的生产力及人类预防自然力及防治疾病能力低下，水患、疾病等自然灾害对古人危害更大，而这些都是湿润地方的特征。所以，人们总是尽量地避开这些地方，去干旱和半干旱地区，寻找安全的、容易引水灌溉的河流两岸来发展自己的文明。

中国也是这样，历史上的兴盛王朝，古代文明的黄金时期，都是扎根于气候比较干旱，但却易于引水灌溉的黄河中游，尤其是泾渭流域。

从总体讲，中国的古代文明之所以一直在发展，中华民族之所以能有兴旺的今天，除其他原因外，其重要原因在于他们继续发扬着自己祖先开拓的文明，以及与干旱作斗争的经验和技术；他们不止一次恢复被战争毁坏了的农田和水利工程，他们不断改进自己适应干旱的耕作方法等。

世界上有的文明圣地之所以覆灭，很可能是由于在异常严重的天灾人祸面前，它们走了与中国人相反的道路，而并非完全是由人为因素导致的气候大区域旱化的结果。

例如，阿拉伯语称为沙巴的文明古国，就是由于兴建了巧夺天工的马里卜大坝，通过引水灌溉而发展起来的。公元 570 年大坝倒塌了，随着大坝的倒塌，“马里卜这个值得骄傲的城市连同那些雪花石膏制成的漂亮房舍一道弃置在日益扩展的沙漠之中”，如今已是断垣残壁，满地风沙。

有的文明的覆灭也可能由气候周期中某一次最不利条件的出现，从而迫使人们背井离乡，一去不归再未恢复而造成的。例如，1273～1285 年 13 年的严重干旱所导致的旱灾，曾使现在是美国西部的科罗拉多州、亚利桑那州、犹他州和新墨西哥州交界处干燥的四角地区的普韦布洛印第安人的祖先们抛弃了为他们的文明奠定了基石的梯田和集水保水工程，放弃家园而到南方去找水，从而终止了那里的文明。

既然古代文明是在农业气候因素并不优良的条件下发展起来的，既然干旱地区孕育过古代人类最灿烂的文明……，这一切，既然古人可以做到，那么在党的领导下，我们应当有信心断言：中国人民若将在这里——干旱地区创造出奇迹，关键在于我们必须拿出比古人更高的智慧，付出更大的努力。

6　干旱气候难于避免，但旱灾可以战胜

干旱气候既然是一种受制于强大自然力的自然现象，在几代人甚至几十代人的时期内要想彻底改变也许是不可能的，或者说干旱气候难于避免。对于那些被干旱气候笼罩的干旱地区来说，应当把干旱气候看成一种正常现象，而风调雨顺是一种反常现象。例如，我国西北的广大地区，十年九旱，那么究竟九年是正常还是一年是正常呢？这应当是不难回答的问题，然而，人类有一种天性，总喜欢把不幸事件视为偶然、视为反常，像对寿终正寝一样，其实死比生更具有必然性。

对于唯物主义者来说，最重要的不是掩盖真相，而应当是敢于实事求是，揭示事物的真相并把真相告诉人们。在我国广大的西北地区，干旱是一种正常现象，干旱气候是经常的、不可避免的。有了上述认识，人们便会建立长期抗旱的战略思想，一代接一代地与干旱作斗争，而不应心怀侥幸，中途松懈。

干旱作为一种自然现象，尽管是不可避免的，但并非不可认识；干旱有可能酿成旱灾，但并非一概不能战胜。因为人类具有聪明才智，并非完全靠天吃饭，人类有许多获得水的技术和方法，为了自己的生存，在困难的干旱气候条件下，也会寻找和利用有利的水文条件引水灌溉，蓄水保墒，植树造林，修建人工气候设施发展农牧业和工业生产。我国新疆、河西走廊、关中等地，美国的加利福尼亚，苏联的土库曼斯坦等地发展的灌溉农业；中国、澳大利亚、美国的一些地方所从事的用新技术武装起来的旱地农业，其成效足以加强人们抗御旱灾的信心。

在制定开发大西北的发展战略规划时，关键在于深刻地认识西北，实事求是地看待干旱，踏实深入地研究干旱。为此，必须要有一个综合的研究和改造自然的计划，应组织动员多学科、多部门的人员参加和执行。

参考文献

[1] 刘仲夫. 中国的季风. 北京：中国青年出版社, 1962.
[2] 王谦. 中国干旱、半干旱地区的分布及其主要气候特征. 干旱地区农业研究, 1983, (1).
[3] 竺可桢. 中国近五千年来气候变迁的初步研究//竺可桢文集. 北京：科学出版社, 1979.

On Droughts

Abstract: In the beginning of the 1980s of the 20th century, there was a debate in the whole country whether the occurrence of droughts and drought damages consisted in the heaven or in the human beings? Is drought only in China or it happens in other countries also? Is today more drought than before? What disciplines it follows? Will drought be more and more severe? How should we regard such problems of droughts and drought damages? People often confuse the concept of drought with drought damage, whereby affecting the correct decision-making.

This paper gives answers to these questions by using plenty of data and historical facts, and clearly illustrates the author's viewpoints on them.

Keywords: drought, drought damage, arid area, climatic variation

科学应对农业干旱

山仑
（西北农林科技大学，陕西　杨凌　712100）

摘要：干旱是一个全球性问题。本文探讨了应对中国干旱区农业缺水问题的主要对策：强调应处理好南北方之间的粮食供求和资源平衡关系；推行干旱区高、中、低产田的均衡增产；实行农与牧结合的大农业，稳定人工草地的建立，加强天然草场的保护与合理利用；以常规增产技术为主，同时应重视其他增产技术。在农业干旱的技术方面，发展半旱地农业；调整种植业结构，建立节水型农业；选育抗旱节水新品种；加强土壤培肥，实施保护性耕作；统筹利用各类农业水资源；“以丰补歉”，把气候的多变性与农作物的适应性很好地结合起来；等等；以确保中国农业生产的持续增长。

关键词：干旱半干旱，粮食生产，耕作技术，节水农业，抗旱节水新品种

干旱是一个全球性问题，人类面临的第一个生态问题就是水分不足。在各种自然灾害中，旱灾居于首位，所造成的农业损失相当于各种气象灾害总和的60%。随着全球气候的变化和人类活动的加剧，干旱有明显加重的趋势[1]。据统计，中国历史上平均每四年遭遇一次重旱，近期则缩短为三年一次[2, 3]。水资源评价结果显示，1980～2000年水文系列与1956～1979年相比，中国北方粮食主产区黄河、淮河、海河和辽河4个流域的降水量平均减少6%，地表水资源量减少17%[4]。农业平均每年因旱成灾面积达1533.3万 hm^2（2.3亿亩）。今后，随着工业的发展和城市化的加快，农业灌溉用水将继续减少。面对这一情况，为了保持中国农业生产的持续增长，特别是为实现2020年新增500亿kg粮食的任务，如何应对农业的干旱缺水是一个有待解决的突出难题。

1　应对农业干旱的几个关系问题

1.1　区域之间的关系

自20世纪90年代以来，中国粮食生产的格局已由“南粮北运”转变为“北粮南调”。

作者简介：山仑，中国工程院院士，西北农林科技大学教授。

注：本文于2011年3月在《干旱地区农业研究》第2期第29卷公开发表。

北方（长江流域以北）调入南方的粮食年平均达2600万t，占北方粮食产量的12%，相当于调运虚拟水量约200亿m^3[5]；北方地区人口占全国的47%，耕地占全国的65%，而水资源仅约占全国水资源总量的19%（近年统计下降为16%）；因此，从水资源合理利用与粮食均衡生产角度看，“北粮南调”的做法不尽合理。

中国北方处于干旱、半干旱和半湿润3个气候带。其中，大部分（包含干旱、半干旱和降水量低于550mm左右的半湿润易旱区）可统称为“旱区”，即《联合国防治荒漠公约》中所指的土地易退化地区[6]。就与农业干旱的关系而言，干旱地区属于无灌溉，即无农业（农田生产）的地区；半干旱区属于降水量处于农田正常生产下限的地区；半湿润易旱区则属于干旱缺水，经常是农业增产主要限制因子的地区。中国南方则基本处于降水量充足（1000mm以上）的湿润地区。干旱，包括严重干旱可以在世界任何地方发生，特别是近年来中国南方湿润地区干旱频发，如2010年西南大范围遭受连续干旱，引起了人们的普遍关注[7]，但北方的干旱缺水主要属于资源性的，短期内难以从根本上解决；南方的干旱缺水则主要属于工程性的，较易克服。今后应对农业干旱的重点与难点依然在北方，大体上以长江为界区分“旱区”与“非旱区”，以指导中国两大区域的农业发展仍然是适当的，但出现在西南的严重干旱事件也提示我们，对于南方季节性干旱对农业和社会造成的危害也必须给以足够重视。

处理好南北方之间的粮食供求和资源平衡关系应考虑以下几个方面。

（1）做出有利于增强南方粮食生产能力的政策调整；

（2）加强南方农田水利工程建设，充分发挥其水资源丰富的优势，促进农业增产；

（3）北方地区要大力发展节水农业，提高用水效率，尽快做到水资源供需平衡。

1.2　高、中、低产田的关系

今后中国的粮食增产将主要依靠提高单位面积产量这一途径，但单产的提高应主要体现在平均单产上，而不是依靠少量的超高产田。当前全国范围内高产田面积约占耕地面积的30%，中产田和低产田分别占到30%和40%，北方地区中低产田的比例更大一些。目前，中国农业增产技术和科学研究针对高产田的居多，对中低产田的改造、提升重视不够，但不论从当前需求还是从长远发展看，在继续争取高产再高产的同时，必须大力提高中低产田的产出水平，在科技支撑和资金投入上应充分重视均衡增产。

中低产田在全国都有分布，但更多集中在北方的旱作区域。提高旱作农田生产力不外乎通过两条途径：一是环境控制，即改造环境，使其适应于植物的需要；二是生物改良，即改造植物本身，以适应外部环境。前者的主要作用是提高水分利用率，后者则是提高水分的利用效率。以地处典型半干旱地区的黄土高原旱作农业为例，其农业技术体系的发展主要经历了从保水保土—有效利用土壤储水—充分利用自然降水，即部分耕地主要是通过环境控制提高水分利用率的途径，实现了由低产到中产（亩产200kg以上）的产量提升。达到中高产和高产，则必须有效提高作物自身的抗旱性和水分利用效率，即采用环境控制和生物改良（遗传改良、生理调控、结构调整等）并重的技术路线。因此，有望实现中国平均单产水平持续提高的目标（如到2020年提高到每亩

350kg 左右）。

1.3　粮食增产与发展大农业的关系

中国是一个人口大国，为保持 95%左右的农产品自给率，粮食增产始终应作为基础，但同时必须坚持农林牧渔业的综合发展。对于旱区而言，畜牧业的发展则尤为重要。世界各国开发旱区，特别是半干旱地区农业取得的一个共同的成功经验是实行农业与牧业的结合，两者产值各约占 50%。自 20 世纪 80 年代以来，中国学术界一直在倡导旱区畜牧业，特别是草地畜牧业的发展[8]，在政府的推动下，一个时期内各地曾掀起了种草的热潮，但没有持久。至今，人工草地面积仍然很小，如陕、甘、宁地区在实施退耕还林（草）的实践中，还草面积占整个退耕面积的比例不足 5%，目前该地区畜牧业产值占农业总产值的比例尚低于全国平均水平[9]。形成这一局面的原因是多方面的：首先，建立稳定的人工草地是一项复杂的工作，涉及整个农业结构调整和产业化体系形成，不是单一的种植行为；另外，一些具体的科技问题有待解决，如至今仍缺乏抗旱性强、适应性广的优良草种群，苜蓿虽不失为一个好的草种，有相当强的抗旱能力，但耗水量大，易形成土壤干燥层，在降水量低于 400mm 的地区大量发展需具备一定的水源条件，需尽快选育出更多适应于旱区环境的草种，包括乡土草种。

稳定人工草地的建立是当前旱区大农业发展中一个最薄弱的环节，但同时还必须重视约 4 倍于可耕地的广大草原的保护与合理利用。总之，旱区，特别是半干旱地区草地畜牧业的加快发展，将有力促进生态系统的稳定和生产力的提升，但与发达国家相比，目前我们还缺乏在这方面的系统经验，今后应当加快研究与实践。

1.4　常规技术和高新技术的关系

在现阶段，提高我国农业生产，特别是提高干旱逆境下粮食生产的主流技术仍属于常规技术，信息技术的推动作用明显增强，而生物技术则尚处于辅助技术地位。近期，国家启动了转基因生物品种选育重大科技专项，这一举措具有重要的战略意义，总体上属于超前部署，将以巨大的潜力引领未来，但不应笼统声称或承诺在解决中国近期农业发展与增强粮食生产能力中能起到关键的技术作用，特别是针对抗旱节水的转基因作物育种，难度更大。这是因为植物的抗旱性是一个十分复杂的性状，不但是多基因控制的，而且是通过不同途径实现的，加上当前抗旱转基因研究又多限于机理上尚不十分清晰，且与高产性状存在一定矛盾的耐旱性范畴，所以基本上处于实验阶段，离产业化还有很大距离，任重而道远。近期，就生产环节而言，中国作物品种选育工作仍应以常规育种为主。强调转基因育种与常规育种紧密结合是正确的，但应以常规育种为基础。从长远看，分子设计育种的地位将越来越重要，据估计[10]，到 2030 年转基因品种将得到较大面积的应用，到 2050 年甚至会促使智能植物品种的出现。因此，当前在人才培养、科技立项、条件建设等方面，在加强对转基因育种工作支持的同时，也要对常规育种及其他增产技术给予有力的稳定支持，把当前需求和长远发展很好地结合起来。

所谓农业常规技术，除常规育种外，在可预见的未来，耕作技术、培肥技术、种植方式的调整，以及生态农业、设施农业等仍将作为提高旱区农业生产力的重要技术途径，对其只能革新，不能“跨越”，而高新技术和常规技术的有效结合无疑将会给旱区农业的持续发展带来新动力。

2　应对农业干旱的技术对策

2.1　发展半旱地农业

中国推行农业节水以应对干旱已取得一定成效，但从全局看，节水农业的发展仍比较缓慢[11]。若按目前速度，黄淮海地区尚需40多年的时间才能全部完成节水改造任务，而且质量和标准都需进一步提高。据此，经系统调研后认为，通过实施半旱地农业以节约大量灌溉用水，是解决区域水资源严重短缺，同时实现农业生产可持续增长的一条重要出路。半旱地区农业是指应用旱作技术，充分利用自然降水，并在提高其效率的基础上，以少量水补充灌溉的一种农业用水类型；它首先适合于在地处半湿润的黄淮海缺水灌区推行，另外在地处半干旱的黄土丘陵地区也可通过雨水集流技术加以应用，未来在南方季节性干旱地区也有发展前途。调查中发现，半旱地农业在黄淮海地区农业生产中已实际存在，有些地方是主动做出的，如山东恒台，全县25 333hm^2（38万亩）小麦亩产连续13年稳定在510kg左右，灌溉定额仅约为100m^3；北京采用一年两作（小麦-玉米），玉米不灌的半旱轮作制收到成效。但更多的地方则是被动存在，如河北已有1/3灌区旱年无法正常供水。现在的问题是，如何尽快将被动存在转变为主动应对。理论研究也表明[12]，通常的气象干旱并不总是必然降低产量，许多作物在一定生育时期，适度水分亏缺的情况下，依然可以产生生理、生长和产量上的补偿效应，从而有可能使节水与增产的目标同时实现。

发展半旱地农业既有利于保持缺水地区水资源的供需平衡，也有利于扩大补充供水面积，实现均衡增产，提高平均单产。实际上，灌溉农业与旱地农业之间是互通的，是一个连续系统，在两者之间可以有更多的选择，而发展半旱地农业则是对节水农业的一个有力推动。灌溉农业、旱地农业和半旱地农业并存将成为未来农业用水的一种新格局。

2.2　建立节水型农业结构

近期，作物品种抗旱性改良的效果将不会超过种间抗旱性差异，所以利用种间差异调整农业结构、改革种植制度以应对干旱是一条可行的途径。例如，地处半干旱的甘肃，70%以上的耕地是山旱地，他们经过多年实验与实践后认为，利用作物自身的抗旱潜力，通过调整种植结构是抗旱防灾的一项重要措施[13]。实践表明，实行“压夏扩秋”，即压缩小麦面积，扩大适应性强且与降水同季的秋季作物面积，特别是马铃薯的种植面积，建立马铃薯生产加工基地，并促进产业化，取得了很大成功。但在中国旱区，有些传统抗旱作物的种植面积近期却大幅度下降了，如高粱种植面积，从 20 世纪 60 年代至今，约下降了 1/7（同期世界高粱面积基本稳定），这涉及一个效益问题，但也完全可以做到因地制宜、扬长避短。高粱虽品质较差，管理费工，轮作不利，但其具备突出的抗旱能力，严重干旱下可高出玉米产量一倍左右[14]，且用途广泛，特别是作为一种能源植物，在发展生物燃料方面可发挥重要作用，所以今后其在降水量低于 400mm 的地区的种植业中仍应占有重要地位，更应利用边际性土地加大发展。其他一些抗旱性强的杂粮作物，如谷糜等，也应重视其发展。

黄淮海平原是否应当压缩小麦种植面积是一个有争议的问题。小麦是该地区的主栽作物，产量占到全国的 54%，但黄淮海平原又是水资源供需矛盾最为尖锐的地区，由于小麦高产且生育期间与降水不同季，所以消耗了约 70%的灌溉水量。当前大量压缩小麦种植面积存在风险，应当考虑在严重缺水地区（如黑龙港地区、胶东地区等）控制小麦的发展，增种耐旱作物或适雨作物，以解决地下水长期严重超采的问题。另外，一些经济作物耗水量较高，如露地蔬菜的耗水量一般高出谷类作物一倍，设施栽培本身虽然节水，但目前尚难以有效利用天然降水，这些都应在种植业结构调整中作统筹考虑。

2.3　选育抗旱节水新品种

20 世纪，在世界适宜降水区或灌区，小麦品种改良效果显著，年均增产 30～38kg/hm^2，而在半干旱地区仅增产 6kg/hm^2[15]。中国典型旱区——黄土丘陵地区的地方农家小麦品种直至 20 世纪 80 年代才逐步被替代。可见，针对抗旱节水的作物，品种选育工作过去一直是薄弱的。长期以来，中国的作物育种的方向以高产（含抗病虫）为主，近期开始重视优质问题，这总体上符合中国国情，但面向未来，为实现粮食的均衡增产和持续增产，从现在起，应同时重视确立抗非生物逆境和高资源利用效率，即重视抗逆、广适性的育种目标，特别是抗旱与水资源高效利用的目标，以此作为解决中国干旱缺水的主要技术途径之一，并可视为进一步节水增产的潜力所在。

近年来，通过常规育种途径，已在世界各地培育出一批抗旱性得到改良的品种[16]，中国华北地区也选育出若干小麦节水品种用于生产[17]，但定向性有待加强。当前，大家寄希望于抗旱节水转基因品种培育方面取得突破，这一度成为中外科学家的一个研究热点，但正如上所述，由于抗旱性状的复杂性，至今虽已获得一批具有较强耐旱性的转基因植株，但尚未获得商业用品种。因此，许多专家认为，采用常规育种与分子育种紧密结合的技术路线，将会是尽快获得可在大面积上应用的抗旱节水新类型的一个关键环节。

抗旱与节水是两个密切相关但又有区别的性状。我们希望培育出两者兼备的新品种，但结果也可能是分离的，如出现这种情况，节水高产品种将适用于缺水灌区，耐旱中产品种适宜于低产旱区，而抗旱高耗水类型则可能在特定地区得到应用。既抗旱，还节水，又高产应是我们追求的最终目标，这也许是在智能型品种成功出现时得以实现的目标。

2.4　加强土壤培肥，实行保护性耕作

良好的耕层表土状态是农业生产可持续增长的基础，也是人类赖以生存的前提。至

今，正确的土壤耕作仍是世界各国旱区农田增产和土地保护的一项重要措施，对于控制土壤风蚀、水蚀和沙尘污染，提高土壤肥力及抗旱节水能力起到了不可替代的作用。当前广泛应用的保护性耕作技术，在世界旱区的推行面积已占到耕地面积的 40%～70%，并在继续扩展。中国在推行保护性耕作方面虽已取得初步成效，但普及速度较慢，应用面积仅占全国耕地总面积的 1.5%[18]，而且农业农机结合不够，规范性也差。

当前中国农田产量的提升主要依靠高产品种的培育与高水肥（主要是化肥）的投入，而耕作技术的改进却严重滞后。在广大旱区，虽然在推行各类保水保土耕作措施（如沟垄种植、地膜覆盖）方面取得了明显成效，但较零散，至今尚未形成一个完整的耕作技术体系。另外，中国旱区农田土壤肥力普遍低下，不少地方土壤有机质含量为 1%左右，如能提升到 1.5%则可显著改善作物生长条件，并增强抗旱能力。不过，有机质含量的提高是一个漫长的过程，除增施有机肥以外，实施保护性耕作也是一项有效的措施。

保护性耕作体系的建立是一项系统工程，可同时起到保土、培肥、增产的综合作用，其技术的核心是免耕、少耕和秸秆留茬覆盖还田，结合中国国情，实行定期深松耕和适度精细管理也是十分必要的。为加快推行，需建立一支专门的科技队伍，在指导示范推广的同时还应坚持长期的定位观测，进行进一步深入研究。国家在科技立项上要给予足够支持，并加强专业人才的培养，以使这一虽属常规但事关旱区农业与环境全局的技术方向不断得到新的发展。

2.5 努力开辟农业新水源

为保持农田增产，应在充分利用自然降水的基础上，统筹利用各类农业水资源。与工业和生活用水有所不同，农业水资源具有显著的多样性和复杂性的特点。除地表水和地下水以外，再生水、微咸水、就地集蓄的雨水，以及凝结水、人工增雨等都可以作为给农田补充供水的水源[19]。例如，在一些发达国家，经处理后的工业废水和生活污水——再生水已成为农田灌溉用水的重要组成部分，如以色列利用再生水进行灌溉的农田已占到全部灌溉农田的一半，中国北京利用再生水灌溉的面积也约占到了灌溉农田的 1/4。多年来，地处干旱半干旱地区的中国西北各省（区），在应用雨水集流技术解决人畜饮水及山旱地补灌方面取得了较大成功，证明在遭遇严重干旱时，每亩提供 10m^3 的补充供水即可得到有效缓解，并获得一定收成，现正在总结经验，加大发展。另外，河北对咸水资源的利用程度逐年增加，2006 年已超过 3 亿 m^3，成为农田灌溉用水中一个不可缺少的部分。目前，中国灌溉面积已占到耕地面积的 46%，面向未来，北方地区大范围地扩大常规水灌溉已很困难，因此努力开辟新水源——非常规灌溉水源以应对农业干旱是一条重要出路。

2.6 树立“以丰补歉”策略思想，积极发展适应性农业

在当前科技水平下，遭受严重干旱年份造成大幅度减产的情况在世界各国都不可避免。例如，1982 年，澳大利亚遭遇严重干旱，小麦产量下降了 60%；美国中部的玉米带是世界上最适宜的旱农区之一，严重干旱年可使其产量下降 50%左右；2010 年，俄罗斯

遭受大旱，据报道，干旱已经使 1/5 的庄稼枯死，预计全国产量将下降 1/3，已禁止谷物出口[20]。因此，对产量的要求不宜以单一年度为标准，而应着眼于一个周期年内的平衡，如以 5 年为一个周期，统筹考虑。这样，在丰收年面前不至大意，遇重灾年份不至恐慌，做到冷静积极应对，争取最大限度减少年度损失，保持周期内产量稳步上升。

当然，这一应对策略不是消极的，而是促使我们积极发展适应性农业，即在全球气候变化、灾害频发的背景下，不断加强农业的预测性和应变性。例如，建立更加科学严密的农业环境监测系统，准备多套有针对性的种植方案，制订一旦出现严重旱情或其他灾害时的应急措施[21]，以及有效利用农作物本身对干旱逆境的适应潜力等。总之，要把气候的多变性与农作物的适应性很好地结合起来，做到因地制宜、因时制宜，以便将不可避免的干旱灾害造成的损失降到最低。

参考文献

[1] 秦大河. 气候变化与干旱. 科技导报, 2009, 27(11): 3.
[2] 张世法, 苏逸深, 宋德敏, 等. 中国历史干旱. 南京: 河海大学出版社, 2008.
[3] 余健. 中国旱情态势及防控对策. 西北农业学报, 2010, 19(7): 154-158.
[4] 汪恕诚. 中国水资源安全问题及对策. 经济日报, 2009-08-03.
[5] 吴普特, 赵西宁, 曹信春, 等. 中国“农业北水南调虚拟工程”现状及思考. 农业工程学报, 2010, 26(6): 1-6.
[6] 王涛. 解读《联合国防治荒漠化公约》: 加强荒漠化科学基础研究. 科学时报, 2010-06-17.
[7] 王立祥, 王龙昌. 中国旱区农业. 南京: 江苏科学技术出版社, 2009.
[8] 任继周, 林慧龙. 农区种草是改进系统. 保证粮食安全的重大步骤, 草业学报, 2009, 18(2): 1-2.
[9] 山仑, 徐炳成. 黄土高原半干旱地区建设稳定人工草地的探讨. 草业学报, 2009, 18(2): 1-2.
[10] 中国科学院农业领域战略研究组. 中国至 2050 年农业科技发展路线图. 北京: 科学出版社, 2009.
[11] 山仑. 加速发展中国节水农业. 求是, 2005, (22): 42-43.
[12] Shan L, Deng X P, Zhang S Q. Adwarces in biological water-saving research: Challenge and Perspectives. Science Foundation in China, 2006, (2): 41-46.
[13] 陆浩. 旱作农业的一场革命——关于总结推广全膜双垄沟播技术的思考. 光明日报, 2008-08-05.
[14] 山仑, 徐炳成. 论高粱的抗旱性及在旱区农业中的地位. 中国农业科学, 2009, 42(7): 2342-2348.
[15] Turner N C. Further progress in crop water relations. Advances in Agronomy, 1997, 58: 293-337.
[16] Pennisi E. Plant genetics: The blue revolution, drop by drop, gene by gene. Science 11, April, 2008, 320(5873): 171-173.
[17] 郭世考, 史占良, 何明琦, 等. 发展节水小麦缓解北方水资源紧缺. 中国农业生态学报, 2010, 18(4): 876-879.
[18] 农业部农业机械化管理司. 中国保护性耕作. 北京: 中国农业出版社, 2009.
[19] 郑连生. 广义水资源与适水发展. 北京: 中国水利水电出版社, 2009.
[20] 俄禁止谷物出口震惊全球市场. 俄罗斯晨报, 2010-08-07.
[21] 中华人民共和国抗旱条例. 经济日报, 2009-03-08.

To Cope Rationally with Agricultural Drought

Shan Lun

(Northwest Agriculture and Forest University, Shaanxi, Yangling, 712100)

Abstract: Drought is a global problem. The main countermeasures to the problems of agricultural water shortage in arid areas were discussed, such as keeping balance in supply and demand of the food and resources in southern and northern area of china; promoting the productions of high, medium and low yield farmlands evenly in arid regions; implementing the polices of developing agriculture combined with animal husbandry, stabilizing the establishment of planted lawn, strengthening natural pastures' conservation and reasonable utilization; giving priority to a regular production technology, and also emphasizing other techniques to increase production. The followings technologies should be put forward to resist agricultural drought: developing half-dryland agriculture; adjusting the planting structure and establishing water-saving agriculture; breeding the new species that can resist drought and save water; improving of soil fertility and implementing the protective cultivation; using agricultural water resources by overall planning," supplement crop failure year by good harvest year " , combining the variety of climate and the adaptability of the crops to ensure the continued growth of agriculture production.

Keywords: arid and semi-arid, food production, farming technology, water-saving agriculture, new species of drought resisting and water saving

基于历史与社会学视野的防旱抗旱研究

樊志民

（西北农林科技大学，陕西　杨凌　712100）

摘要：本文分析了近年来中国旱灾影响的新趋势，并指出目前农村基础设施和农田水利建设长期处于超负荷和欠账运行的状态，其成为影响中国农业可持续发展的严重的制约因素。本文回顾了中国旱灾史的研究，提出了应借鉴历史的经验与教训，关注农牧业交错地带、绿洲农区的开发；继承优良旱作农业传统；重视农作物抗逆品种；恢复池塘景观等建议。

关键词：旱灾新趋势，旱灾历史，绿洲农区，作物抗逆性

1　旱灾影响的新趋势

关于干旱问题，我们过去习惯于把它看作是对农牧产业和中国北方地区影响较大的灾种之一。现在看来，这样的观念与认识要做一些调整了。在现代背景下，旱灾由影响生产进而影响生活[频繁出现了人畜饮水困难数值，2010 年年初，位于中国西南部的云南、贵州、广西、四川及重庆五省（自治区、直辖市）相继出现了百年一遇的特大旱灾，至少造成 773 万 hm^2（1.16 亿亩）的耕地受灾、2425 万人及 1584 万头大牲畜因旱出现饮水困难]；由影响农村进而影响城市；由影响农业进而影响工业（在城市化进程中和工业生产的 GDP 贡献率占主导地位的情况下，城市因干旱而限水、限电供应，对市民生活与工业生产造成的影响远远超过了农业与农村）；由影响产业进而影响生态（森林火警系数提高，湖塘库容降低，对植被的破坏及对水陆生物的影响往往是难以估量的，但是并没有引起我们重视）；由影响北方进而影响南方（这几年连续出现在云贵、两广、湘黔、蜀渝地区的特大旱灾，在我们北方人看来几乎是不可能的事情。长期以来，我们总以为中国南方的水资源总量是丰富的，似乎是取之不尽、用之不竭的。然而，面对突如其来的特大旱情，却从上到下都显得有些束手无策）。旱灾影响的新趋势涉及面广，影响范围大，远远超出了学术界既往对干旱问题的研究。基于战略层面，审视与研究防旱抗旱问题尤显必要。

作者简介：樊志民，西北农林科技大学教授，中国农业历史文化研究所所长。

2 水旱研究的个人见解

“气候变化是人类历史上基本不因人类活动而发生（至少在工业社会以前是如此），并给人类带来深刻影响的自然变化。气候资源的变化必然引起土地资源的变化及土地利用方式的改变，进而影响到一个种群的人口，使人口因农业产出的区域变异，而被动或主动地改变自己的分布。正是这种分布的变化才引出社会经济的诸多变化”[①]。干旱作为一种自然现象，就目前的科技水平而言，我们尚无能力阻止它的发生，只能在力所能及的情况下减少危害而已。所谓的防旱抗旱，就是借鉴历史经验、应用现代科技、采取综合措施，防患于未然，把损失与破坏因素降到最低程度。

中国农业尤其是北方农业，在历史时期由北向南形成的不同农业地域与生产类型首先是由不同的农业环境与背景条件决定的，然后才是由人的主观能动性因素决定的。中国农业最基本的指导原则之一是“因地制宜”，其非常讲究对农业生态环境的适应与选择。在人类尚不能完全征服和改造自然的情况下，“山处者林，陆处者农，谷处者牧，水处者渔”[②] 是最经济、最有效的资源利用和配置方式。如果违背这一原则，只能是任情返道、劳而无获。现在的设施农业是人工改造或创造的农业环境，虽然可以满足农作物的生长需求，但成本、代价太高，除了个别园艺产业外，基本上是赔本的，因此它可能在某程度上并不符合经济学上的投入产出原则。我们也曾经把兴修水利工程作为防旱抗旱的重要手段与措施，但是筑坝拦水，使下游河道流量锐减，沿岸农地缺失浸润、涵养水源，土壤干旱加剧。前些年的黄河断流，固然与气候干旱有关，但主要是不同地区与部门逐级拦截的结果。流量降低，冲沙能力减弱，加剧了河床淤积，甚至导致黄河入海口的海侵与盐碱化。远离河湖的地方，逢旱则凿井汲灌，随着凿井深度与密度的加大，地面下沉与地下水位的迅速下降带来的次生灾害需要我们投入更大的财力、物力与人力去应对。

2011 年的中央一号文件把水利问题提高到事关国家安全的高度去认识，这让我们这些长期以来把水利当作工程、技术与经济问题的专家感到汗颜。既然事关国家安全，那就意味着怎么投入、怎么重视都不过分。它启示我们在研究“防旱抗旱确保粮食及农村供水安全”时，也要从战略的高度去定位、去认识。当代中国的农业与农村发展面临各种传统和非传统的挑战。所谓传统挑战就是我们以前经常讲的一些老问题，而非传统挑战更多指的是新出现的一些问题。社会发展到今天，我们应该清醒地认识到，不能把农业当作一个单纯追求经济效益与利润的产业（即使亏本也要生产），这是认识论上的科学回归。单靠农业生产不能完全解决农业发展与农民增收的问题，而且在农、工、商产业比较效益存在巨大反差的情况下，正如司马迁所说的“用贫求富，农不如工，工不如商，刺绣文不如倚市门”。我们虽然信誓旦旦地保证能解决 21 世纪中国人的吃饭问题，但是农业毕竟具有很强的自然再生产特征，老天爷的问题任何个人、任何政府都不敢打百分之百的保票。水旱不时地强调粮食安全问题无异于警钟长鸣。粮食安全问题已经不再是简单的农业发展、农村建设、农民增收问题，而是一个政治问题、一个社会问题。

---

① 鲁西奇，《人地关系理论与历史地理研究》，《史学理论研究》，2001 年第 2 期。

② 《淮南子·齐俗训》。

食为政首，是祖宗给我们留下的古训，农业出了问题就会闹乱子。随着现代化进程的加快，今日之忧，或在农产品需求日增而知农事农者日寡。粮食安全问题已成为党和国家，甚至是民族与时代所面临的、亟须解决的问题。

水乃山野自然之物，在古代社会主要用于农业生产与农民生活。随着城市与工业用水量的增加，在水资源总量有限的情况下，市民与农民、工业与农业用水的矛盾也越来越突出。中国传统社会的水利工程基本上以农田水利工程为主，而近现代水利工程则以城市供水工程居多。我们现在正在修建和运营的南水北调工程给农业生产和农民生活用水留了多大份额不太知晓。形成巨大反差的是，在集体化与人民公社时代，国家在农田水利工程和农村基础设施建设方面给予了较多的关注和投入。而改革开放以来，尤其是农村实行联产承包责任制以后，中国农业由国家（或集体）经营向农户个体经营过渡，这一变化给农村基础设施建设带来了严重影响，其中表现之一就是国家政权对改善农业生产条件的热情明显降低，很少进行大规模的农村基础设施和农田水利建设。由于投资主体不明确，农村基础设施和农田水利建设长期处于超负荷和欠账运行的状态，成为影响中国农业可持续发展的严重的制约因素。现在的问题是城市抢用了好水而排出了污水、废水，使农业生产用水、农民生活用水成了大问题。

3　旱灾历史研究的新进展与新问题

西北农林科技大学这些年在农业灾害史研究方面做了一些工作，推出了一些学术成果。在通览整体学术进展的同时，试结合我们的工作体会谈一谈当前旱灾历史研究的新进展与新问题，以期对我们的课题有所帮助。

邓云特（邓拓）的《中国救荒史》（商务印书馆 1937 年）是近现代以来灾害史研究的开山之作，他对公元前 1766 年～公元 1937 年发生的各种灾害按年次计算，其中旱灾 1074 次，应了我们通常“三年两头旱”的说法。如果加上水、蝗、雹、风、疫、地震、霜雪诸灾，总计 5258 次，确实是一个多灾的国度。

灾害史料的整理编纂与出版是学术研究的基础。这几年推出的成果如下：1981 年，中央气象局气象科学研究院主编的《中国近五百年旱涝分布图集》（中国地图出版社）；1988 年，中国社科院历史研究所编成的《中国历代自然灾害及历代盛世农业政策》（农业出版社）；1990 年，李文海主编的《中国近代灾荒纪年》（湖南教育出版社）；1992 年，宋正海主编的《中国古代重大自然灾害和异常年表总集》（广东教育出版社）；1992 年，张兰生主持编绘的《中国自然灾害地图集》（科学出版社）；1993 年，李文海主编的《中国近代灾荒纪年续编》（湖南教育出版社）；1994 年，张波主编的《中国农业自然灾害史料集》（陕西科技出版社）。其中，由张波教授第一次提出了“农业灾害学”这一概念，并于 2000 年出版了全国农业院校统编教材《农业灾害学》（中国农业出版社）。

涉及农业灾害史学术研究的有中国人民大学（李文海）、中国科学院自然科学史研究所（宋正海）、武汉大学（张建民）、西北农林科技大学（张波、卜风贤）等几家研究机构。西北农林科技大学的古农学研究室（现为中国农业历史文化研究所）1982 年就推出《黄土高原古代农业抗旱经验初探》的长文，并且代表学校参加了当时在延安召开的北方旱地农业工作会议。会议期间，胡耀邦同志在讲话中提出，种草种树发展畜牧业，改变中国干旱、半干旱地区落后的面貌，并阐述了中国北方干旱地区农业的发展前景。1988 年，樊志民、冯风在《中国农史》杂志发表《关中历史上的旱灾与农业问题研究》，摆脱了简单的史料解读模式，试图从人类农业生产活动的角度，分析关中历代农业开发规模、生产环境、作物品类及其与旱灾发生的关系;从地理环境、天文气象、土壤燥湿等方面，叙述历史时期人们对关中农区干旱现象的认识及其探索；进而说明关中农业经久不衰，得力于对干旱现象的深刻认识。在关中兴建的农田水利工程、形成的旱农耕作体系成为中国传统农业科技的重要组成部分。卜风贤教授循此推进，成为国内新生代农业灾害史研究的领军人物，先后发表《中国农业灾害史料灾度等级量化方法研究》（《中国农史》1996 年 04 期）、《农业减灾与农业可持续发展》（《光明日报》1998/2/20）、《简谈中国古代的抗灾救荒》（《光明日报》1999/4/22）、《中国农业灾害史研综述》（《中国史研究动态》2001 年第 2 期）；《周秦两汉时期农业灾害时空分布研究》（《地理科学》2002 年第 4 期）、《中国古代灾荒理念》（《史学理论研究》2006 年第 3 期）、《前农业时代的季节性饥荒》（《中国农史》2005 年第 4 期）等学术论文，并且出版《农业灾荒论》（农业出版社，2006 年）、《周秦汉晋期农业灾害与农业减灾方略研究》（中国社会科学出版社，2006 年）等学术著作。在中国古代灾荒理念分析、农业灾害史料灾度等级量化研究、古代农业灾害时空分布等方面多有创获。

但是在农业灾害史研究中，我们也经常遇到困惑甚至出现悖论的情形。首先是灾害史料在时间分布上的不均衡性，存在着越古越少、越近越多的特征。我们对此的解释是，历史早期一方面是文化蒙昧，记载阙如；另一方面是人类的生产地域、范围有限，旱灾虽时有发生，但还没有达到足以威胁生存的程度。当时农业尚未成为全社会的决定性生产部门，原始的氏族部落大多依山傍水、择地而居。采集渔猎、追逐丰饶。良好的地理环境，复杂的经济成分，足以抵消干旱对他们的影响。先民们选择环境，适应自然，弥补了才智、能力的不足。减轻了自然灾害对他们的威胁。后来随着人口的增加、社会的发展，农业地域不断扩大，既然择地而居的空间缩小，自然界的制约因素也就明显增加，有关旱灾的记载也多了起来。其次是盛世灾多的怪现象。目前，虽然我们的博、硕士研究生的学位论文常有以断代农业灾害为选题者，但所做的灾情统计往往是王朝初始与王朝灭亡阶段的灾害记录少，而王朝鼎盛时灾害记录多。学生的史学识读能力有限，常为如何理解这一怪象而颇费心思。事实上，王朝兴废之时，往往也正是灾异最为频发的时期，甚至成为社会动荡的重要诱因。但是这时往往也是人心不定、机构草创、政府不能正常行使有效职能的时候，统治者与史家最为关心的是兴废存亡大计，而事关民生的灾异情形反倒阙如不计了。在常态社会情况下，某相关机构与人士如果漏记或瞒报相关灾情，是要承担责任和受到处罚的。如此情形，如果尽信书，往往会误导我们做出与实际情况完全相反的错误结论。最后是地区性灾害的匿报与谎报情形。中国地域辽阔，客观上存在着灾异的地域不平衡性。但是研读地区性灾害史料，我们也能发现匿报与谎报情形，这可能与中国传统的官吏考察制度、灾害救助制度有关。为了彰显政通人和、风调雨顺、保障升迁，可以大灾小报，小灾不报；而为了获得灾荒救助、减免赋税，则可无灾报有灾、小灾报大灾。

4　防旱抗旱战略研究中值得关注的几个问题

我个人长期从事农业历史研究，所关注的主要是中国北方的旱作农业类型，对西北农牧业与周秦汉唐历史涉猎较多，历史上的农牧旱灾是我的相关研究领域中无法绕开或者回避的问题。借鉴历史的经验与教训，我认为在防旱抗旱战略研究中，有以下几个问题值得关注。

4.1　农牧业交错地带的开发要谨慎

就生态环境而言，农牧分界线大致处于中国北方由温湿区向干冷区的过渡地带，具有较强的环境敏感性。“每当全球或一定地区出现环境波动时，气温、降水等要素的改变首先发生在自然带的边缘，这些要素又会引起植被、土壤等发生相应变化，进而推动整个地区从一种自然带属性向另一种自然带属性转变”①。但凡在生态环境没有发生太大变化的情况下，农牧民族大多能各得其所，相安无事。但是生态环境，尤其是气候和植被的剧烈变化，往往会导致农牧民族之间发生激烈的矛盾与冲突。每当历史上的温暖期和湿润期来临之际，随着周边地区生态环境的改善，便会出现明显的农区北拓趋势。以中原王朝“国家行为”为特征的屯戍活动，严重挤压、占用了北方少数民族的适牧生存空间，这是引发历史时期农牧民族矛盾和冲突的主要原因。而每当寒冷期和干燥期来临之际，“往往会出现大规模的游牧民族向南方温润区迁徙的现象，以寻求更能适合游牧经济发展的生存空间。因此，中原地区的农业王朝便不可避免地面临着来自北方游牧民族的巨大挑战”②，它是以中原地区既有的社会、经济、科技、文化的停滞和逆转为代价的。

秦汉隋唐国力强盛，经营重心始终在农牧分界线的南北一带。然细绎端绪，我们发现，秦筑长城、汉行屯戍、隋唐开发，虽不计地域之广狭、不惜费用之多寡，但其本意并不完全着眼于经济开发。由当时科技水平与人口负载看，内地农区或能满足基本供给而不假外求。秦汉隋唐王朝或希冀由西北的经营而能解决比较尖锐的民族矛盾与农牧冲突问题，达到一劳而永逸、暂费而久宁的目的。这种基于屯戍的开发活动，往往是以服从于军事目的为前提的。居延、楼兰等地虽曾一度辉煌，终成不毛之地。秦汉隋唐在生态脆弱地区的大规模筑城、集中驻军与粗放屯垦的惨重代价，或是西北生态环境逆向变迁的动因。

明清以来，中国人口的激增逐渐超过了生产力的供给水平与自然的承载力。农业除了追求内涵、纵深式发展外，外延性的农业地域拓展进入了一个高潮时期，山原丘陵、戈壁沙滩、草原牧场、水泽湖泊渐次进入开发范畴。这一时期中国农业的地域性拓展固然有充分利用土地、缓解需求压力之利，但带来的生态环境问题也是非常严重的。随着人类农业活动的日趋活跃，黄土高原总侵蚀量中的加速侵蚀比例逐渐上升，生态环境的自我调

---

① 韩茂莉，中国北方农牧交错带的形成与气候变迁，考古，2005，10: 57-67。

② 张敏，《自然环境变迁与十六国政权割据局面的出现》，《史学月刊》2003，5。

节、恢复能力日益减弱，黄土高原逐渐成为中国生态环境问题最为严重的地区之一。

4.2 绿洲农区的负载不能太重

河套、河西及新疆地区存在着不少的绿洲农业类型。对水的依赖和被沙漠的包围，决定了以上农业类型在其发展过程中存在很大的局限性。作为一个相对封闭的“孤岛”农区，本身就存在着绿洲内既有人口的增殖，以及随之而来的日益增长的物质需求问题。同时，河套、河西及新疆绿洲农区作为边防军事重地及丝绸之路的相关联结点，大量的驻军及往来商旅又构成绿洲生态容载量的沉重负担。历史时期的河套、河西及新疆绿洲农区一般面临以下问题：第一，随着农业开发力度的加大，绿洲面积呈外延扩大化趋势。水资源利用压力增大，有限的水资源的农田灌溉功能强化而生态涵养功能减弱。周边环境的恶化和绿洲内部的过度开发是导致某些绿洲萎缩、废弃或荒漠化的根本原因之一。第二，以上农区的政治、军事及其交通地位，使它们长期处于北方游牧政权与中原王朝矛盾冲突的前沿地带，是双方争夺经营的重点所在。频繁的军事冲突和农牧类型转换，使原本脆弱的生态环境极易遭到破坏。第三，因漫灌而出现的土壤盐渍化。但总体而言，传统农业社会的生产规模及开发总量不足以影响绿洲的存毁问题。近代以来，工业及城市因素在绿洲生态环境中的比重明显上升，这一时期出现的生态恶化、水源枯竭等问题主要是由人口压力增大、城镇及工业用水增多等造成的。

4.3 作物产量与抗逆性选择

这一问题首先是作者在《关中历史上的旱灾与农业问题研究》一文中首先提出来的，其颇受学术界的关注。也就是说，在历史时期，为了追求产量，人们逐渐放弃耐旱稳产、适应性强的本地或传统作物，而引种或培育出需水量大、抗逆性弱的作物，农作物种植品种的这种变化也是旱灾增多的原因之一。先秦时期关中地区的骨干作物仍以黍稷为主。黍稷耐风旱、适应性强，除特大灾异外，一般可以保持稳产，不易成灾。时至秦汉，关中之泽卤、高仰之田都被开发利用。农业地域的拓展，潜力殆尽。以黍稷为主的生产结构，一年一熟，产量较低。势难满足京师耗费。时人已感到“土地小狭、民人众多”。扩大作物品类，小麦作为夏收作物，不但可以供应青黄不接时之粮食需要，而且配以秋作以成复种制度，增加粮食产量。汉武帝时，董仲舒上书，使关中益种宿麦。宿麦秋播，有效地利用了8～9月的降水。又使农田在冬春有作物覆盖，减少土壤水分散失。但是关中的夏季，由于海拔较低，地形闭塞，太阳射照，升温迅速，极端高温约达42℃，黍稷遇此，常呈假死，以减少水分消耗，且有壮根蹲苗之功。而小麦正值灌浆成熟期间，往往因植株体内水分运送速度小于蒸发量而供需失调，严重时甚至死亡。随着麦种面积的扩大，夏旱问题逐渐引人注目，有关记载明显增多，其频率高达38%以上。若旁及春夏、夏秋之交的旱灾统计，约及全部旱灾的2/3，后世玉米引进，这一矛盾更加突出（表1）。

表1 关中历代（公元前2世纪至1947年）四季旱灾统计表

季节	春旱	夏旱	秋旱	冬旱
旱灾发生比例（%）	23	38	26	13

元代，玉米传入中国，《本草纲目》始入谷部。这种作物以其单位面积、时间内有机物质生产速率较高，对土壤条件选择不严，所以能不胫而走，“川陕两湖，凡山田皆种之”，其在关中地区逐渐成为仅次于小麦的粮食作物。其始种南部浅山，且多春播，由于降水丰沛，避过伏旱，产量比较稳定。时至今日，关中地区基本形成小麦、玉米两熟种植。玉米夏播，拔节抽穗正值伏期，需水量约占生育期总需水量的55%。其需水约为235mm，而历年平均降水量只有117mm，若无灌溉补充，常遇伏旱成灾。尤其是渭北旱原，水源不足，伏旱严重，所以有关专家认为小麦收后复种黍稷反较玉米稳产。高产作物增加了产量，也增加了旱灾频次，由于不断追求干物质生产量，关中农作物的抗旱性选择呈渐减趋势（表2）。

表2　农作物蒸腾系数

作物名称	蒸腾系数	
	范围	平均
黍	268～341	293
粟	261～444	310
高粱	285～467	322
玉米	315～413	368
小麦	473～559	513
大麦	502～556	534
水稻	695～730	710

4.4　关注水旱周期率问题

《史记·货殖列传》在分析计然、白圭的经济思想时引文曰，“岁在金，穰；水，毁；木，饥（康）；火，旱……六岁穰，六岁旱，十二岁一大饥”。“太阴在卯，穰；明岁衰恶。至午，旱，明岁美；至酉、穰，明岁衰恶；至子，大旱；明岁美，有水；至卯，积著率岁倍”。太阴即木星，其在天空的位置逐年移动，约需十二年周而复始、先民们以为农业丰歉与此有关，产生了著名的农业循环论。根据现代科学研究，太阳活动平均以11.04年为周期。当其活动强盛时，紫外线辐射、X射线辐射和粒子辐射增强，往往引起地球上极光、磁暴和电离层扰动等现象，影响天气和气候变化。在1870～1978年的108年，有10个太阳黑子低值期，其中有7个在陕西有全省性干旱发生。农业循环论素被视为荒诞，其实它来自于生产实践，虽属经验性科学，倒与现代天文观察相耦合。旱涝周期，1998年的洪灾与2010年的大水刚好相距12年。一些我们没有认识或现代科学无法解释的现象，不能轻易用迷信或伪科学予以否定。

4.5　热、风干旱的防御问题

中国北方，尤其是西北地区，基本上以旱农业经营为主。这一带年降水量少而蒸发量大、风速高，热风期往往与无雨期同步，热、风有助旱为虐之嫌。现代科学测定，当干燥度接近或超过1.5、风速为3～4m/s时，植物物理干旱就会非常强烈。土壤水分蒸发，盐分缩聚地表形成盐碱，不宜作物生长。而栽植田间防护林降低风速，增加地表覆盖减少蒸腾是行之有效的措施之一。

4.6 继承优良旱作农业传统

农田水利工程防旱，著名的有都江堰、灵渠、郑国渠、新疆的坎儿井等。耕作措施防旱，《吕氏春秋》主张使土壤力者欲柔，柔者欲力；息者欲劳，劳者欲息；棘者欲肥，肥者欲棘；急者欲缓；缓者欲急；湿者欲燥，燥者欲湿。《氾胜之书》把“和土”作为耕作的基本原理之一，使土壤之水、肥、气、热，宣泄以时，处于协调状态，这是阴阳“和”的最高境界。阴阳失调，谷乃不殖。兴平的杨双山说，锄头有水火，涝时锄地放墒，旱时锄地保墒。氾胜之总结三辅地区农业生产经验指出：“凡耕之本，在于趣时、和土、务粪泽，早锄、早获。”从整体角度认识作物栽培的全过程，标志着中国北方旱农耕作体系的形成。其中，核心问题是务必保持土壤水分，耕作抗旱。其区田法则是一种局部精耕细作、集约使用水肥的耕作技术，在黄土高原农林生产中具有高额丰产效果。代田法把耕地分成甽（田间小沟）和垄，甽垄相间，旱时种甽，涝时种垄。在北方旱区甽种。种子播在甽底可以保墒；幼苗长在甽中可以抗风。中耕锄草时，将垄上的土同草一起锄入甽中，具有培壅苗根作用。来年甽垄互换可以恢复地力。

4.7 恢复旧有的池塘景观

作者在《中国传统农民的生存安全追求》（《延安大学学报》2011.1）中曾满怀深情地讲到洛川老家池塘（中国北方称其为“涝池”），但是目前涝池在中国北方农村几乎消亡殆尽。我们村有人户近百，自作者记事以来没有发生过较大的环境与自然灾害，这在黄土高原灾害频发区是很少见到的。该村地处海拔千余米的黄土塬面上，虽地势高亢但是并不显得太旱，这或与当初的村址选择有关。雨后四方径流齐汇村中二塘，既资生产、生活之用，又可弥补风水不足，池中戏水成为儿时最快乐的事情。即使以现代水工科技考量，我们村的涝池设计也独具匠心。当四方来水相汇村中后，于戏楼广场南侧设四“V”形水门以迎。“V”形设计口阔尾狭，可拦大型漂浮物不入池，水少则兼收并蓄，水多溢洪旁流。水出石门沿石砌阶梯而下，浪翻白，流有声，然后经数米跌水落入塘中。池塘有二，一曰“滗泥池”，二曰“清水池”。二池以渠相连，来水经“滗泥池”稍事沉淀后再入“清水池”。“滗泥池”设置有精巧的溢洪设施，池水超过一定水位即由溢洪道排出。池塘周围是窑场的世界，砖瓦陶器皆烧治于此，入夜之后窑火映红天际；池塘边是妇女和儿童的天堂，秋山响砧杵，牧童骑牛泅，顿增几分祥和气氛。在黄土高原水资源相对比较匮乏的情况下，有容量数万吨的池水以调剂余缺，基本上可以做到水旱从人。

4.8 南方农作抗旱体系缺陷不容忽视

这是一个作者不太懂的问题，但是从旁观者的角度，这几年南方大旱不能完全归于自然因素。在水热资源比较丰沛的南方，既有的农作体系可能从来就没有干旱问题的应对设计，干旱一旦发生便束手无策，造成的损失与破坏也就更大一些。

Researches of Drought Resistance and Control Based on History and Sociology Perspectives

Fan Zhimin

(Northwest Agriculture & Forestry University, Shaanxi, Yangling, 712100)

Abstract: The author analyzed the new tendency of our country's drought influence, and pointed that the present rural fundamental facilities and the construction of irrigation and water conservancy have overburdened and been in the state of debts, which have become the constraints of Chinese agriculture‘s sustainable development. The author reviewed the researches about our country's drought history, and proposed much advice like that we should draw experience and lessons from history, pay attention to the development of interlaced terrain between agriculture and animal husbandry, and oasis agriculture area; we should inherit the tradition of excellent dryland farming, pay attention to resistant variety of crops, and recover pond landscape, etc.

Keywords: new tendency of drought disaster, drought disaster history, oasis agriculture area, crops resistance

林业在农业抗旱与水安全中的作用

张守攻　周金星　于澎涛　张劲松

（中国林业科学研究院，北京　100091）

摘要：林业在国土生态安全建设和社会经济发展全局中具有重要作用和特殊使命，面对林业发展的新形势和新挑战，本文着重分析了林业建设在水源涵养、调节径流、防治污染、改善环境、保障粮食生产等维持粮食安全和水资源安全的作用和功能，并提出了林业在农业抗旱和水安全中的战略需求和应对策略。

关键词：林业建设，抗旱与水安全，粮食安全

农林不分家，林业与农业有着紧密的联系，也有其特殊性。林业在生态安全建设、应对气候变化和粮食安全等方面的重要作用日益受到全社会的高度重视和广泛关注。

1　林业发展面临的新形势

1.1　林业在经济社会发展全局中的新地位

党中央、国务院高度重视林业建设，2009 年中央首次召开了林业工作会议，明确了林业在国民经济和社会发展中的战略地位和使命，使林业地位得到显著提升。中央林业工作会议指出："在贯彻可持续发展战略中林业具有重要地位，在生态建设中林业具有首要地位，在西部大开发中林业具有基础地位，在应对气候变化中林业具有特殊地位"，"实现科学发展必须把发展林业作为重大举措，建设生态文明必须把发展林业作为首要任务，应对气候变化必须把发展林业作为战略选择，解决'三农'问题必须把发展林业作为重要途径"。2009 年，胡锦涛《在联合国气候变化峰会开幕式上的讲话》，对林业应对气候变化的地位和作用给予了高度评价。目前，中国森林面积达到 1.96 亿 hm^2，其中人工林面积达到 6168 万 hm^2，居世界首位，为促进绿色增长、推动可持续发展提供了有利条件。2011 年，胡锦涛《在首届亚太经合组织林业部长级会议上的致辞》指出，中国将继续加快林业发展，力争到 2020 年森林面积比 2005 年增加 4000 万 hm^2、森林蓄积量比 2005 年增加 13 亿 m^3，为绿色增长和可持续发展作出新的贡献。在发挥森林多种功能方面，提出要"充分发挥森林在经济、社会、生态、文化等方面的多种效益，实现平衡发展。要合理利用森林资源，发展林业产业，壮大绿色经济，扩大就业，消除贫困。要挖

作者简介：张守攻，中国林业科学研究院院长，中国林科院首席科学家。

掘林业潜力，发展木本粮油和生物质能源，维护粮食安全和能源安全。要加强生物多样性保护，涵养水源，防治荒漠化，增加森林碳吸收，应对气候变化，维护区域和全球生态安全”。林业具备的生态、经济、社会、碳汇和文化功能，在全社会进一步达成了共识[1]。

1.2　林业建设取得的成效

1.2.1　森林资源快速增长

第七次全国森林资源清查[2]得出，全国森林面积为 1.96 亿 hm^2，森林覆盖率为 20.36%，森林蓄积量为 137.21 亿 m^3。其与第六次资源清查相比呈现以下特点：一是森林面积、蓄积持续增长。森林面积净增 2054.30 万 hm^2，全国森林覆盖率上升了 2.15 个百分点，森林蓄积量净增 11.23 亿 m^3，继续呈现长大于消的良好态势，森林植被总碳储量达到 78.11 亿 t。

1.2.2　生态恶化得到有效遏制

“十一五”期间，林业重点生态工程稳步推进[3]，工程区生态状况明显改善。天然林资源保护工程有效管护森林 1.03 亿 hm^2，完成公益林建设任务 550 万 hm^2。退耕还林工程完成造林任务 542 万 hm^2，水土流失和风沙危害明显减轻。三北防护林体系建设工程完成造林任务 334 万 hm^2，长江、珠江、沿海等防护林体系建设工程累计造林 200 万 hm^2，森林防护功能稳步提高。无林少林的广大平原地区的森林覆盖率提高到 15.8%，农田林网控制率达到 74%，促进了农业稳产高产。全国完成沙化土地治理面积 1081.41 万 hm^2，沙化土地由 20 世纪末的年均扩展 3436km^2 变为目前的年均减少 1717km^2，土地沙化趋势总体上得到遏制。

1.3　林业面临的新问题与挑战

1.3.1　水安全问题

中国是一个严重缺水的国家，人均水资源量只有世界平均水平的 1/4，旱涝灾害频繁，水资源时空分配不均，污染严重，泥沙含量高。其概括为“水多（洪涝）、水少（干旱缺水）、水脏（污染）、水混（土壤侵蚀）”4 个方面的问题。例如，1998 年的大洪水和 2003 年、2005 年的渭河洪水；因缺水全国 70%的农田长期处于中低产状态；土壤侵蚀面积占中国国土面积的 37.6%，每年水蚀掉 50 亿 t 泥沙；过量使用化肥和农药会导致农田面源污染和水质恶化，目前来自农业的污染物占全国总污染物量的 1/3～1/2，加上矿产资源的开发，造成水体污染日益严重。

1.3.2　气候变化与农业灾害问题

中国地处季风气候区，各地气温、降水等气象环境条件的年际变化很大，而中国农业生产基础设施薄弱，抗灾能力差，对气象环境的依赖性很大。目前，干旱、干热风、高温伏热、低温冷害冻害等，对农业生产造成了极不利的影响。全国每年自然灾害导致的损失中，农业气象灾害及其衍生灾害占 60 %以上。每年农业受灾面积达 5000 万～5500 万 hm^2 ，占农作物总播面积的 30%～35%。

1.3.3 粮食安全问题

中国是农业大国，粮食安全一直是十分重要的战略问题。粮食安全涉及多时空尺度的社会、经济和自然系统的功能。在粮食需求刚性增长、水资源减少、水污染严重及气候变化影响加剧的不利条件下，要保障中国的粮食安全和社会经济的可持续发展，林业任务更加艰巨。

2 林业建设是保护和维持水资源安全、粮食安全的有效手段

森林生态系统与农田生态系统都是陆地生态系统的重要组成部分，森林通过调控水资源的时空分配，涵养水源、调节径流、净化水质等，在应对气候变化，保障粮食安全、水安全等方面发挥了不可替代的作用。

2.1 森林具有涵养水源的作用

森林改变了降水的分配形式，其林冠层、林下灌草层、枯枝落叶层、林地土壤层等通过拦截、吸收、蓄积降水，涵养了大量水源。根据原林业部、中国科学院和大专院校的森林生态定位监测结果[4]，中国热带、亚热带、寒温带和温带 4 种气候带 54 种森林综合涵蓄降水能力的值为 40.93～165.84mm，中间值为 103.40mm，即森林一次涵蓄降水能力在 100mm 左右，相当于 1000t/hm^2，华南、东南、西南等地区一般在 100mm 以上，华北、西北、华中等地区一般在 100mm 以下。一年中森林涵蓄降水量与当地降水总量、降水强度和降水频率等密切相关，高的可达 2000mm 以上[5]。

2.2 具有调节径流的作用，在一定程度上增加了水资源有效利用的总量

森林对水资源具有调控作用，主要表现在调节河川径流的分配，减少洪水流量，增加枯水期流量，即增加有效径流量，从而增加了可供利用的有效水量。

森林具有减洪增枯的功效，提高了可利用的水资源总量。国外的研究表明，森林覆盖率每增加 2%时，约可以削减洪峰 1%，当流域森林覆盖率达到最大值，即 100%时，森林削减洪峰的极限值为 40%～50%。国内的研究也表明，对于 10km^2 以下的小流域，森林削减洪峰的能力可达到 50%以上，同时，有效地推迟了洪峰时间[5]。

随着观测尺度的增大，对于 100km^2 以上的中大流域，由于其支流域降水强度、降水时间的不一致等因素，森林削减洪峰的能力有所下降。根据北京林业大学的观测研究，山西省黄土区水土保持林对洪峰流量有显著的削减作用，清水河流域面积为 435km^2，从 20 世纪 60～80 年代末，森林覆盖率从 25.31%增加到 57.88%，约增加了 30%，削减最大洪峰流量达 44%。就黄土高原平均而言，无林流域的洪峰径流模数比森林流域大了 10

倍以上，洪水历时延长了2～6倍[5]。

森林增加并延长枯水期流量。中国降水年内变化很大，常常造成季节性缺水，枯水期的水利用量常常成为限制性因子。能否把丰水期多余的水蓄积起来，到枯水期再慢慢用呢？除水库外，森林也有这种功能，根据祁连山水源涵养林研究院的研究，祁连山天涝池河、寺大隆河和黑河上游3条河流的森林覆盖率、冬季枯水期和春季枯水期的流量情况见表1[6]。

表1　中国祁连山地区流域森林覆盖对河川枯水径流量的影响

河流名称	流域面积/km^2	森林面积/km^2	森林覆盖率/%	冬季径流量/mm	春季径流量/mm
天涝池河	12.8	8.435	65.9	78.13	62.50
寺大隆河	109.7	35.1	32.0	36.46	61.97
黑河上游下段	2557	150.9	5.9	23.54	12.20

由表1可见，天涝池河、寺大隆河和黑河上游下段3条河流的森林覆盖率分别为65.9%、32.0%和5.9%，冬季枯水期径流量分别为78.13mm、36.46 mm和23.54mm，春季枯水期径流量分别为62.50 mm、61.97 mm和12.20mm，可见，冬、春两个枯水期内的径流量随着森林覆盖率的减小而同步减小，说明森林能增加枯水期流量。

森林增加河川径流的均匀度，从而避免了大涝大旱。森林对河川径流的突出影响表现在增加了平水期的水流量，提高了河流全年流量的均匀程度，增加了河流的有效流量，真正达到“青山常在，绿水长流”。中国松花江流域的漂河、泥河、乌裕尔河、阿什河阿城段、阿什河帽儿山段、陡咀子河、横道河、牛河8条支流森林覆盖率及其年内径流分配情况见表2[7]。

表2　中国松花江水系不同森林植被流域径流的年内分配

河名	水文站	集水区面积/km^2	森林覆盖率/%	年内径流分配不均匀系数	全年径流量/mm	春季径流占全年比/%	夏季径流占全年比/%	秋季径流占全年比/%	冬季径流占全年比/%
漂河	漂河	101	0	1.83	37.85	7.0	78.0	15.0	—
泥河	泥河	617	0	1.63	66.92	6.5	76.5	17.0	—
乌裕尔河	依安	7423	22	1.15	86.64	12.5	59.0	28.0	0.5
阿什河	阿城	2313	35	0.93	147.20	20.0	58.9	20.8	0.3
阿什河	帽儿山	183	50	0.91	216.41	28.4	52.5	18.0	1.1
陡咀子河	共和	99	70	0.89	167.13	26.5	52.3	20.8	0.4
横道河	横道河	145	80	0.84	379.53	31.9	49.0	17.8	1.3
牛河	四平山	536	90	0.79	486.71	28.6	47.6	21.8	2.0

由表2可见，中国松花江流域的漂河、泥河、乌裕尔河、阿什河阿城段、阿什河帽儿山段、陡咀子河、横道河、牛河8条支流森林覆盖率分别为0%、0%、22%、35%、50%、70%、80%、90%，年内径流分配不均匀系数分别为1.83、1.63、1.15、0.93、0.91、0.89、

0.84、0.79，年内径流分配不均匀系数随着森林覆盖率的增加从 1.83 逐步减少到 0.79，说明森林植被能增加河流径流的均匀度，避免出现大涝大旱，大大提高了水资源的利用效率。

2.3 净化水质，保障农产品产地安全，提高品质

森林能保护土壤，减少土壤侵蚀，避免江河湖库的泥沙淤积，提高水利设施的效用，并通过净化水质，提高水的品质。据中国不同地区不同类型森林的土壤保护能力研究[8]，与对照观测的荒山、裸地和耕地相比，森林减少土壤冲刷的效益可达 81.82%～99.88%，减少地表径流的效益可达 47.13%～97.92%。

森林被形象地称为“大地之肺”，森林的林冠层、土壤层能吸收、吸附大气降水中挟带的各种物质，包括被有关标准规程确定的 85 种有机污染物和铅、镉等无机污染物质，从而减少了穿透雨中的污染物浓度。据湖南会同杉木林吸收降水中各类污染物的研究[9]，结果表明，大气降水挟带的铅、镉、磷、钾、钙、镁、铁、锰、铜、锌 10 种化学元素累计含量是 40.49kg/（hm^2·a），经过森林拦蓄汇入地表径流累计含量仅为 9.27kg/（hm^2·a），下降幅度高达 77.10%。

2.4 森林改善生态环境、保障粮食生产

中国是农业大国，粮食安全一直是十分重要的战略问题。粮食安全涉及多时空尺度的社会、经济和自然系统的功能。在粮食需求刚性增长、水资源减少及气候变化影响加剧的不利条件下，要保障中国的粮食安全和社会经济的可持续发展，必须通过加强抗旱节水型防护林研究与建设，改善区域生态环境的整体功能。30 年来，中国三北农田防护林有效保护了 1756 万 hm^2 的农田[3]，增产粮食约 200 亿 kg，确保了三北地区粮食作物稳产高产，有力地维护了国家粮食安全。

3 林业在农业抗旱与水安全中的战略对策

农业、林业发展都离不开水，而水资源的总量却很有限。森林在应对气候变化、生态安全、粮食安全等方面具有不可替代的作用，但必须科学确定不同尺度森林水资源承载力，发展节水型林业，才能有更多的水资源提供给农业生产，才能使农业节水、抗旱有更广阔的空间。926 万 hm^2（1.39 亿亩）的退耕还林地，亟须新增 4000 万 hm^2 的人工林地，大量的农田防护林网都需要大量的水资源。

水资源管理是一项复杂的系统工程，中国过去的水资源管理是以用水为主的末端管理。目前，由于气候变化和异常对水资源的影响，降水时空分布变化日益加大，因此，必须转变对水资源管理的理念。需把“用水管理”提升为从降水到水资源形成再到水资源分配最后到用水环节的“水资源全程管理”。

因此，林业在农业抗旱与水安全中应该根据林业建设的特点，通过发展节水造林技术和林业节水模式、改进经营管理技术等实现科学节水策略，使其和农业节水抗旱发展战略进行有效对接，在林业节水抗旱技术方面进行突破。

3.1　合理协调林业、农业用水的关系，促进农林业的协调发展

林业本身也需要节水抗旱，不同的林分结构、群落特征对水资源的需求是有差异的。经济林、农田防护林、复合农林业不同的林分结构和森林类型对水资源的需求量是不同的，森林利用地下水的能力较强，并可在一定程度上抵御气候异常造成的危害。配置节水型的空间结构和群落结构需要与农业用水进行互补，避免与农业用地争水。科学合理地将林业发展与农业用地有机结合，实现农林业的协调发展，为节水抗旱提供新的思路。

3.2　正确处理好上中下游的关系，实现全流域综合管理

借鉴国内外经验与教训，需要对大江大河实行全流域综合治理，上中下游统一规划，坡沟川统筹考虑，切实提高治理效果。

在流域尺度上，统筹平衡处理好上中下游的关系，提高全流域可供利用的水量。建设上游的水源涵养林、中游水土保持林、下游农田林网，加强上游的水源涵养林和中游的水土保持林建设与保护力度。针对不同流域的面积、气候、地势和社会经济等综合情况，在源头和来水区，提高森林质量，增强水源涵养、削洪补枯的作用，提高流域可供利用的水资源总量。

在坡面尺度上，加强坡沟川统一治理。对流域山系的坡沟川实行统一治理，建设好坡面水保林和沟道水保林，把重点放在坡面水土保持林建设，提高坡面水土保持林涵养水源、保护水土的能力，提高水资源的利用效率。

3.3　加强林业技术研究，为节水抗旱农林业发展提供科技支撑

3.3.1　抗逆境（防护）树种的选育

抗逆植物资源短缺是限制中国林业生态工程持续发展的一大关键技术瓶颈，现亟须选育出一批适合中国重点农区林业生态建设的抗旱、耐旱、耐盐碱、抗污染的抗逆植物树种，为重要地段林业生态工程建设提供抗逆性森林植被材料。

3.3.2　以净水、节水、理水为目标的水源涵养林结构优化配置技术研究

研究森林植被对农区河流溪流水量、水质的调控功能，寻找净化水质与提高农作物产量和质量的水源涵养林植被结构配置技术，构建不同尺度下森林植被调控面源污染与水量、水质的技术体系。

3.3.3　以保持水土为目标的山区农地防护林优化配置及营造技术研究

主要研究山区坡耕地、梯田等农田周围以控制水土流失、保障基本农田安全为主要目的防护林配置与营造技术，解决这些农田在耕作过程中可能产生的水土流失问题。

3.3.4　流域森林植被水资源承载力研究

科学确定主要流域森林植被水资源承载力，重点解决中国北方地区植被恢复中植被

类型、数量与降水、土壤储水的平衡问题，为植被恢复的布局、协调林业与农业用水关系提供科学依据。

3.3.5 平原农区防护林体系构建技术研究

中国平原农区是国家主要的粮、棉、油生产基地，但森林覆盖率低，农业防护林体系不健全，又大都地处季风气候区，气候异常现象时常发生，致使农田生态系统抗逆能力弱，影响国家粮食安全。但中国平原农业用水及耕地资源十分紧缺，社会经济条件有限，本已制约当地农业、林业的可持续发展。针对上述问题，中国平原农田防护林体系建设与发展亟须解决以优化水土资源分配格局、提高农田系统抗逆功能、增强防灾减灾能力为目标的农业防护林体系构建与调控管理关键技术。

3.4 促进水、土资源高效利用，大力发展林下产业经济和复合经营，实现社会经济的持续发展

林下产业经济模式充分利用林下土地资源和空间环境条件，通过农林牧合理配置，长、短期相互结合，生态与经济和谐发展，实现了水、土资源的高效利用及多目标复合经营，既改善和保障了农林牧生产的环境安全，又通过林粮、林草、林药、林菌、林禽、林畜等复合经营模式，促进了产业经济发展。特别是在中国农业生产的主要基地，即广大平原农区，大力发展农田防护林、林下经济产业，在水资源减少及气候变化影响加剧的不利条件下，不仅可以保障中国的粮食安全和社会经济的可持续发展，而且可以改善区域生态环境的整体功能，符合当前中国发展循环经济，建设节约型社会的客观要求。

参考文献

[1] 胡锦涛. 携手应对气候变化挑战——胡锦涛在联合国气候变化峰会开幕式上的讲话. http: // news. Xinhua. net. Com / world/ 2009- 09/23/ content_12098887.htm[2011-1-2].
[2] 国家林业局. 中国森林资源报告—第七次全国森林资源清查. 北京: 中国林业出版社, 2009.
[3] 国家林业局. 林业发展“十二五”规划. http: //www.forestry.gov.cn. 2011-10-10.
[4] 刘世荣, 温远光, 王兵, 等. 中国森林生态系统水文生态功能规律. 北京: 中国林业出版社, 1996.
[5] 沈国舫, 王礼先.中国生态环境建设与水资源保护利用. 北京: 中国水利水电出版社, 2001.
[6] 傅辉恩. 东祁连山西段(北坡)森林涵养水源作用的初步研究, 北京林业学院学报, 1983, 1(1): 27-41.
[7] 曹艳杰. 松花江流域森林对河川径流的影响. 哈尔滨: 东北林业大学出版社, 1991.
[8] 马雪华. 森林水文学. 北京: 中国林业出版社, 1993.
[9] 刘煊章, 田大伦, 周志华. 杉木林生态系统净化水质功能的研究. 林业科学, 1995, 31(3): 193-199.

The Role of Forestry in Drought Resistance and Agricultural Water Security

Zhang Shougong, Zhou Jinxing, Yu Pengtao, Zhang Jinsong

(Chinese Academy of Forestry, Beijing, 100091)

Abstract: Forestry plays an important and special role in national ecological security construction and social-economic development, and faces new situation and new challenge. In this paper, some function of forestry in food and water resource safety maintenance, such as water conservation, runoff regulation, pollution prevention and control, environment improvement, are stressed. And that the strategies and concrete measures of forest management for drought resistance and agricultural water security are also put forward.

Keywords: forestry construction, drought resistance and water security, food security

合理利用地下水，有效抗御干旱灾害

寇宗武

（陕西省水利厅）

摘要：本文对陕西省地下水资源及开发利用进行了全面介绍，分析了地下水资源开发的潜力，提出了建设地下水应急水源的建议，并指出地下水应急水源建设应注意的若干问题。

关键词：地下水资源，地下水供水量和用水量，水源建设

陕西地处中国内陆腹地，属典型的大陆性季风气候，降水较少，且时空分布严重不均，“十年九旱”是其特点。干旱是陕西省主要的自然灾害，据有关部门测算，在各类自然灾害造成的损失中，旱灾占50%以上。为了有效抗御旱灾，必须建设可靠的水源储备。从陕西省水资源条件、以往经验等方面分析，应将地下水作为今后抗旱水源建设的重点。

1　地下水资源概况

1.1　区域水文地质特征

陕西省地下水的形成和分布受制于区域地质和地貌条件，在这些条件的制约下，形成陕北黄土高原、关中盆地、陕南秦巴山地3个独立的水文地质单元和多种类型的地下水。

陕北黄土高原水文地质区：该区上部为松散岩层空隙水，下部为碎屑岩类裂隙空隙水，补给条件差，排泄条件好，不利于地下水的储存。除风沙滩区、较宽的河谷川道和完整的黄土塬稍富水外，一般地层含水量很小，水质复杂。

关中盆地水文地质区：遍布巨厚的第四系松散层，一般数百米，拗陷中心可达千米。含水层分布广而连续，地下水补给条件好，水量较为丰富。其中，渭河沿岸、秦岭山前富水性强，黄土台塬水量相对较小。

陕南秦巴山地水文地质区：除零星分布的山间盆地具有松散岩层堆积外，广大山区基岩裸露，不利于地下水储存。岩溶发育的镇巴、宁强等地区富水性较强。

1.2　地下水资源评价

20世纪80年代初、90年代中期和2000年以来，陕西省共进行了3次地下水资源

作者简介：寇宗武，陕西省水利厅，教授级高工。

评价。评价结果如下，陕西省地下水资源总量为 130.75 亿 m^3，其中山丘区为 87.94 亿 m^3，平原区为 49.85 亿 m^3，山丘、平原间的重复量为 7.03 亿 m^3。按流域，黄河流域为 68.04 亿 m^3，长江流域为 62.71 亿 m^3；按 3 个自然区，关中为 46.87 亿 m^3，陕北为 21.39 亿 m^3，陕南为 62.49 亿 m^3，见表 1。

表 1　陕西省地下水资源汇总表　（单位：亿 m^3）

区域	地下水资源量	地下水可利用量	特殊地下水可利用量		
			岩溶水	傍河水	小计
关中	46.87	28.28	1.37	4.41	5.78
陕北	21.39	5.71	0.79	0.80	1.59
陕南	62.49	6.37	0.05	2.34	2.39
黄河流域	68.04	34.02	2.16	5.21	7.37
长江流域	62.71	6.34	0.05	2.34	2.39
合计	130.75	40.36	2.21	7.55	9.76

1.3　地下水的可利用量

估算陕西省地下水可利用量为 40.36 亿 m^3。按流域，黄河流域为 34.02 亿 m^3，长江流域为 6.34 亿 m^3。按 3 个自然区，关中为 28.28 亿 m^3，陕北为 5.71 亿 m^3，陕南为 6.37 亿 m^3。此外，还有一些特殊的地下水，如分布在陕西省局部地段的岩溶地下水，分布在陕北和关中的白垩系砂岩水，以及分布在渭河、汉江、黄河沿岸的傍河地下水。这些特殊的地下水与地表水、浅层地下水都存在较大的重复和转化关系，开采它会影响地表水、浅层地下水的利用量，但它分布相对集中，有利于建设集中式水源地，只要严格控制开采规模，监测地下水动态，是可以做到可持续利用的。可利用量见表 1。

2　地下水开采利用现状评价

2.1　地下水开发利用工程设施

陕西省地下水开发利用以水井最多，也有引泉、截渗流等形式，但数量较少。据统计，陕西省现有各类水井 16 余万眼，其中农用灌溉井 14.6 万眼，城市（含县城）、工业水源地 58 处，面积为 599km^2，水井 1.4 万眼。以上工程年地下水开采能力在 40 亿 m^3 左右，其中农用井 29 亿 m^3，城市、工业水井 11 亿 m^3。

2.2　现状年地下水供水量和用水量

2010 年，陕西省地下水总供水量为 33.34 亿 m^3，其中浅层地下水为 27.28 亿 m^3，深层地下水为 5.70 亿 m^3，微咸水为 0.36 亿 m^3。按流域，黄河流域为 30.22 亿 m^3，长江流域为 3.12 亿 m^3。按自然分区，关中为 26.46 亿 m^3，陕北为 3.69 亿 m^3，陕南为 3.19 亿 m^3。

当年，各行业利用地下水的情况如下：农田灌溉和林牧渔业用水为 17.50 亿 m^3，占 52.5%；城乡生活用水为 5.92 亿 m^3，占 17.7%；工业用水为 7.70 亿 m^3，占 23.1%；公共生态用水为 2.23 亿 m^3，占 6.6%。2010 年地下水供水、用水情况见表 2。

表 2　2010 年陕西省地下水供水用水情况表　　（单位：亿 m^3）

区域	供水				用水					
	小计	浅层水	深层水	微咸水	小计	农田灌溉	林牧渔业	工业	城乡生活	公共生态
关中	26.46	21.71	4.48	0.28	26.46	11.60	2.97	5.88	4.12	1.88
陕北	3.69	2.38	1.22	0.09	3.69	1.70	0.30	0.88	0.67	0.14
陕南	3.19	3.19	0	0	3.19	0.53	0.37	0.94	1.13	0.22
黄河流域	30.22	24.16	5.70	0.36	30.22	13.38	3.29	6.73	4.80	2.02
长江流域	3.12	3.12	0	0	3.12	0.45	0.37	0.97	1.12	0.21
合计	33.34	27.28	5.70	0.36	33.34	13.84	3.66	7.70	5.92	2.23

2.3　开发利用总体评价

（1）地下水利用程度：以地下水的实际利用量占可利用量（可开采量）的百分比来表示地下水的利用程度。总体而言，陕西省地下水开发利用量尚在可开采量的范围内，利用程度在 75%左右。但地域分布上很不均衡，长江流域利用程度最低，为 40%，黄河流域较高，为 80%；关中较高，为 82%，陕北次之，为 55%，陕南最低，仅为 38%。

（2）经过近年来的调整，陕西省地下水严重超采的局面得到遏制，开采规模趋于合理，图 1 是 1980～2010 年地下水利用量和地下水位下降区面积变化情况示意图。近 30 年来，地下水开采量经历了下降、上升、又下降这样一个过程，1995～1998 年达到峰值 38 亿 m^3 左右，之后又缓慢下降，至目前稳定在 33 亿 m^3 左右。陕西省开展地下水监测平原区的面积约为 3.5 万 km^2。从图 1 可以看出，地下水下降与开采量呈正相关关系，一般来说，开采量上升，下降区面积增加，开采量下降，下降区面积减少。

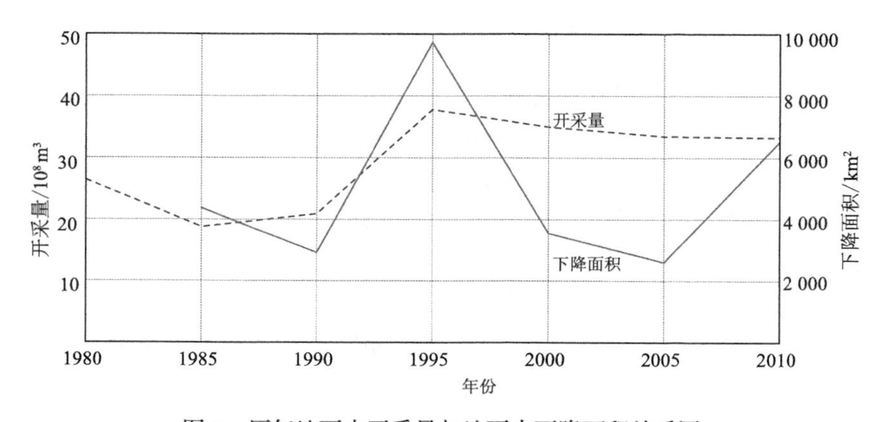

图 1　历年地下水开采量与地下水下降面积关系图

（3）主要开采区地下水动态：①沿渭城市水源地。沿渭有集中开采水源地30余个，并有大量单位自备井，2004年统计超采区面积为591km^2，实际开采量为5.2亿m^3，超采量约为1亿m^3。陕西省政府2006年划定限采、禁采区后，沿渭各城市加大关井力度，年减少开采量8000万 m^3，已使约300 km^{2}水位抬升。②周户、蒲富、岐风纯井灌区。由于东雷抽黄灌溉工程二期初步发挥效益，蒲富地区开采量有所减少，地下水位缓慢抬升；但周至县、户县、岐山县、凤县仍处于超采状态。③泾惠渠、宝鸡峡灌区地下水超采，地下水位年降幅在 0.6m 左右。④陕北风沙滩和汉中盆地、月河川道等地，局部地区地段地下水超采，大部分地区水位稳定。

3　完善水源储备制度，建设应急地下水源的几个问题

3.1　不忘历史教训，客观认识省情水情，抓紧应急水源建设

从全国而言，近几年先后出现了松花江、太湖水污染事件，曾严重威胁了哈尔滨、无锡等地居民的生活用水，又出现了西南干旱，在水乡之地居然有数百万人得不到饮用水。就陕西省而言，曾经出现过1995年西安水荒，人们排队等水、带水桶上班至今历历在目。实际上干旱缺水不是走远了，而是悄悄逼近。这是因为：①陕西省年年有小旱，三年一中旱、十年一大旱，三十年遇大旱的省情、水情特点没有变；②城镇人口以每年1%～1.5%，即40万～60万人的速度增加，城镇供水压力增大；③生活、生产、生态间争水突出；④水污染威胁增加。鉴于此，完善水源储备，建设一批储备水源是十分必要而迫切的，需要统筹规划，抓紧建设。

3.2　应急水源建设应突出抓好地下水源建设

干旱是客观存在的事实，不以人的意志为转移，关键是要有应对措施。陕西省当前存在的突出问题如下：一是地表水调蓄能力低下，陕西省水库有效库容只有20多亿立方米，每年蓄水工程的供水量也只有十几亿立方米不足20亿 m^3；二是地下水利用不当，有的地方有水但缺工程，有水却用不上；有的地方地下水利用过度，旱时无水可抽。针对上述问题，陕西省已下决心建设一些地表水调蓄工程，并规划从汉江调水，这都是非常正确的决策。然而，从应急角度考虑，需要重新审视陕西省的地下水利用方略。首先，要充分认识地下水水量稳、水质好、抗污染、工程隐蔽、易防护等特点，从战略高度认识地下水资源的不可替代性。其次，要对各地地下水利用情况进行全面评估，本着确保饮水安全、合理利用地下水的原则，加强城镇和地下水潜力区地下水应急水源建设；对地下水开发利用程度较高的区域要从实际出发，在现有井中，确定一批备用井，纳入备用水源管理范围，强化管理。最后，进一步强化地下水管理，从制度上、管理上做到一般年份、丰水年份少用或不用地下水，以便涵养地下水，确保干旱年份或特殊情况下有水可抽。

3.3　地下水应急水源建设和管理

（1）重点领域：根据《中华人民共和国突发事件应对法》和《陕西省突发公共事件

总体应对预案》《陕西省抗旱预案》相关规定，应急水源建设应首先能够保障城乡人民群众饮水安全；其次应确保国民经济要害部门，如电厂的正常运行；最后就是发挥抗旱服务队、抗旱设施的作用，应尽量多供水，最大限度减少工业、农业生产的损失。

（2）应急水源建设主体：城乡居民饮水应急工程纳入城乡建设总体规划，以国家投入为主体，吸收社会资金投入建设；农村抗旱水源工程以国家投资为主，群众适当投劳进行建设；国民经济要害部门，如电厂备用水源的建设以企业为主建设。

（3）城市关闭自备井的利用：城市关闭自备井也是一笔宝贵财富，不应浪费。应选择那些质量尚好又不影响建筑安全的水井，作为应急备用井，做到关而不废，能够随时启用。其中，最主要的问题是要确立这部分水井的法律地位，落实管理责任和管理经费。

（4）渠井双灌区地下水的管理：目前，陕西省渠井双灌区普遍存在的问题是地下水过度开采，采补失衡，地下水位下降。其根源一是管理体制，二是水价。根据中央一号文件精神，目前陕西省正在推进灌区体制、机制改革，如果能将地表水费降下来，使它大大低于地下水费，同时进一步加强地表水、地下水的统一规划和管理，渠井双灌区地下水超采问题是可以解决的，地下水也一定能成为这些地方的应急备用水源。

Rational Use of Groundwater, Effectively Resist Drought

Kou Zongwu

(Water Resources Department of Shaanxi Province)

Abstract: This paper introduced the development and utilization of groundwater resources in Shanxi Province comprehensively, analyzed the development potential, proposed building groundwater emergency water, noted a number of issues related to the construction of emergency water.

Keywords: groundwater resources, groundwater water supply and water use, water resources projects

发挥地下水的调蓄作用，提升抗旱水源的保障能力

魏晓妹　张冠儒　冯东傅

（西北农林科技大学　水利与建筑工程学院，陕西 杨凌 712100）

摘要：针对中国水资源调蓄能力弱、抗旱水源严重不足的问题，分析论述了地下水资源基本特性及地下水可调蓄作用与抗旱功能的关系，指出了地下水的基本特性是地下水资源构成抗旱水源的有利条件，而其调蓄作用则决定了地下水成为抗旱水源战略储备的保障条件；提出了合理开发利用地下水资源，提升抗旱水源保障能力的措施。

关键词：地下水，调蓄作用，抗旱水源，保障能力

1 引　言

中国是水资源严重短缺的国家，干旱灾害频繁而严重，局部性、区域性的干旱灾害连年发生[1]。近年来，全球受气候变化和人类活动的影响，中国极端干旱事件发生的概率有所增加，旱灾呈现出频发和加重的趋势。2009 年，中国多个省份遭遇了严重的干旱，持续 3 个多月的时间内，华北、黄淮、西北、江淮等 15 个省市没有有效降水；2010 年，西南地区持续干旱导致广西、重庆、四川、贵州、云南 5 个省（自治区、直辖市）6130 多万人受灾，今年上半年中国长江中下游地区遭遇了大面积的干旱，江苏、安徽、江西、湖北、湖南等省份出现了重度干旱。连续大面积干旱造成农作物减产、一些地方农村人畜饮水困难，其结果不仅因农产品价格走高进而推高了居民消费价格指数（CPI），而且也使农村居民的正常生活秩序受到影响，旱灾已危及到中国的粮食安全、饮水安全和生态安全。

中国北方地区降水量小、水资源调蓄能力弱、抗旱水源严重不足，导致发生连续干旱的概率增加[2]，因此，强化水资源调蓄、提高抗旱水源的保障能力是积极应对干旱灾害的重要措施。地下水作为水资源的重要组成部分，约占水资源总量的 1/3。据统计，2008 年全国地下水开采量为 1085 亿 m^3，占全国总供水量的 18.3%；北方地区地下水开采量约占全国开采量的 87.5%，占全国总供水量的 36.2%，地下水已成为生产、生活及生态用水的重要水源。尤其是在地表水资源相对缺乏的北方干旱半干旱地区，地下水在抗旱水源体系建设中具有不可替代的作用。因此，充分发挥地下水的独特作用和功能，高效安全利用地下水资源，对提升中国抗旱水源的保障能力显得十分迫切和必要。

作者简介：魏晓妹，西北农林科技大学，水利与建筑工程学院教授。

2　地下水资源的基本特性

地下水资源与地表水资源有着截然不同的特性，正确认识这些基本特性，对抗旱水源体系的建设具有重要作用。

2.1　分布广泛性

地下水的分布受自然地理和水文地质条件的制约，有一定的变异性，但相比地表水而言，地下水地域分布比较广泛，是一种分布在“面”上的水资源，地下水供水工程投资少、见效快，可分散开采和就地利用。因此，地下水资源是重要的后备抗旱水源。

2.2　可恢复性

地下水资源是一种客观存在的资源，其水量、水质都在随时随地发生变化，补给与消耗处于动态平衡状态。从年内看，旱季主要为开采季节，消耗地下水，雨季地下水得到补给；从年际看，干旱年份，地下水消耗往往大于补给，而丰水年份降水及地表水的补给不仅可以满足丰水年消耗的需要，而且尚可弥补干旱年份亏缺的水量。因此，地下水资源是一种可以不断得到补充和更新的资源，具有可恢复性。地下水的这种可恢复性为有效调节干旱缺水期水资源的供需矛盾提供了保障机制。

2.3　水量、水质的稳定性

地下水与地表水相比，由于其埋藏在地下，受气候因素和人为活动的影响较小，水量比较稳定，供水保证程度较高；尤其是受包气带的保护作用，地下水不易受到污染，水质一般较好，因此地下水是干旱时期人畜用水理想的应急水源。

2.4　有限性

地下水虽然具有可恢复性，但是过量开采，又得不到相应的补偿，势必会出现亏空，并引发一些生态环境问题。所以，地下水资源绝不是“取之不尽、用之不竭”的，只有消耗与涵养相结合，使地下水处于良性循环状态，地下水资源才能永续利用，真正起到抗旱储备水源的作用。

3　地下水的调蓄作用与抗旱功能

3.1　地下水的调蓄作用

地下水与地表水相比，具有较强的调蓄性[3]。如果在流域内没有湖泊、水库，则地表水资源很难进行调蓄，相应地会出现暴雨时洪水泛滥、久旱则河床断流的情况。而地下水储存在地表以下的含水层中，地下含水层类似于一个巨大的“地下水库”，对降水、河道、人工渠系及田间灌溉入渗补给水流具有一定的滞缓、调蓄和再分配作用，即在丰水年份或丰水季节可以把多余的水储存在含水层中，而枯水年或枯水季节动用地下水储存量。地下水的调蓄作用是地下水系统的自然属性，它允许人们在地下水开发利用中“丰储枯用、以丰补歉”“有采有补、采补平衡”，一方面弥补干旱时期地表水源的不足，满足作物及人、畜需水要求，另一方面改善地下水的循环条件，使地下水资源得到有效涵养。地下水的调蓄作用实质上是利用含水层巨大的储存空间调蓄水资源，通过对地下水有计划的补给与回采，增加可供水量，调节水资源的供需矛盾。

3.2 地下水的抗旱功能

地下水的基本特性构成了地下水资源成为抗旱水源的有利条件，而地下水的调蓄作用则决定了地下水成为抗旱水源战略储备的保障条件，地下水在抗旱水源体系建设中具有与地表水不同的功能。

3.2.1 地下水的调蓄作用强化了地表水与地下水的转化关系，提高了水资源的利用效率

利用地下水的调蓄作用，可以有计划地将地表水、渠系渗漏及田间灌溉入渗水量重复利用，提高灌溉水的利用效率；而在地下水开采季节，降低地下水位、腾出地下水的调蓄空间，增加降水入渗补给量，减少径流量，提高降水的利用率；与此同时，地下水的调蓄作用也为地表水与地下水的联合利用创造了条件。陕西黄土塬灌区三水转化机理与水资源最佳调控模式的研究结果表明，黄土地区由于灌溉水的渗漏能够形成巨大的地下水库，如能有计划地实施水资源的地下调蓄，则可有效缓解该区既干旱缺水又涝碱成灾的矛盾局面[4]。河南省柳园口井渠结合灌区，在考虑回归水重复利用的情况下，灌溉用水效率从 0.5702 提高到了 0.7167，增加幅度明显[5]。

3.2.2 地下水的调蓄作用允许“以丰补歉、丰储枯用”，提高了抗旱水源的保证程度

较长枯水年份或干旱季节，一般降水和河流来水量都比较小，仅依靠地表水库的蓄水量难以满足作物需水及人、畜用水要求，此时科学有效地利用地下水资源和地下含水空间的调蓄作用，不仅可以弥补地表水源的不足，缓解干旱时期水资源的供需矛盾，而且还可以腾出地下库容，为丰水年份地下水的补给创造条件。通过对含水层有计划的补给与回采，“以丰补歉、丰储枯用”，提高抗旱水源的保障程度。另外，抗旱属于季节性用水，而且农业用水大多是分散性用水，所以合理开发利用地下水，对农业抗旱尤为重要。例如，最近几年遭遇特大干旱时，国土资源部和水利部都会组织相关部门进行“抗旱找水打井”工作，这为抗旱保苗、解决人畜饮水困难问题提供了地下水源保障。

3.2.3 地下水的调蓄作用为实施地下水资源战略储备、保障用水安全提供了保障条件

地下水资源是基础性自然资源和战略性经济资源，对国家粮食安全、饮水安全

和生态安全至关重要。充分利用地下水资源分布广泛、水质和水量稳定，且具有可恢复性的优点，通过地下含水层的储存空间，对丰水年的降水及地表水、汛期的洪水及城市雨水进行地下调蓄，形成地下水资源战略储备，当遭遇连续干旱和突发事件时，有计划地回采地下水，以确保用水安全[6]。近几年来，随着中国水资源供需矛盾的日益突出，浙江、新疆及北京等地已先后展开了地下水战略储备规划方案及技术问题的研究。

4　合理开发利用地下水、提升抗旱水源保障能力的措施

4.1　重视地下水调蓄在抗旱中的作用

中国有关地下水调蓄问题的研究虽然早已提出[4]，但在总体上欠缺积极主动性，目前成功运行的“地下水库”仍然较少[7]，表明在抗旱中对地下水调蓄的重要作用的认识还不够重视和深入，导致有些地方一味强调修建地表水库、节水工程，单纯注重渠道防渗、城市建设实施路面硬化等，使自然水循环中本应入渗补给地下水的水量被拦截，阻隔了地下水的自然涵养；还有些地方超量开采地下水，使地下水位大幅度下降，减弱了地下水的调蓄功能，也降低了抵御旱灾的能力。因此，必须从地下水资源战略储备的高度，充分认识地下水调蓄在抗旱中的特殊作用，重视地下水资源合理开发与涵养问题，通过地表水与地下水的联合调蓄，提高抗旱水源的保障能力。

4.2　利用地下水抗旱要科学规划

中国特殊的气候条件、地貌特征及水土资源时空不匹配等情况决定了抗旱减灾将是一项长期的任务。因此，要避免遭遇特大干旱时应急抗旱打井——应干旱之急，打救命之水，而一旦旱情有所缓解，便又恢复原状的倾向。而应该从地下水资源可持续利用的角度出发，将应急抗旱打井与高效安全利用地下水长远规划统筹考虑，做好应急地下水源工程与常规地下水源工程的规划，运行与管理工作，从体制、机制及技术上确保地下水资源的战略储备。

4.3　加强地下水的合理调蓄和科学管理

目前，中国地下水资源非理性开发利用所导致的“采补失调”或“补排失调”问题，已影响到了地下水资源的可持续利用。为此，需要按照不同地区的水文地质条件，充分利用含水层分布广、储存空间大、调蓄能力强的优势，以合理的地下水位为调蓄管理的控制指标，通过科学配置水资源，调整优化地下水开采布局，高效安全利用地下水资源；并以实行最严格的水资源管理制度为切入点，对地下水资源从行政、经济、法律及技术手段 4 个层面进行科学管理，强化地下水资源战略储备，提升抗旱水源的保障能力。

参 考 文 献

[1] 张海滨, 苏志诚. 抗旱应急备有水源工程建设相关问题分析. 中国防汛抗旱, 2011, (6): 18-20.
[2] 顾颖, 张世发, 林锦, 等. 中国连续干旱年特征、变化趋势及对策. 2010, (2): 76-79.
[3] 林学钰, 廖资生, 赵勇胜, 等. 现代水文地质学. 北京: 地质出版社, 2005.
[4] 李佩成, 刘俊民, 魏晓妹, 等. 黄土塬灌区三水转化机理及水资源最佳调控模式研究. 西安: 陕西科学技术出版社, 1999.
[5] 谭芳, 崔远来, 段中德. 井渠结合灌区灌溉用水效率计算分析//中国农业工程学会农业水土专业委员会. 现代节水高效与生态灌区建设. 昆明: 云南大学出版社, 2010: 374-381.
[6] 中国地下水科学战略研究小组. 中国地下水科学的机遇与挑战. 北京: 科学出版社, 2009.
[7] 费宇红, 崔广柏. 地下水人工调蓄研究进展与问题. 水文, 2006, (4): 10-13.

Make Use of Groundwater Regulation and Improve Support Capability of Drought Resistance Water Resources

Wei Xiaomei, Zhang Guanru, Feng Dongfu

(North-west Agriculture and Forestry University Department of Hydraulic and Architecture Engineering, Shaanxi, Yangling 712100)

Abstract: Regulation capability of water resources in China is not working efficiently and consequently, the drought resistance water resources are insufficient badly. Based on these problems, this paper demonstrated the fundamental characteristic of groundwater and the relationship between groundwater regulation ability and its drought resistance function. This paper came out with the conclusion that the fundamental characteristic of groundwater gains the advantage in functioning as the drought water resources and presented the measures in utilizing groundwater reasonably and improving support capability of drought resistance water resources.

Keywords: groundwater, regulation, drought resistance water resources, support capability

藏水于民　抗旱应急

马怀廉
（陕西省水利厅）

摘要：陕西省是个水资源短缺的省份，自 1985 年起先后实施了农村饮水安全工程。本文介绍了建窖蓄水，藏水于民的“甘露工程”的一些成功经验，并指出建窖蓄水是充分利用降水资源的有效途径，同时在城市收集降水抗旱应急也有成功的案例和成熟的技术。

关键词：“甘露工程”，饮用水窖，抗旱保苗窖

陕西省是个水资源短缺的省份，供水不足是制约经济社会发展的重要因素之一。在贫困缺水的农村，水是导致疾病、贫困的主要根源，为此，陕西省委省政府从 1985 年开始实施了引用世界银行贷款的农村改水项目工程，主要解决大荔、蒲城、定边、靖边等 8 个县严重受高氟水危害的群众饮水困难问题。随着陕西省财力的好转，从 1996 年开始，在陕西省范围内组织实施了“甘露工程”，接着按照中央的部署安排先后实施了氟砷改水工程、农村饮水解困工程和目前正在组织实施的农村饮水安全工程。其任务都是旨在建成水源可靠、设施配套、管理科学、服务规范、水质达标，满足供应的城乡供水系统。即使建成上述高标准的供水系统，其保证率也只能达到 95%以上，最高达 97%。但是降水量在时空分布上严重不均、旱涝灾害频繁是陕西省的基本省情，也是中国的基本国情。随着全球气候变暖，一些极端气候条件的频发，迫使我们不得不研究制定一套行之有效的方法来应对极端干旱条件下的饮水、粮食安全，以渡过难关。

在农村建窖蓄水，藏水于民是经实践证明了的应对极端干旱的有效措施。

藏水于民与藏粮于民备荒同等重要。建窖的核心是如何建窖，如何保证水质在半年内不发生变质，当然窖的容积可视一个家庭的人口、地理位置及条件而定。窖可分为饮用水窖和抗旱保苗窖。对于饮用水窖，目前中央七台推广的绿色环保沙泉就是一套成熟的建窖储水技术。其不仅适用于农村，也适用于县城。其在贵州几处小县城的成功应用解决了县城大旱之年的用水问题。其主要结构原理是在窖体周围用不同粒径的沙子包围，既保证地气相通，又保证渗水得到充分过滤，当然也有定期检查、消毒等工艺和措施。

抗旱保苗窖，建窖的核心是防渗处理。先根据不同地质条件选择开挖不同的窖体。陕北成功的经验是用黏土泥浆护理防渗，也有用水泥沙浆防渗护理的。窖体形状有瓶式、直筒式、窑式等。

作者简介：马怀廉，陕西省水利厅，教授级高工。

建窖蓄水可使一些不起眼的小水源发挥较大的作用，横山县有个叫斩贼关的小村子，地处深沟包围的孤岛，户户建窖3～5个，平时将山下小溪中的水抽至窖中储存，干旱缺水季节用于抗旱保苗，从而保证连年的丰产、丰收。

建窖蓄水是充分利用降水资源有效途径。

雨水，也叫太空水。从水质来讲，雨水无复杂的化学离子背景，只需经过严格过滤消毒，便可成为饮用水，对于那些无可靠水源的地区来讲是难得的优质资源。如前所述，雨水过滤保存的方法已基本有成熟的经验和成功的案例。但关键的问题是如何收集，即付出最低的代价收集最多的雨水，在长期与干旱作斗争的实践中，群众积累了丰富的经验，在陕北榆林、延安，陕南商洛、安康都曾有推广的示范典型。

收集雨水的关键是集雨场。集雨场的面积、质地、比降等都是重要的影响因素。当然窖的位置也是重要条件。饮用水窖的集雨场主要是以屋顶、院落或建设专门混凝土集雨场来收集雨水，再配套相应的预沉、沉淀过滤等设施才能让雨水进入水窖。那些能迅速形成径流的山坡小植被、公路、土石路都是可利用的集雨场资源。

定边县白湾子镇属地下水内陆封闭区、盐碱滩，周围十多千米内均无安全可靠水源，当地乡政府组织群众沿丘陵周围开挖平台，建设水窖，利用山坡小植被作为集雨场收集雨水，居高临下，建成了水窖自来水，供镇政府、机关、学校和周围群众用水。横山县王有地乡村民将梯田排洪沟的雨水收集建成连环窖，解决了干旱年份及干旱季节的抗旱保苗。吴堡等县多处地方都利用陡坡土路作为集雨场，更多的地方是收集公路两侧排水沟的水，解决抗旱应急。所有这些经验都能帮助群众总结完善和配套，成为防旱、抗旱的成熟措施。在实施“甘露工程”中，作者曾与陕西省原水利厅厅长担任人大副主任刘枢机同志讨论过如果对陕西省所有高速公路及公路的排水沟进行改造，用于收集雨水，其将是一笔可观的抗旱资源。

在城市收集天雨抗旱应急也有成功的案例和成熟的技术。

中央七台科技苑栏目中介绍的绿色沙泉就是大旱之年解决贵州几处县城供水的成功案例。其可在生活小区推广应用，主要原理是在小区广场地下建蓄水池，周围包沙，上面铺盖沙粒透水地板砖，这种特制的地板砖不仅可以过滤降水中的灰尘杂物，更重要的是可以过滤清除水中90%以上的细菌，正常年份可用于灌溉小区花坛绿地，特殊年份可经进一步消毒处理作为饮用水源。在澳大利亚等发达国家，人们在建立别墅的同时就建设雨水收集净化系统，将其作为饮用水和用来浇灌花坛绿地。

总之，建窖蓄水、藏水于民只是抗旱应急的一种措施，如何用好还需进一步总结、完善。

Hiding Drought Emergency Water in China

Ma Huailian

(Department of Water Resources in Shaanxi)

Abstract: Shaanxi Province is a province which is short in water resources. Since 1985 Shaanxi Province has implemented some rural drinking water safety projects. This paper introduced the successful experience in building water cellars which is a section of the “nectar projects”. And it pointed out that the water cellar was an effective way to take advantage of precipitation. Collecting rainfall in the drought-prone period also had success stories and mature technologies in the city.

Keywords: “nectar projects”, drinking water cellar, drought seedling cellar

地下水的特征和抗旱功能

刘俊民

（西北农林科技大学 水利与建筑工程学院，陕西　杨凌　712100）

摘要：地下水作为水资源，具有可宝贵性、赋存的系统性和可再生性。地下水资源的本质属性及其特征决定了其在自然界、人类社会生产生活中具有重要功能，特别是地下水资源在应对特殊气候变化、应对干旱灾害时具有强大的抗旱功能。本文通过一些实例，介绍了地下水在中国防旱抗旱中的作用，指出了地下水储备是应对长期旱灾的关键，但必须提高水资源管理水平，为防止地下水过度开采，应设置地下水水位及水资源保护红线。

关键词：地下水，水资源管理，水资源保护红线

2009年年末以来，中国西南地区连年发生历史罕见的旱灾，江南、华南大部、赣、湘、浙、桂等地旱情较为严重，云南、贵州和广西部分地区旱情已达特大干旱等级，灾害具有旱灾面积和损失增加的趋势，影响范围具有从农村向城市蔓延的趋势，生态环境恶化具有愈演愈烈的趋势。这次旱灾具有范围广、历时长的显著特征，对社会经济的损失最严重，不仅影响农业生产，还导致电力、工业和城市严重缺水，农村人畜饮水困难。

面对严重的旱灾，党和政府采取有效措施，全力以赴抗旱救灾，保障灾区社会稳定、人心安定。在抗旱救灾中寻找水源是关键，而地下水在抗御南方长期干旱中发挥了非常重要的作用。本文主要阐明地下水的特征和抗旱功能。

1　地下水的主要特征

地下水的主要特征是相对于地表水体而言的。众所周知，作为供水水源，地下水具有分布广泛、水量稳定、天然调节性、水质良好、不易污染、易于利用等一系列优点。此外，作为水资源，它还具有作为资源的可宝贵性、赋存的系统性和可再生性。

1.1　作为资源的可宝贵性

在自然界水体赋存的总量上，地下水以其巨大的潜能显示出优势。众所周知，地球上各种水体总量为1 386 000 000km^3,其中,水质难以直接利用的海洋水占总量的96.5%，

作者简介：刘俊民，西北农林科技大学，水利与建筑工程学院教授。

扣除大气水和生物体含水（虽然很少）外，只有4.5%的水体是人类可以利用的。但是，人迹罕至的冰盖和冰川水占 1.7%，湖泊水只占 0.013%，土壤水和固态的地下冰和冻土水很少。和人类关系最为密切的河流水少得可怜，只占 0.0002%。相对而言，饱水带中的重力水占到1.7%，总量和冰盖冰川水相当。

从地球上的淡水资源来看，大气水、生物水、湿地水和土壤与冻土水数量少，难以利用，数量最多的陆地冰盖和冰川水数量巨大，占淡水量的69%，但是冰盖水难以利用，陆地冰川除作为河水来源外，人类也难于直接利用。相对而言，地下水中的淡水无论从数量和质量及利用条件上都是人类不可多得的水资源。

随着经济的发展和人口的剧烈增加，水资源不足已经成为制约社会发展的瓶颈，地下水作为水资源的组成部分，在应对气候干旱、保障国民经济的可持续发展中的可宝贵性更加突出。

1.2 地下水赋存的系统性

地下水赋存的系统性表现为地下水赋存于内部具有统一水力联系、与外界相对隔离的地下含水系统或含水层中，在其任一部分加入或排出地下水，影响将波及整个系统。

松散沉积物包含多个含水层和弱透水层，含水层之间通过弱透水层越流发生水力联系，构成具有统一水力联系的地下含水系统。浅部埋藏潜水，和外界联系密切，积极参与水循环；深层水循环更新相对缓慢；基岩中存在多个含水层和隔水层时，当隔水层厚度较小，构造破坏较强，含水层之间水力联系较好时，构成具有统一水力联系的地下含水系统；隔水层厚度较大，构造作用破坏不明显时，各含水层分别构成独立的系统。

在基岩山地区，这种系统性常常表现为“蓄水构造”，即由透水层和隔水层相互结合而构成能够富集和储存地下水的地质构造，其透水层的空隙无疑是按系统发育的，如背斜蓄水构造、断层蓄水构造，单斜岩层蓄水构造等。在松散岩层区，这种系统性表现得更加明显。例如，山前倾斜平原区的冲洪积扇、河谷平原区的冲积物，无论是纵向和横向、河谷的上下游、左右岸都有所变化，但其由水动力条件所决定，堆积物在搬运、分选和沉积过程中都遵循一定规律，从而使堆积物的分布、厚度及其孔隙性和地下水体的赋存、水量及其运动特征都表现出明显的系统性。众所周知，冲洪积扇的中部浅埋溢出带，河谷区的低级阶地、同级阶地的前缘、冲积平原区古河道等都是地下水相对富水的部位。

1.3 地下水资源的可再生性

水资源属于可再生资源，主要是指水量具有可恢复性。通常将积极参与水循环、具备不断更新能力的水量称为补给资源。补给资源是地下含水系统能够不断供应的最大水量，量越大，供水能力越强。一般用多年平均补给量来表征含水系统的补给资源，单位是 m^3/a，具有流量概念。将不参与现代水循环、实际上不具备更新能力的水量称为储存资源，其是地质历史时期形成的水量，不具有持续供应的能力，具有体积的含义。

在这个意义上，补给资源是含水系统的可再生（或可恢复）资源量。一般情况下，地下水的开采量在不超过补给资源量时，就是合理的开采量。但基于可持续发展的理念，为保证水资源的永续利用，还要保证生态环境的永续优化，应避免开发地下水引起的环境水文地质和工程地质问题。

2　地下水的属性

作为水资源的重要组成部分，地下水资源在人类生产、生活中的地位和作用是十分重要的。中国地下水总资源量约为 $8.7\times10^{11}m^3$，可开采量约为 $1.241\times10^{11}m^3$。长期以来，地下水为很多地区，特别是地表水资源匮乏的干旱和半干旱地区的人们的生产和生活提供了基本的物质保障。因此，人们往往将其看作是一种物质，属于单纯的自然范畴。

进入 20 世纪以来，随着人口的增加和经济的发展、社会经济及物质文化的繁荣，人们对地下水所处的自然环境、社会生态环境质量的认识也发生了变化。水资源短缺、水污染问题的加剧给人类社会经济发展及生态环境带来了一系列问题，使得人们不得不重新审视地下水资源的本质属性。

地下水具有多种功能，不仅是珍贵的资源，还是重要的地质营力、活跃的致灾因子及维护良性生态环境的重要因素。

地下水与人类生存和社会发展的各个方面都有着密切的联系。由地下水及其开发引发的资源、生态环境问题很多，如地下水位持续下降、地面沉降、海（咸）水入侵和地下水质恶化等。水资源与国家或地区间的地缘政治经济关系十分密切。

地下水资源的本质属性及其特征决定了地下水在自然界、人类社会生产生活中具有重要的功能。

2.1　地下水资源的物质属性

水资源是人类社会赖以生存和发展的重要的物质基础，而地下水是全球水资源的重要组成部分。由于地下水资源分布广泛，便于就地取用，水质比较洁净，不易污染，水质、水量季节性变化较小，供水量比较稳定，因而在世界供水量中地下水占有较大比重，特别是在饮用水源中地下水所占比重更大。在以色列、利比亚、沙特阿拉伯等国，由于地表水缺乏，地下水几乎是唯一的供水水源。即便是在一些水资源比较丰富的国家，如美国，在总供水量中，地下水的比重占 20%，全国有近 1/3 的人口饮用地下水；在农业灌溉方面，地下水灌区占全国灌区总面积的 22%。

地下水运动产生动能，地下含水层中的水又能传递静水压力，同时，地下水又能吸收和传递热能。因此，地下水的开发利用还包括了能量的开发利用，如高温高压地下水还是一种洁净的能源。地下水的恒温效应使含水层具有储备冷、热能量的功能，利用地下水的这一功能可以减少能源的消耗。

2.2 地下水资源的调蓄性能

地下水含水系统中存在巨大的储水空间，如同地面的湖泊水库一样，对丰、枯水期的地下径流具有很好的调蓄作用。因此，在开采地下水时，不必只按枯水期的补给量来设计取水量，枯水期可适当地抽取部分储存量，只要动用的这部分储存量能在丰水期得到补偿即可。同时，也因为地下水所具有的这种调蓄能力，其供水稳定性往往优于地表水源。

2.3 地下水资源的信息属性

地下水不但是一种重要的地质营力，也是信息的载体。它具有流动性、可恢复性，和大气降水、地表水体之间存在着相互转化关系。地下水在岩石空隙中运移，和岩石、矿物积极不断地发生相互作用，因此地下水承载着能够反映其形成和变化的众多物理、化学和生物信息，人们可以用这种信息来分析判断地质历史过程、自然现象、气候变迁和环境演化等。

3 地下水的抗旱功能

3.1 地下水本身就具有抗旱功能

地下水是自然界水资源的重要组成部分，和地表水一样，地下水是指由大气降水补给、形成并积极参与自然界水循环的自然水。

基于地下水的概念，无论是“赋存并运移于地表之下的岩石和土壤空隙中的自然水”，还是“自然界水循环过程中，处于地下隐伏和径流阶段的循环水”，虽然提法不同，但殊途同归，都是说赋存运移于地下岩石空隙中的水体。由于埋藏条件的限制，地下水还可以分为潜水和承压水。前者水位埋深致其难以接受蒸发，后者由于位置和隔水顶板的限制，几乎和蒸发无关。

长期以来，从供水的角度出发，为了保证国民经济各部门提供可靠的水量，人们主要研究的是狭义地下水的范畴，主要是赋存于地表之下的岩石空隙中的重力水。随着时代和经济的发展，水资源不足已经成为制约经济和社会可持续发展的瓶颈，生态需水在国民经济用水行业中的地位凸显，狭义地下水的研究已经难以满足经济社会的要求。因此，我们更加认识到，饱水带与包气带既具有不可分割的联系，又在地下水的形成、赋存、运移过程中不断转化。狭义地下水的研究已经难以解决许多重大的水文地质与环境、生态问题。所以，地下水研究方向转向广义地下水的范畴，包括包气带岩石和土壤空隙中的气态水、结合水、土壤水、固态水、毛细水及饱水带岩石空隙中的重力水，意为赋存并运移于地表以下岩石空隙中的自然水，这是现代地下水研究的主要特征。

依据地下水的概念，无论是狭义的或广义的，无论是从供水角度考虑国民经济用水部门的供水问题，还是基于生态环境需水要求，都明显显现出地下水本身的抗旱功能。

3.2　地下水具有应对旱灾的强大功能

众所周知，地下水和地表水都是一种可调蓄资源，二者的主要共性在于其来源主要接受大气降水补给，其间密切联系，相互转化，资源量存在较大的重复，都是与环境和人类活动关系最密切的一种资源，但是地下水在防旱和抗旱中具有地表水体不可比拟的功能和效用。

地表水在地面上流动主要受地形控制，水体集中分布在地形低洼处，汇水范围受地形分水岭控制，水流在重力作用下由高处向低处运动，其流域范围是以地形分水岭为界的平面集水区。这一特点导致了地表水——无论是河流、湖泊或其他类型的地表水体在空间上的分布是极其不均匀的。此外，受降水特征影响，地表水体分布具有年际变化大、年内分配不均的特点。这一特点致使地表水体和农作物的需水要求不相适应。无论解决农业（包括牧业、生态）需水、城市供水，还是解决农村居民生活用水，都需要建设水利工程来调节地表水体在时间和空间上的分配。

相对而言，地下水的形成、埋藏分布范围、地下水流运动，以及水量、水质主要受地质条件和地貌条件的控制，虽然其和气候等外在环境关系密切，但其数量和质量也随时间变化。其流域范围是以地下隔水边界及水流系统之间的分水界面为界的立体集水空间，涉及地下的深度很大，水体的分布具有系统性。因此，地下水分布范围远较地表水体广泛，可跨越地表流域的界线。地下水的运动形式和方向受重力和静水压力的双重作用，局部运动方向可和地形坡向相反。正因如此，地下水在空间分布远较地表水体广泛；由于深埋地下，地下水对气候等外部因素的反映较为迟缓，在时间分配上具有相对稳定性。

这些特点，显示出地下水资源在应对特殊气候变化，特别是在应对干旱灾害来袭时具有强大的抗旱功能。

4　地下水在中国防旱抗旱中的作用

4.1　地下水工程是西南抗旱的主要工程措施

除了分布广泛、水质好、供水量比较稳定、便于开采等优点外，开发利用地下水的工程规模小，特别是水井工程可因地适时布设，占地很少，这一特点不但在平原区具有优势，而且是山地区应对旱灾的主要措施。

例如，2011 年，河南省抗旱找水打井行动全面启动，抗旱找水打井突击队成功新添 3 眼深水井，重点解决丘陵山区人畜饮水困难并加强农田灌溉工作支持力度，其投入大量的钻井机械和大量的人力物力去打井抗旱。

自 2007 年以来，贵州省遭受干旱侵袭。2011 年 8 月 25 日，除贵阳市云岩区外的 87 个县（市、区）均不同程度的受灾，共有受灾人口 2048 万人，饮水困难人口近 550 万人，还造成 280 多万头大牲畜饮水困难。贵州省在全省范围内找水布孔打井。按照每人每天用水量 50kg 标准计算，一口普通成水井可解决 6000～10 000 人吃水问题，已经成功打井 570 眼。

2011 年，西南大旱中，云贵川等省是严重干旱对象。作为应对冬春以来北方大旱的重要行动，国土资源部及中国地质调查局出台一系列具体措施支援抗旱找水，包括编制旱区地下水开采技术条件分区图、主要城镇地下水应急供水水源地分布图、主要平原盆地枯水期地下水位埋深和等值线图 3 类图件，钻井机械设备的提供和供应保障覆盖面积近 100 万 km^2。

4.2 数量宏大的井灌面积,保证平原区农业有旱无灾

中国东北平原、华北平原、内蒙古草原区、西北黄土高原、江淮山丘旱洪区及西北内陆区，地形地貌一般以平原和盆地为主，地形比较平坦，土层深厚。这些地区绝大部分位于年降水量 1000mm 线以北的地区，即常年灌溉地带和不稳定灌溉地带。因降水时空分布不均，且与作物生长不同步，夏季多雨，春季干旱，地表水源在灌溉季节往往供给不足，因此发展井灌就成为该地区重要的灌溉手段。虽然南方地区的井灌区地表水资源比较丰沛，但为解决部分地表水工程灌溉不足或灌溉死角的农田供水问题，增加灌溉面积、打井开发地下水资源则是解决这些地区灌溉问题的有效途径。据资料，至 2003 年年底，中国机井数达 470.94 万眼，井灌面积为 1651.26 万 hm^2，占全国有效灌溉面积的 29.5%。其中，纯井灌区约占井灌总面积的 4/5；配套机井占总井数的 89.7%；深井约占总井数的 8.5%。地下水年开采量约为 1000 亿 m^3，用于农田灌溉的约占 54%。

北方地区 17 个省（自治区、直辖市），2000 年井灌面积达到 1494.9 万 hm^2，占其有效灌溉面积的 41.7%。其中，华北 5 省市的井灌面积占有效灌溉面积的比例高达 64.58%。

由于井灌区水源比较稳定可靠，对农作物可适时适量进行灌溉，为保障中国粮食安全和食物供给起到了重要作用，井灌区多已建成旱涝保收高产农田，成为中国主要的粮、棉、油和经济作物的生产基地。例如，2011 年春，陕西关中也遭受了历史罕见的旱灾，但是灌区适时井灌和井渠双灌保障了作物的需水要求，使关中取得了有旱无灾的好收成，小麦比大丰收的 2010 年增加一成。

据统计，井灌区对中国粮食的贡献超过全国粮食总量的 1/4，经济作物和蔬菜超过总量的 50%。

4.3 地下水在应对长期旱灾中具有顽强的生命力

地下水储备是应对长期旱灾的关键。北方平原区经过长期的地下水开采，留下了巨大的储容空间，如华北平原北部在 40 年来，对地下水的超采量超过上千亿立方千米。这就要求提高水资源管理水平，不需修建大规模水利工程，但要停止地下水过度开采，逐步恢复地下水水位，设置地下水水位及水资源保护红线，使地下水储量得以恢复，旱期节约用水，旱期过后要迅速恢复水位，这样完全可以度过极端旱情。

南方地区应根据社区人口与环境状况，提前勘测探明地下水源，建好取水口，不到大旱封存不动，只有这样才能避免临时找水、打井的被动应急局面。若全国平原区有足够的地下水储备，加之山区水库和社区蓄水设施，在有效的节水政策下，完全能够稳定全国绝大多数人民的生活和生产，再对困难地区实行救援，可将旱灾影响降至可控制的水平。

Features and Functions of Groundwater in Drought

Liu Junmin

(Northwest Agriculture and Forestry University, School of Water Resources and Architectural Engineering, Yangling, Shaanxi, 712100)

Abstract: As water resources the groundwater is valuable、 occurrence systemic and renewable. Essential attributes and characteristics of groundwater resources determine its important function in nature and human society. Especially groundwater resources has a powerful effect in response to the special climate change and drought emergency. This paper described the groundwater's function of drought resistance through some examples. And it point out that the groundwater reserves was the key to deal with long-term drought, and water management must be improved. In order to prevent over-exploitation of groundwater, groundwater level and water conservation redline should be set.

Keywords: groundwater, water resources management, water conservation redline

河西地区干旱规律与抗旱减灾对策

康绍忠 佟 玲 杜太生 丁日升

（中国农业大学 中国农业水问题研究中心，北京 100083）

摘要：认识干旱发生规律及其对农业生产的影响，有助于进行科学监测、评价和预测旱灾。河西地区的干旱表现为气象干旱、水文干旱和农业干旱同时发生，由耕地和灌溉面积扩大引起的农业干旱较为突出。围绕河西地区防旱抗旱主题，开展了一系列科学研究，并提出了不同作物的节水抗旱灌溉模式。河西地区抗旱减灾的主要途径是在开源的基础上，重点做好节流工作，同时建设以水权为基础的节水型社会。

关键词：干旱，旱灾，防旱抗旱，开源，节流

河西地区主要指甘肃的武威、张掖、酒泉等地，因其位于黄河以西，自古称为河西，又因为其夹在祁连山（又称南山）与合黎山之间的狭长地带，又称河西走廊，是典型的西北干旱内陆区，也是甘肃乃至西部重要的粮食生产基地[1]。干旱是指因水分的收支或供需不平衡而形成的持续的水分短缺现象，可分为气象干旱、农业干旱和水文干旱[2]。气象干旱指自然蒸发大于自然降水量，农业干旱指由于土壤水分亏缺影响农作物正常生长，水文干旱指江河湖泊水位偏低、径流偏小。干旱具有区域性、渐变性、周期性和连续性等特点，在河西地区更具有明显的易发性和灾害性[3]。

干旱灾害（旱灾）是指某一具体的年、季和月的降水量比常年平均降水量显著偏少，而人工供水得不到保障，导致经济活动（尤其是农业生产）和人类生活受到较大危害的现象[4]。旱灾由于其发生频率高、持续时间长、影响范围大，已成为影响中国农业生产最严重的气象灾害[4]。全国因旱受灾面积从20世纪80年代的3.6亿亩增加到2000年以后的4.8亿亩，其中西北地区干旱面积从80年代3327万亩增加到2000以后的4767万亩，旱灾面积占全国总旱灾面积的比例从80年代的9.1%增加到2000年以后的12.2%[5]。旱灾直接引起粮食减产或绝收，是西北干旱内陆区最主要的灾害。例如，1978～2007年，甘肃省旱灾占各种灾害的比例平均为57.7%。尽管1990～2007年甘肃省粮食总产量从686.59万t增加到824.43万t，增加了20.1%，但是因旱灾引起的粮食减产量为10.1%[6]。

因此，研究干旱发生规律及其对农业生产的影响对于认识干旱形成机理，进行科学监测、评价和预测，以及制订相应的预警方案都有很重要的意义。伴随着全球气候变暖，中国气候将由南向北逐渐变暖[1]。在这种背景下，就迫切需要研究干旱区气候

作者简介：康绍忠，中国工程院院士，中国农业大学教授、博士研究生导师。

的变化规律与特征，提出区域发展的应对策略，为保障区域经济社会的可持续发展提供科学决策的依据。由于甘肃河西地区降水量稀少，水源主要靠高山融雪和少量雨水，农业需水主要依靠灌溉，其为全年性干旱地区，因而本文以甘肃河西地区为例，分析干旱发生规律，并介绍已开展的一系列节水抗旱研究工作，最后给出抗旱减灾的一些对策和建议。

1　河西地区干旱规律与变化趋势

西北地区特殊的地形地貌特点，影响了大气环流的水汽输送和转化，使河西地区成为中国最为干旱的地区之一[5]。由历史记录可知[7]，1928 年河西地区大部分区域表现为极重旱级别，而到 1987 年减小到仅部分地区为重旱级别，并且干旱区域缩小，西部干旱区消失，整体干旱强度降低（图 1）。这种现象可能是由全球气候变化引起的该区域降水量有所增加或者抗旱基础设施建设完善造成的。干旱的成因有很多，包括自然因素影响（大气环流异常、厄尔尼诺和拉尼娜现象活跃、降水时空分布不均、河川径流下降）、人类活动影响（人口增加、水资源供需矛盾加大，水资源利用率低，水污染严重使可用水资源减少，森林植被破坏使植物的蓄水作用丧失，过度开采地下水导致地下水逐年下降和土壤水分减少），以及抗旱基础设施建设严重滞后（资金投入不足导致农田水利基础设施建设不尽完备，农田水利基础设施重建轻管、年久失修、损毁严重）等[4]。

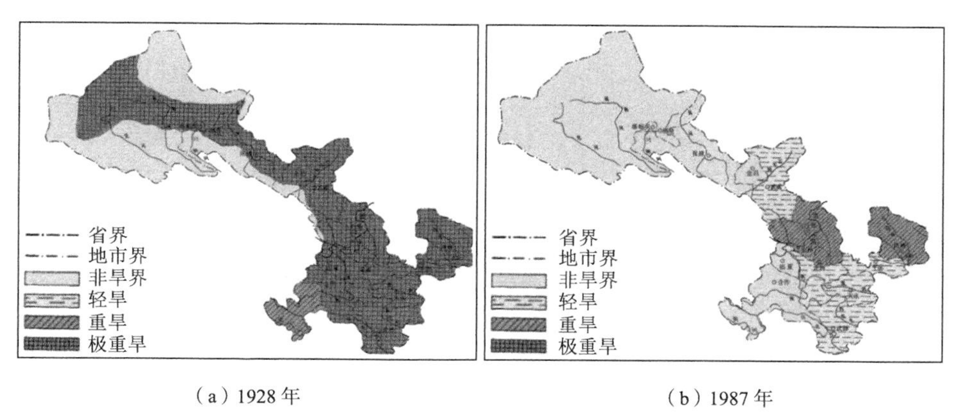

（a）1928 年　　（b）1987 年

图 1　1928 年和 1987 年河西地区不同干旱级别的空间分布[7]

但是，河西地区 1950～1990 年农业受旱成灾面积没有减少（表 1），表明部分旱灾主要是由供水不能满足作物生长的农业干旱引起的。由表 1 可知，1970～1990 年，受旱减产粮食数量呈增加趋势，这种结果主要是由种植面积扩大后灌溉不能保证作物生长的农业干旱引起的。

表 1　1950～1990 年河西地区农业干旱灾情统计[7]

年份	受旱成灾面积/万 hm^2	受旱减产粮食/万 t
1950	4.73	4.77
1955	3.99	4.02
1960	2.76	2.87
1965	3.73	3.75
1970	0	0
1975	4.17	6.41
1980	1.95	4.27
1985	5.94	16.63
1990	4.06	10.36
合计	31.33	53.08

河西地区的典型流域石羊河流域自古以来就以“非灌不殖，不浇不长”而闻名，因此研究该流域的干旱形成机理对于制订防旱抗旱预案、科学配置水资源和提高水利用效率具有重要意义。气象干旱的动态变化可以从气温和降水的年际变化趋势来反映。由表 2 可知，1950～2010 年石羊河流域各站气象要素年际变化趋势为气温显著上升，降水量在山区站下降、平原站上升，水面蒸发除古浪外均显示出下降趋势[8, 9]。降水量与蒸发量差值的结果表明，全流域除山区外的大部分区域为气象干旱区[10]。另外，流域增加的降水量不能抵消温度升高所增加的陆地蒸散发量，从而导致过去流域大部分地区干旱化趋势进一步加剧[1]。

表 2　1950～2010 年石羊河流域各站气象要素年际变化趋势

气象要素	民勤	山丹	永昌	凉州	古浪	天祝	门源
水面蒸发量 E	↓**	↓	↓*	↓**	↑	↓*	↓**
降水量 P	↑	↑	↑**	↑	↑	↓	↓
日照时数 n	↑**	↓*	↑**	↓	↑	↑*	↓**
平均相对湿度 RH	↓	↓*	↑	↑	↓	↓	↓
平均风速 u_2	↓**	↓**	↓**	↓**	↓	↑**	↓**
平均气温 T_{mean}	↑**	↑**	↑*	↑**	↑**	↑**	↑**
平均最高气温 T_{max}	↑**	↑**	↑**	↑*	↑**	↑	↑**
平均最低气温 T_{min}	↑**	↑**	↑**	↑**	↑**	↑**	↑**

**表示显著性水平达到 0.01，*表示显著性水平达到 0.05，其中古浪站各气象要素与各站水面蒸发量资料截至 2005 年。

水文干旱是表征一个地区干旱化程度的重要指标，一般以河川径流的丰枯变化或径流变化趋势来反映。1950～2011 年石羊河流域出山径流与蔡旗断面入民径流变化趋势分析表明，出山口径流下降，下游来水显著减少（图 2）[8]，表现为较明显的水文干旱。已有研究也表明，石羊河流域自 20 世纪 80 年代以来处于显著枯水趋势[1]。

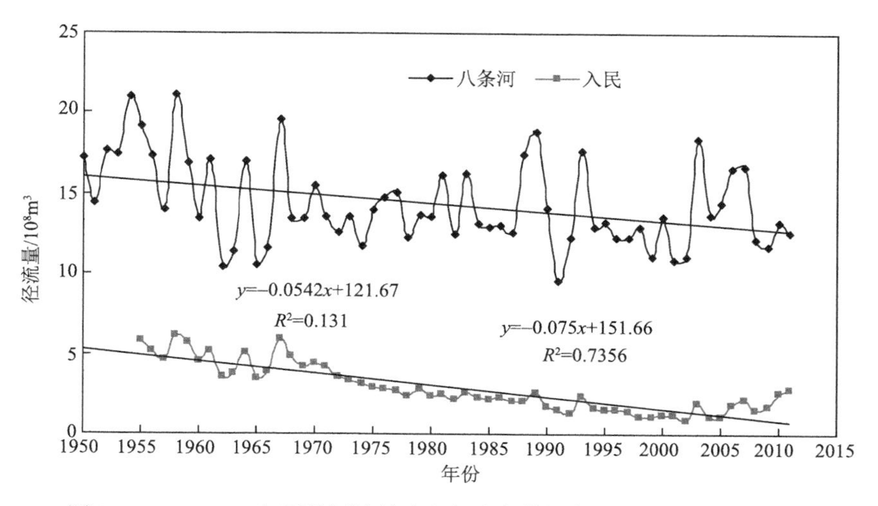

图 2　1950～2011 年石羊河流域出山径流与蔡旗断面入民径流变化趋势

除了上述气象与水文干旱外，人类活动对该流域的干旱化过程产生了显著影响，引起了很严重的农业干旱。近 50 年，石羊河流域人口增长迅速，流域总人口由 20 世纪 50 年代的 100.01 万人增加为 2005 年的 240.04 万人，增加了 140.1%[8]。人口增加，导致粮食需求增加，流域耕地面积和灌溉面积增加。耕地面积由 20 世纪 50 年代的 25.08 万 hm^2 增加为 2005 年的 37.28 万 hm^2，有效灌溉面积由 18.59 万 hm^2 增加到 30.3 万 hm^2。近 50 年，流域农业总耗水量增加了 5.76 亿 m^3，流域总净灌溉需水量增加了 2.97 亿 m^3（图 3）。

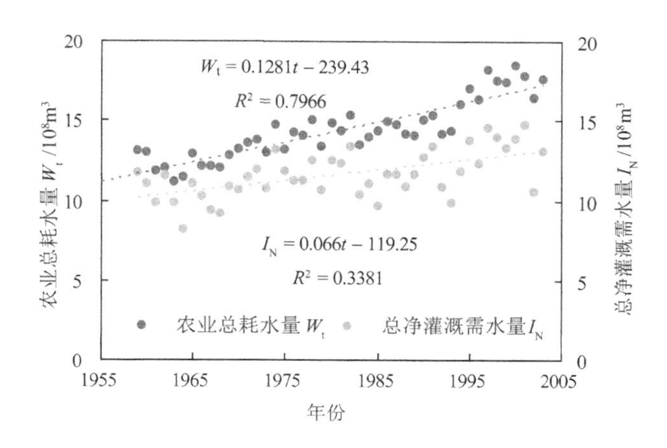

图 3　1950～2005 年石羊河流域农业总耗水量与总净灌溉需水量年际变化

石羊河流域出山径流是平原区共同的水资源，并且流域下游位于荒漠地带，属于极干旱区。上中游流入的地表径流是下游生态环境和经济发展的主要水源，流域下游对水资源的开发利用方式极其敏感。但是，现阶段流域中游水资源过度开发利用，使下游民勤地区出现严重的水资源短缺和生态环境退化问题。例如，石羊河流域 1956～2000 年多年平均天然径流量为 15.04 亿 m^3，干流出山口径流量为 8.805 亿 m^3，至下游蔡旗站减少至 2.162 亿 m^3，下游水量相对减少了 75.4%[1]。

总之，石羊河流域表现为气象干旱、水文干旱和农业干旱共同发生，其中农业干旱较为突出，主要是由耕地和灌溉面积扩大后当地水资源不能满足农业生产引起的。

2　河西地区防旱抗旱科学研究进展

针对石羊河流域人口剧增、耕地面积与灌溉面积扩大、大规模开采地下水引起的水资源短缺、生态环境恶化、干旱风险增大的问题，开展了一系列抗旱节水科学研究工作，主要包括环境变化对流域来水与需水的影响和模拟、流域尺度土壤墒情与地下水动态模拟及预报、不同情景下机井优化布局方案、流域水资源转化规律与考虑生态的水资源合理配置理论、流域抗旱节水型农作物种植结构优化设计、主要农作物节水优质高效灌溉技术与模式、抗旱保水制剂应用技术与模式、咸水与雨水资源利用技术、水权控制与用水户参与式管理等[11]。

（1）建立了基于蒸散发海拔高度修正的杂木河流域 SWAT 模型，提出了定量评价气候变化与人类活动对径流影响的方法。

通过定义流域不同季节日潜在蒸散发递减率，考虑不同季节潜在蒸散发和海拔的关系，修正了 SWAT 模型中潜在蒸散发的计算方法，综合反映了温度、相对湿度、风速和日照时数不同季节受海拔的影响，改进后的 SWAT 模型径流模拟精度得到了提高[12]。基于水量平衡方程及实际蒸发量与干旱指数之间的关系，建立了定量分割气候变化和人类活动对径流贡献的方法，结果表明，石羊河流域出现变点的 4 条河流的径流减少了 25.4%～44.9%，其中气候变化的贡献率为 64.5%～87.9%，人类活动的贡献率为 12.1%～35.5%（表 3）[13]。气候变化是径流下降的主要原因，可引起流域的水文干旱。

表 3　气候变化与人类活动对径流影响识别结果

河流	ΔQ^{tot}	ΔQ^{clim}	ΔQ^{hum}	气候对径流影响/%	人类活动对径流影响/%
杂木河	−90.9	−79.9	−11.0	87.9	12.1
黄羊河	−43.0	−27.7	−15.3	64.5	35.5
古浪河	−42.2	−32.8	−9.3	77.9	22.1
大靖河	−26.2	−20.1	−6.1	76.9	23.1

注：ΔQ^{tot} 表示总径流变化量；ΔQ^{clim} 和 ΔQ^{hum} 表示气候变化和人类活动贡献量；负号表示减少。

（2）针对石羊河流域存在着地下水位严重下降、机井布局不合理等问题，建立了基于非线性规划与区间优化方法的流域典型灌区机井数量优化模型，提出了不同情景下机井优化布局方案。

通过分析典型灌区不同频率水文年的供需水平衡状况发现，流域永昌灌区丰水年的水资源达到供需平衡，平水年、枯水年和特枯水年的缺水率分别为 11.37%、19.23%和 25.15%。因此，建立了基于区间优化方法的灌区机井数量优化模型，利用所建的模型，对永昌灌区现状、调整灌溉面积、节水灌溉和综合措施 4 种情景下的机井数量进行优化，不同水文年 4 种情景下的结果见表 4。建立了灌区机井空间布局优化的评价指标，采用熵权法得到了各评价指标的权值与区域的综合评价值。结合区域综合评价值，计算了灌区现有机井的综合评价值，并与机井数量优化结果相耦合，得到不同情景下机井的优化布局结果。图 4 显示了在综合措施条件下永昌灌区机井优化布局结果，比现状条件下机井数量明显减少（图 5）[14]，其为合理开采地下水资源提供了依据，并可保障干旱年份的抗旱供水。

表 4 永昌灌区不同水文年不同情景下的机井数量区间优化结果（眼）

情景	P=25%	P=50%	P=75%	P=95%
现状	[150, 244]	[162, 265]	[170, 278]	[176, 287]
调整灌溉面积	[130, 213]	[141, 230]	[148, 242]	[153, 250]
节水灌溉	[102, 166]	[110, 179]	[115, 187]	[119, 193]
综合措施	[89, 145]	[96, 156]	[101, 164]	[104, 169]

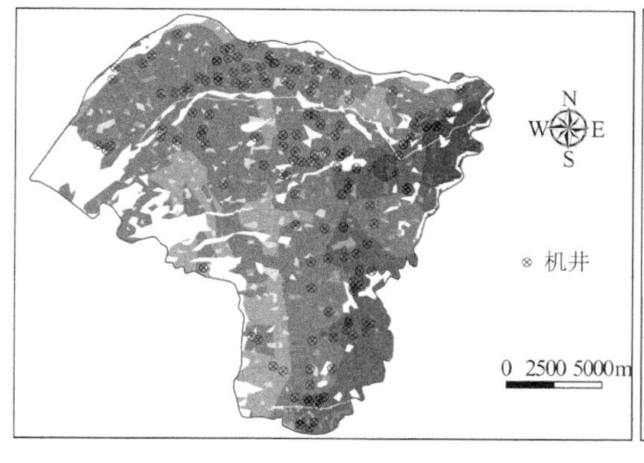

（a）丰水年

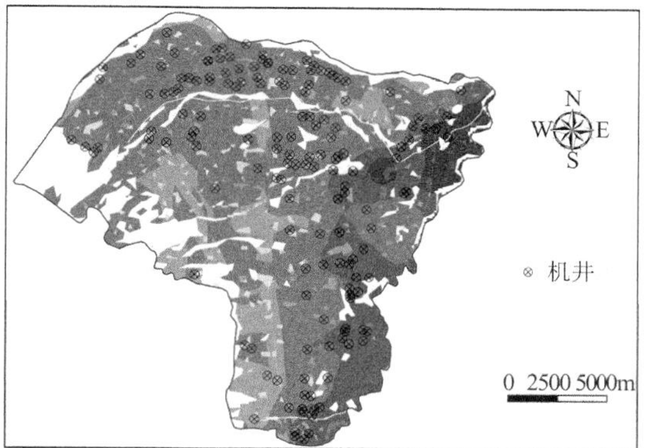

（b）平水年

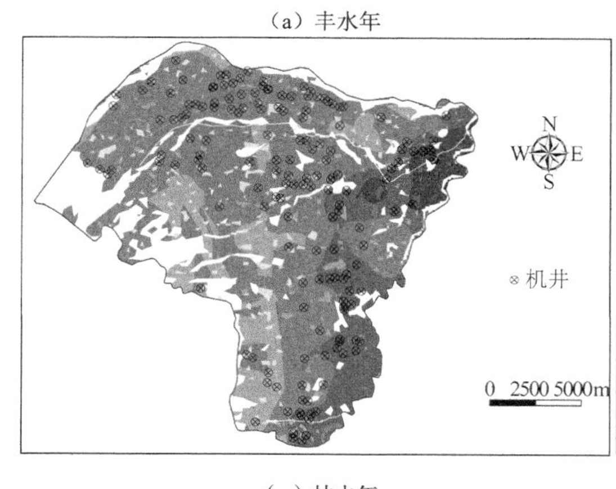

（c）枯水年

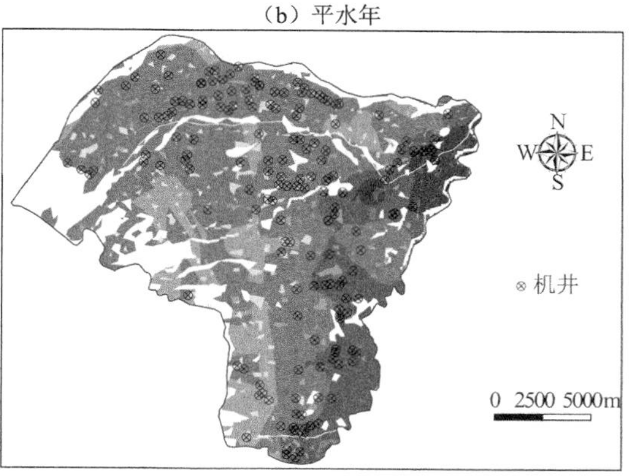

（d）特枯水年

图 4 永昌灌区综合措施条件下机井优化布局结果（区间优化上限）

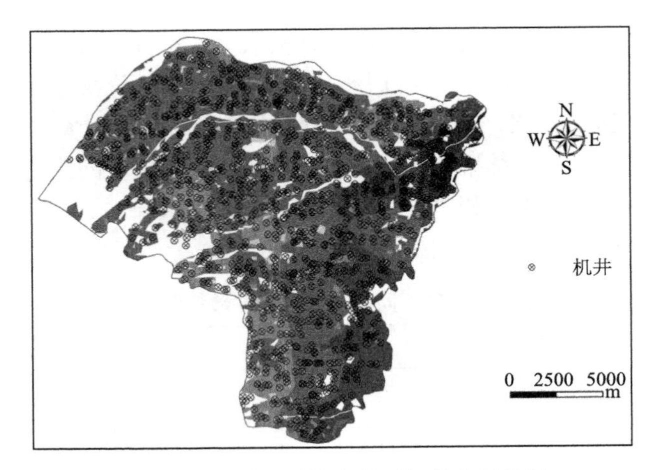

图 5　永昌灌区现状条件下机井布局状况

（3）建立了综合考虑生态需水与水转化对变化环境响应的旱区流域水资源合理配置方法，提出了石羊河流域适宜的上中下游及经济与生态配水方案。

以区域生态需水的满足度作为生态目标指标；以全流域用水净效益最大作为经济目标，流域用水净效益为农业灌溉、牲畜、工业净效益之和；实现流域内各计算单元用水净效益的差别最小为社会目标，用单元人均净效益与流域平均人均净效益变率的均方差描述。在可利用水量为 16.61 亿 m^3 的前提下，石羊河流域适宜的灌溉面积为 21.38 万 hm^2，经济配水为 15.46 亿 m^3，生态配水为 0.88 亿 m^3；保证下游蔡旗断面来水 3.12 亿 m^3，粮经饲比例为 54：31：15，并可满足人均 420 kg 的粮食自给，实现民勤地下水正均衡 0.3 亿 m^3/a（恢复地下水位）[12]。

（4）构建了含有模糊数的多目标模糊种植结构优化模型（FMOLP）及含有模糊与随机数的机会约束灌溉水优化调度模型（FSCCP）。

将 FMOLP 模型应用于石羊河流域种植结构规划中，得到在不同节水水平及决策者的不同满意度偏好下的种植结构规划方案。由表 5 可知，随着节水水平的增加，净效益从约 28.63 亿元增加至 40.50 亿元，蒸散发为 5.02 亿～5.06 亿 m^3。可种植面积从 $86.09\times10^3hm^2$ 增加至 $100.07\times10^3hm^2$。但是人均种植面积仅为 0.11～0.12 hm^2，小于规划值 0.13 hm^2，远比现状值 0.16 hm^2 小很多。一些土地由于没有灌溉水而荒废[15]。

表 5　应用 FMOLP 模型求解的在不同节水程度下的种植结构优化方案

作物与其他参数	各作物种植面积/10^3hm^2				
	情景 1	情景 2	情景 3	情景 4	情景 5
1. 小麦	28.70	27.06	29.05	27.11	27.14
2. 玉米	18.11	14.76	18.34	14.79	14.80
3.马铃薯	5.37	7.38	5.42	7.40	7.40
4. 油菜	6.78	7.77	8.16	9.78	10.15
5. 苹果	3.70	4.23	4.45	5.33	5.53
6. 葡萄	3.39	3.89	4.08	4.89	5.07

续表

作物与其他参数	各作物种植面积/10^3hm^2				
	情景 1	情景 2	情景 3	情景 4	情景 5
7. 苹果梨	0.68	0.77	0.81	0.98	1.01
8. 瓜类	1.07	1.23	1.29	1.54	1.60
9. 温室作物	3.71	4.25	4.47	5.35	5.55
10. 露地蔬菜	10.17	11.65	12.24	14.67	15.22
11. 苜蓿	4.41	5.05	5.31	6.36	6.60
总灌溉面积/10^3hm^2	86.09	88.03	93.61	98.20	100.07
粮食产量/万 t	58.95	58.95	58.92	58.92	58.92
农业净效益/亿元	28.63	32.26	33.47	39.33	40.50
蒸散发/亿 m^3	5.06	5.05	5.04	5.05	5.02

注：情景 1～情景 5 分别代表 10%、25%、50%、75%和 90%的节水灌溉水平。

将 FSCCP 模型应用于石羊河流域中黄羊灌区的灌溉水优化调度中，得到在不同节水水平下的灌溉水优化调度结果。较之动态规划模型、随机规划模型，FSCCP 模型能够更加反映灌溉水调度系统的真实情况和灌溉水优化调度的结果。因此，FSCCP 模型可用于灌溉水优化调度，辅助决策者做出有效的水库配水方案，以应对干旱[15]。

（5）在定位试验的基础上，获得大田种植春小麦、玉米、棉花、马铃薯、苜蓿、甜瓜、西瓜、辣椒、洋葱、果园葡萄、苹果、苹果梨及温室甜瓜、番茄、辣椒、黄瓜 16 种作物的耗水规律，通过尺度提升，获得了不同作物耗水的区域分布规律，为节水抗旱提供了科学依据。

考虑流域地形和土地利用的空间变异性与非均匀性，基于数字高程模型 DEM 及土地利用图，建立了石羊河流域各种作物蒸散发空间分布。石羊河流域春小麦多年平均全生育期蒸散发变化范围为 270～589mm，春玉米全生育期蒸散发变化范围为 337～633mm（图 6）[9]。

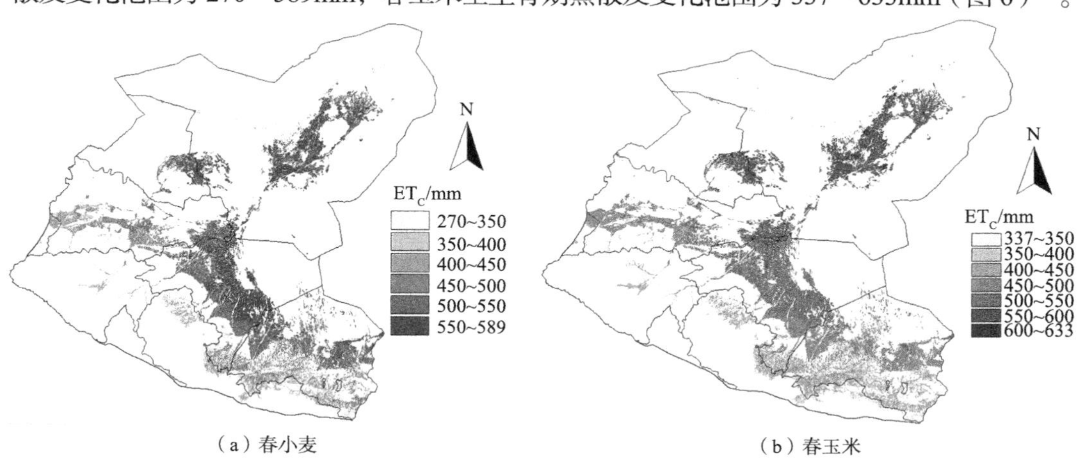

（a）春小麦　　　（b）春玉米

图 6　石羊河流域春小麦和春玉米蒸散发的空间分布

（6）结合石羊河流域霜期早的特殊气候条件和改善作物品质的要求，提出了小麦、玉米、棉花、瓜类、马铃薯、温室蔬菜等作物前后期联合控水的节水调质高效抗旱灌溉模式。

本文提出了合理推迟头水、适当提前末水、有限水最优分配的玉米节水抗旱灌溉模式，可促进根系下扎、控制冗余生长、刺激生理补偿、控水调质、避后期霜冻。针对河西走廊的特点，以提高霜前花比例和水分利用效率为核心，提出了棉花节水调质抗旱灌溉模式（表 6）。其主要技术要点是缓现蕾水、保花铃水、免吐絮水，可节水 20%，霜前花产量提高 10.6%，改善了皮棉品质[16]。本文还提出了日光温室蔬菜节水优质抗旱灌溉模式，得出了番茄“苗少–花适–熟丰”与辣椒“苗少–花少–熟丰”的灌水模式，取得了较好的节水增产效果[17]。

表 6　棉花节水抗旱高效灌溉模式

生育期	播前	苗期	现蕾期	花铃期	吐絮期
计划湿润层深度/cm	80	—	80	100	80
土壤含水量/%θ_f	>55	—	>45	>55	<45
灌水定额/（m^3/亩）	50	0	50	60	0

3　河西地区抗旱减灾对策及建议

河西地区的旱灾是最常见、危害最大的自然灾害，素有十年九旱之称，但只要采取科学合理的对策与措施，就可以实现该地区旱灾的减缓与有效防治。抗御干旱和旱灾的关键因素是水。因此，河西地区抗旱减灾的主要途径是开源节流，开源包括跨流域调水、人工增雨、水资源合理配置、涵养水源、咸水资源利用、雨水集蓄利用等，节流包括农业种植结构调整、建立现代高效节水模式等；同时，建立以水权和水市场理论为基础的节水型社会。下面就一些对策与措施作具体阐述。

3.1　科学评价水资源数量，合理配置有限水资源

目前，河西地区的水资源开发利用达到 70%，部分区域甚至超过 100%。这种水资源过度开发利用的状况已引起了恶劣的生态环境问题。因此，需要正确认识和定量识别区域水转化规律，科学评价区域水资源数量及时空分布状况。综合考虑水的资源、社会和生态属性，正确评价与区别该地区的水资源总量与可利用水资源量。

在科学评价水资源数量的基础上，联合调度与统一利用区域地表水与地下水，实现水资源的合理配置。例如，以小流域为单元，系统规划、统一调度各类水资源，科学地处理好来水和用水关系，处理好农业、工业和城市用水关系，以及地表水和地下水联合开采的关系，以达到经济效益、社会效益和生态效益的统一，提高水资源配置效益。

3.2　发展跨流域调水工程，充分挖掘水资源潜力

河西地区缺水主要属于资源性紧缺，随着社会经济发展和人口增长，需水量进一步增大，水资源供需矛盾更加突出。因此，实施跨流域调水工程是解决河西地区水资源短缺的重要途径。例如，甘肃景电二期民勤调水工程已累计向民勤调水 4.98 亿 m^3，有效缓解了民勤水资源短缺、土地沙化、生态环境严重恶化的趋势。

另外，充分挖掘非常规水也是解决河西地区水资源短缺的重要途径。例如，通过人工增雨，开发利用当地云水资源，将会有力缓解干旱。已有研究表明，西北地区每年水汽总输入量中只有 15%左右形成降水，85%的水汽都是越境而过。而西北地区年总水汽蒸发量中，只有 7%左右的年蒸发量在当地重新形成降水，93%的蒸发水汽随大气环流输送出境外[1]。大量实践表明，人工增雨作业可增加降水 10%～30%，充分开发利用这部分水资源对缓解河西地区水资源短缺问题具有重要意义。

3.3　建立现代高效节水模式，提高水分生产率和效益

建立现代高效节水模式应加强这几方面工作，包括渠系节水改造、田间工程配套、改进地面灌溉、节水灌溉制度和大田膜下滴灌等。通过科学实验和示范推广，建立了石羊河流域不同类型的农业高效节水技术集成模式：流域上游以提高有限水的效益为核心的集雨节灌模式，流域中游渠灌以降低单位面积灌溉定额为重点的高效节水模式，流域下游井灌以控制灌溉面积为重点的高效节水模式，温室瓜果以提高单位用水量的经济效益为核心的高效节水模式。

除通过高效节水提高生产率外，可通过调整农业种植结构提高水分生产效益。种植结构调整应该减少玉米、小麦等高耗水粮食作物的种植面积，增加高附加值经济作物种植比例。例如，春小麦全生育期的耗水量约为 450mm，春玉米的耗水量为 500mm，而日光温室的耗水量约为 320mm，酿酒葡萄的耗水量约为 350mm，覆膜棉花的耗水量约为 325mm。如果进行种植结构调整，仅石羊河流域就能减少 0.5 亿 m^3 的耗水量，同时还减少灌溉面积，并保证农民收入不降低。

3.4　建设以水权为基础的节水型社会，实现抗旱减灾科学管理

节水型社会的本质特征是建立以水权、水市场理论为基础的水资源管理体制，充分发挥市场在水资源配置中的导向作用，形成以经济手段为主的节水机制，不断提高水资源的利用效率和效益[18]。在实施水权控制管理方面，应做到总量控制、定额管理、配水到户、超用加价、以水定电、以电控水。

在执行河西地区抗旱减灾政策方面，我们给出以下建议：强化抗旱责任制落实、组织开展抗旱规划、加强抗旱基础设施建设、推进节水型社会建设、加强抗旱应急能力建设、强化抗旱保障能力建设；还应加强控制性水源工程建设，加大病险水库除险加固力度，不断完善抗旱工程体系；要把保证居民饮水安全放在抗旱工作的首位，加快各类应急抗旱备用水源工程及配套设施建设；制订和完善抗旱预案，建立抗旱指挥决策支持系统，加强抗旱应急备用水源的管理，继续加强抗旱服务组织建设。

参考文献

[1] 程国栋, 王根绪. 中国西北地区的干旱与旱灾——变化趋势与对策. 地学前缘, 2006, 13(1): 3-14.

[2] 王密侠. 作物旱情指标与旱情预报. 杨凌: 西北农林科技大学硕士学位论文, 1995.

[3] 钱正安, 吴统文, 宋敏红, 等. 干旱灾害和中国西北干旱气候的研究进展及问题. 地球科学进展, 2001, 16(1): 28-38.

[4] 张强, 潘学标, 马柱国. 干旱. 北京: 气象出版社, 2009.

[5] 丁一汇, 马天键, 王邦中. 中国气象灾害大典(综合卷). 北京: 气象出版社, 2008.

[6] 董安祥, 王鹏祥, 林彬. 中国气象灾害大典. 甘肃卷. 北京: 气象出版社, 2005.

[7] 余应中, 张钰. 甘肃水旱灾害. 郑州: 黄河水利出版社, 1996.

[8] 佟玲. 西北干旱内陆区石羊河流域农业耗水对变化环境响应的研究. 杨凌: 西北农林科技大学博士学位论文, 2007.

[9] Tong L, Kang S Z, Zhang L. Temporal and spatial variations of evapotranspiration for spring wheat in the Shiyang river basin in northwest China. Agricultural Water Management, 2007, 87(3): 241-250.

[10] Zhang X, Kang S, Zhang L, et al. Spatial variation of climatology monthly crop reference evapotranspiration and sensitivity coefficients in Shiyang river basin of northwest China. Agricultural Water Management, 2010, 97(10): 1506-1516.

[11] 康绍忠. 西北旱区流域尺度水资源转化规律及其节水调控模式: 以甘肃石羊河流域为例. 北京: 中国水利水电出版社, 2009.

[12] Wang S F, Kang S Z, Zhang L, et al. Modelling hydrological response to different land-use and climate change scenarios in the Zamu River basin of northwest China. Hydrological Processes, 2008, 22(14): 2502-2510.

[13] Ma Z M, Kang S Z, Zhang L, et al. Analysis of impacts of climate variability and human activity on streamflow for a river basin in arid region of northwest China. Journal of Hydrology, 2008, 352(3-4): 239-249.

[14] 刘鑫. 石羊河流域典型灌区机井布局优化研究. 北京: 中国农业大学博士学位论文, 2012.

[15] Zeng X, Kang S, Li F, et al. Fuzzy multi-objective linear programming applying to crop area planning. Agricultural Water Management, 2010, 98(1): 134-142.

[16] Du T S, Kang S Z, Zhang J H, et al. Water use and yield responses of cotton to alternate partial root-zone drip irrigation in the arid area of north-west China. Irrigation Science, 2008, 26: 147-159.

[17] Wang F, Kang S, Du T, et al. Determination of comprehensive quality index for tomato and its response to different irrigation treatments. Agricultural Water Management, 2011, 98(8): 1228-1238.

[18] 李明生. 什么是节水型社会. 农村经济与科技, 2006, 17(002): 26.

Arid Regulation and Countermeasure about Drought Resistance and Disaster Mitigation in Hexi Region

Kang Shaozhong, Tong Ling, Du Taisheng, Ding Risheng

(Center for Agricultural Water Research in China, China Agricultural University, Beijing, 100083)

Abstract: It contributes to monitoring, evaluating, and forecasting drought scientifically to recognize the occurrence of drought and its influence on agricultural production. Drought in Hexi region shows the coincidence of meteorological drought, hydrological drought and agricultural drought, and the last one caused by the expansion of arable land and irrigation area is more prominent. According to the anti-drought theme, it carried out a series of scientific research, and put forward the water-saving and anti-drought irrigation models of different crop. On the basis of broadening resources of water, the main method of drought resistance and disaster mitigation in Hexi region is to reduce expenditures well especially, and establish water-saving society based on water right.

Keywords: drought, drought disaster, drought prevention and control, broadening resources of water, reducing expenditures

2011年春夏季鄱阳湖流域旱灾成因及防旱抗旱战略研究

胡振鹏[1]　谭国良[2]

（1. 南昌大学，江西 南昌　330029；2. 江西省水文局，江西 南昌　330001）

摘要：2011年春夏季长江流域中下游遭受严重的干旱灾害，鄱阳湖流域旱情更为突出。本文介绍了鄱阳湖流域2011年春夏干旱的情况。从历史同期、严重干旱年和连续枯水年系列3方面分析的结果表明，这场干旱是历史上曾经出现过的自然现象。为了更好地应对干旱灾害，必须加强水需求管理，坚持节约用水为先，加强病险水库的治理，充分挖掘现有水利工程的潜力，对现有水利工程进行再评估，实施适应性管理，加大力度，建设与自然和谐相处的水利工程。

关键词：鄱阳湖流域，干旱，节约用水，水利工程，自然和谐相处

1　鄱阳湖自然地理和水文特征[1, 2]

鄱阳湖是中国最大的淡水湖，位于江西省的北部、长江中下游南岸，东经为115°49′～116°46′、北纬为 28°24′～29°46′。承纳赣江、抚河、信江、饶河、修河五河及湖周边小支流来水，经调蓄后由湖口注入长江，是一个过水型、吞吐性的湖泊。

鄱阳湖流域属中亚热带湿润季风气候区，气候温和，雨量丰沛，光照充足，四季分明，冬季寒冷少雨，春季多雨，夏秋季受副热带高压控制晴热少雨，偶有台风侵袭。按1950～2008年实测资料计算，鄱阳湖流域多年平均降水量为1589mm。降水时空分布不均，具有明显的季节性和地域性。3～8月降水量约占年总量的74.4%，其中4～6月月均降水量达225 mm。

鄱阳湖水系完整，流域水资源丰富，从湖口进入长江的多年平均径流量为$1483\times10^8m^3$；长江流域以总面积9%的集雨面积给长江干流输送了15.5%的水量。[1]鄱阳湖流域径流年内分配不均匀，汛期4～9月约占全年的75%，其中主汛期4～6月占50%以上。湖水位变化受五河和长江来水的双重影响，4～9月（其中7～8月为长江主汛期）湖区水位受长江洪水顶托或倒灌影响而壅高，水位长期维持高水位，湖面年最高水位一

作者简介：胡振鹏，原江西省人民代表大会副主任，全国政协委员，民建中央常委，浙江大学、天津大学、武汉大学、南昌大学兼职教授，博士研究生导师。

本文于2013年公开发表于《江西水利科技》第3期第39卷。

般出现在7～8月。进入10月，受长江稳定退水影响，湖区水位持续下降，湖区年最低水位一般出现在1～2月。鄱阳湖具有“高水是湖，低水是河”的特点。汛期湖水漫滩，湖面扩大，茫茫无际；枯季湖水落槽，湖滩显露，湖面缩小，蜿蜒一线，比降增大，流速加快。洪、枯水期的湖泊面积、容积相差极大：星子站历年实测最高水位为22.52m时，通江水体面积为3708km^2，蓄水量为303.63×10^{8}m^3；历年实测最低水位为7.16m时（1963年2月6日），通江水体面积约为28.7km^2，蓄水量为0.63×10^{8}m^3[1]。鄱阳湖水位周期性变化孕育了生物多样性十分丰富的湿地生态系统，成为国际著名湿地和亚太地区重要的候鸟越冬地。

2　2011年鄱阳湖流域春夏季干旱

2.1　2011年鄱阳湖流域春夏季干旱的基本情况

2011年，春夏季长江中下游遭受到历史罕见的区域性春夏季干旱，鄱阳湖旱情更是突出（图1）。截至6月1日，长江中下游各省降水量比常年同期偏少50%～80%。1～5月，湖北、湖南、江西、安徽、江苏、上海、浙江7省（市）区域平均降水量为272.5mm，比常年同期偏少267.8mm，鄱阳湖流域降水量为421.3mm，较常年同期均值偏少一半，为1950年以来同期最少；赣、抚、信及修河支流潦河，以及鄱阳湖湖区持续出现至今为历史同期的最低水位；4月下旬鄱阳湖通江水域面积约为400km^2，为有记录以来历史同期最小水面；1～5月鄱阳湖总出湖水量为304.5×10^{8}m^3，约为多年同期均值643×10^{8}m^{3}的一半；全流域受旱面积为6.36×10^{4}km^2，与历史上1963年、1971年、1974年、1986年、2007年发生的春旱相比，受旱面积明显增加。

2.2　干旱特性

这次春夏季干旱具有强度大、持续时间长、受旱范围广、影响程度重、未来降水趋势不确定等特点。

（1）干旱强度强：2011年1～5月，全流域总降水量为421.3mm，比常年同期均值819mm少51%，比1963年同期484mm少13%，为1950年以来同期最少值。全流域各月降水量比多年同期均值减少34%～59%，其中4月降水量为历史同期最小值，见表1和图1。分析1950年以来的历史资料，历年中全流域1～5月总降水量小于650mm的年份见表2，2011年为历史同期最小值。

表1　2011年1～5月降水量与多年平均降水量对比

月份	1	2	3	4	5
2011年/mm	43.6	55.2	88.4	89.9	144.2
多年平均/mm	70.4	106.4	171.7	217.8	253.1
减少百分比/%	38	48	49	59	43

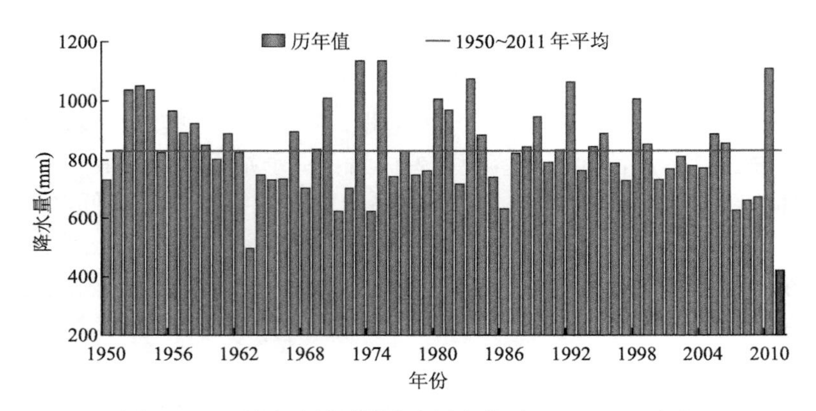

图1　1～5月全流域平均降水量变化（1950～2011年）

表2　历史上1～5月降水量较少年份　　（单位：mm）

年份	1963	1971	1974	1986	2007
降水量	496	624	624	633	627

2011年1～5月，赣、抚、信、饶、修五河入湖平均流量为1827m³/s，比1956年以来同期4390m³/s少58%，为历史同期最小值第二位，比1963年同期1791m³/s多2%。其中，4～5月五河入湖平均流量为2188 m³/s，比1956年以来同期7118 m³/s少74%，为历史同期最小（图2）。1～5月，五河入湖总径流量为251.6×10⁸m³（1963年为235.2×10⁸m³），为历史同期最小值第二位，比1956年以来同期均值576.5×10⁸m³少56%。其中，4月五河总径流量为40.3×10⁸m³，为历史同期最小值，比1956年以来同期均值167×10⁸m³少76%。

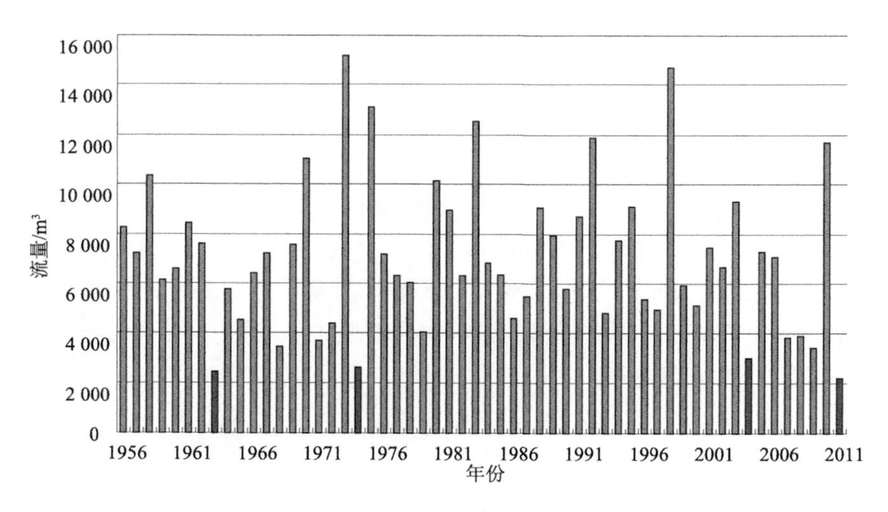

图2　1956～2011年4～5月五河入湖平均流量

2010年12月下旬鄱阳湖星子站平均水位为9.44m，1～5月鄱阳湖平均出湖流量为2325 m³/s，比同期均值4698 m³/s少51%，为历史同期最小值第三位，比1963年（1962

年 12 月下旬星子站平均水位为 9.37m）1704 m^3/s 多 36%。其中，4～5 月出湖平均流量为 2581 m^3/s，比同期均值 7437 m^3/s 少 65%，为历史同期最小。1～5 月鄱阳湖总出湖水量为 $304.5\times10^8m^3$（1963 年为 $226\times10^8m^3$），为历史同期最小值第二位，比 1956 年以来同期均值 $643\times10^8m^3$ 的 53%。其中，5 月出湖水量为 $76.1\times10^8m^3$，为历史同期最小值，比 1956 年以来同期均值 $212\times10^8m^3$ 少 64%。

大中型水库总蓄水量 1 月 1 日为 $86.5\times10^8m^3$，比 2009 年同期 $81.5\times10^8m^3$ 多 6%。至 5 月 31 日总蓄水量为 $68.2\times10^8m^3$，比 2009 年同期 $74.2\times10^8m^3$ 少 8%。

（2）持续时间长：1～5 月，全流域无雨日数达 87 天（1963 年 85 天），与 1950 年以来历史同期相比，其持续时间最长。九江市无雨日数达 112 天、宜春市无雨日数达 102 天，分别与两市 1950 年以来历史同期相比，其持续时间最长；全流域有 78 县（区）无雨日数达 102 天，湖口、彭泽两县无雨日数达 125 天。

1～5 月，赣江外洲、抚河李家渡、信江梅港、潦河万家埠、鄱阳湖星子站实时水位天数低于历史同期最低水位天数，分别为 144 天、108 天、95 天、148 天、28 天。赣江外洲、抚河李家渡、信江梅港、乐安河虎山、昌江渡峰坑、修河虬津、潦河万家埠站实测流量天数低于历史同期最小流量天数，分别为 14 天、17 天、6 天、27 天、22 天、16 天、20 天。

（3）受旱范围广：入春以来，遭受干旱范围是全流域性的，为 1950 年以来历史同期范围最广的一年。全流域 11 个市 1～5 月降水量比同期多年平均值减少比例见表 3。据统计，截至 5 月 25 日，江西受旱面积达 $6.36\times10^4km^2$。

表 3　各市 2010 年 1～5 月降水量比同期平均值减少比例

市名	赣州	鹰潭	抚州	上饶	萍乡	新余	宜春	吉安	景德镇	南昌	九江
降水量/mm	584	480	471	417	401	374	369	368	348	319	280
同期均值减少比例/%	27	45	48	54	49	52	55	50	62	60	59

（4）影响程度重：干旱导致江河、湖泊水位异常偏低，5 月 31 日 8 时入湖水文站和湖区主要水位站实时水位见表 4。鄱阳湖水体面积明显减少。5 月的鄱阳湖，本应是“洪水一片”，却呈现出 “枯水一线”的景观。占鄱阳湖面积约 5%的鄱阳湖国家级自然保护区所辖范围为 $224km^2$，所辖的 9 个子湖几乎干涸。据卫星遥感监测显示，2011 年 5 月 18 日与 2009 年 5 月 6 日比，鄱阳湖主体及附近水域呈现显明差异（图 3）。2011 年 5 月 31 日 8 时，星子站水位为 10.44m，湖区通江水体面积为 650 km^2，蓄水量为 $10.8\times10^8m^3$；而 2010 年同日星子站平均水位为 15.43m，湖区通江水体面积为 2630 km^2，蓄水量为 $70.8\times10^8m^3$。

表 4　鄱阳湖入湖水文站和湖区主要水位站实时水位与同期相应值比较　（单位：m）

水文（位）站	赣江外洲	抚河李家渡	信江梅港	潦河万家埠	鄱阳湖星子站	湖口站
实时水位	15.20	22.76	17.27	20.25	10.44	10.22
低于同期平均水位	4.28	3.97	3.14	2.93	4.99	4.84
低于同期最低水位	1.59	2.30	1.15	1.51	0.22	0.24

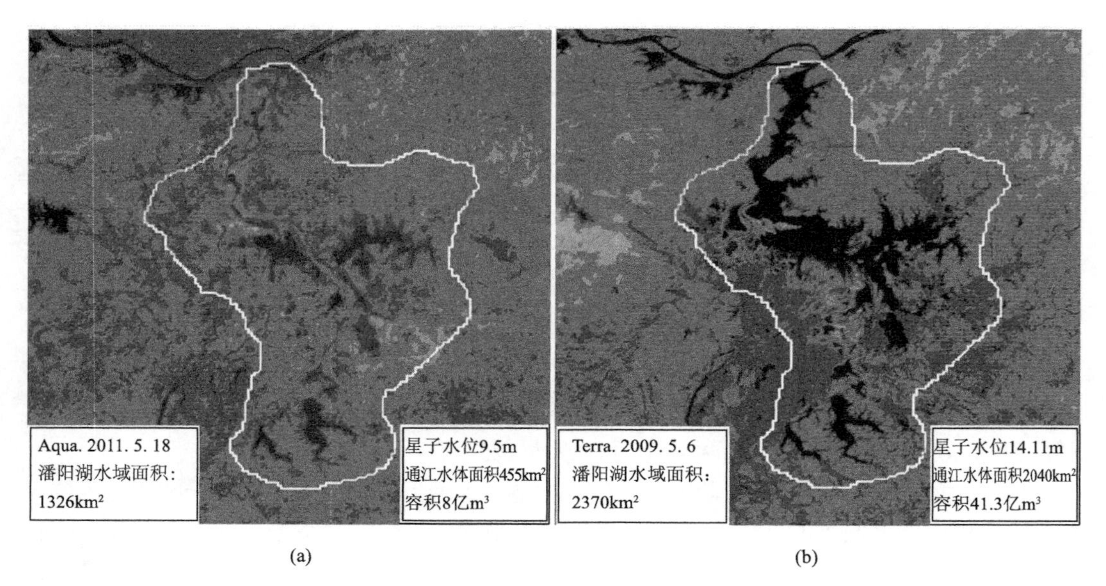

(a)　　　　(b)

图 3　鄱阳湖水域面积遥感图

2.3　干旱产生的危害

2.3.1　部分居民饮用水困难

根据江西省防汛抗旱总指挥部统计，截至 5 月 23 日，鄱阳湖流域共有 23.5 万人口出现饮水困难。由于干旱使鄱阳湖蓄水量减少，水体稀释、削减污染物质的能力减弱，原本鄱阳湖水质达到Ⅲ类水域标准，但 2011 年上半年变为Ⅳ类水质（见环境保护部《2011 年上半年重点流域水环境质量状况》），对于湖口、星子和都昌县城及沿湖乡镇以鄱阳湖为水源的居民饮水可能产生不利影响。

2.3.2　经济发展受到影响

根据江西省防汛抗旱总指挥部统计，截至 5 月 23 日，鄱阳湖流域已栽早稻受旱面积达 533 万亩，140 多万亩中稻无水泡田翻耕，影响到粮食增产。据江西省渔业局统计，截至 5 月 27 日，江西鄱阳湖流域渔业受灾面积达 1370×10^4 亩，其中养殖业受灾面积达 400×10^4 亩，占鄱阳湖流域养殖面积的 63%，成灾面积达 170×10^4 亩，占鄱阳湖流域养殖面积的 27%，重灾面积达 80 万亩；以池塘为主，占鄱阳湖流域池塘面积的 40%。捕捞业受灾面积达 970×10^4 亩，其中鄱阳湖受灾面积达 305×10^4 亩。1～5 月鄱阳湖流域水产品产量为 83.55×10^4t，比上年同期减少 2 个百分点，因旱灾造成全流域水产品损失 10×10^4t 以上，其中，仅 5 月就造成水产品损失 6×10^4t 以上，直接经济损失约 13×10^8 元。部分县“四大家鱼”苗种场因干旱缺水导致能繁亲本及后备亲本数量减少，严重制约了苗种的生产。

2.3.3　湿地生态系统遭受重创

水是湿地的命脉。2003 年以来鄱阳湖一直处于干旱状态，土壤含水量低，难以满足湿地植物的生态需水，湿地植物生态系统退化。2011年春夏季干旱使使这一状况进一步加剧，湿地植物群落出现矮化、种群数量下降、群落生物量锐减等变化，吴淞高程15m以上草洲苔草急剧减少，被南荻、芦苇或丛枝蓼、蚕茧蓼等耐干旱植物所取代，大量的中生性草本植物侵入，双子叶植物比重上升，外来入侵物种数量增加；植被由湿地类型向中生性草甸演替，常见的群落类型有狗牙根群落、牛鞭草群落、假俭草群落、野古草群落、糠稷群落、白茅群落等，群落伴生种常见有天胡荽、鸡眼草、半边莲、水蜈蚣、马唐、丛枝蓼等，外来入侵种有野胡萝卜、野老鹳草、一年蓬、裸柱菊、空心莲子草等。3～5月气候温和，14m以下滩地土地肥沃，苔草等湿生植被疯长，向三角洲前缘、蝶形湖湖心推进延伸，挤占了沉水植物的空间。

由于鄱阳湖水位偏低，不少洲滩、内湖干涸（吴城候鸟保护区9个蝶形湖中8个接近干涸）。4～5月恰逢苦草、马来眼子菜等沉水植物根茎发芽，干旱使这些沉水植物根芽死亡，从而将会影响到越冬白鹤、白枕鹤和小天鹅的食物来源。

由于严重缺水，内湖干涸、洲滩外露，三角帆蚌、河蚬、螺蛳等底栖动物大量死亡；2～3年内难以恢复到2010年以前的状态，也将影响鹤鹬等越冬候鸟的食物来源。

鄱阳湖蓄水量大减，蝶形湖和洼地干涸，大大减少了鱼类的生存空间，洄游鱼类不进入鄱阳湖。4～5月正是鲤鱼、鲫鱼等鱼类繁育的季节，由于产卵场地干枯，鲤、鲫鱼无法产卵，繁殖困难，严重影响这些鱼类种群发育。

干旱促使鄱阳湖湿地上人类活动加剧。为了抗旱，推土机、挖掘机开到湖滨湿地堵汉、做坝；地势较高的草洲成片地栽种速生杨，长势旺盛；在洲滩洼地养殖中华绒毛蟹，对水生植被破坏极大；通江水道水不深，使采砂、设定置网捕鱼等活动更加容易，其严重破坏了湖泊湿地的生态功能。

3 干旱产生的原因

2011年鄱阳湖春夏季干旱主要是自然因素引起的，在长系列的水文过程中可以找到类似现象。另外，由于社会经济的发展、人民生活水平的提高和生态文明意识的提高，2011年干旱产生的危害比历史上类似干旱要严重得多，人们的容忍程度也小得多。

3.1 春夏季干旱的历史比较

造成2011年长江中下游地区春夏季大面积大旱的主要原因还是降水稀少。虽然2011年春夏季冷空气频繁，但由于暖湿气流始终不强盛，不利于形成降水。与往年相比，西北太平洋副热带高压也偏东偏弱，太平洋水汽难以向长江中下游地区输送，造成了该地区普遍少雨的情况。类似情况在1963年也发生过。

鄱阳湖水位同时受到长江干流和入湖五河来水影响。在2011年春夏季干旱中，三峡工程对长江中下游干流发挥补水作用，截至5月31日，三峡工程总入库水量为$748\times10^8m^3$，总出库水量为$940\times10^8m^3$，累计向长江中下游补水$192\times10^8m^3$。其中，4月入库水量为$159\times10^8m^3$，出库水量为$202\times10^8m^3$，向长江中下游补水$43\times10^8m^3$；5月入

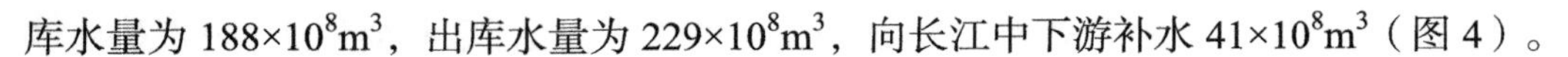

库水量为 $188\times10^8\text{m}^3$，出库水量为 $229\times10^8\text{m}^3$，向长江中下游补水 $41\times10^8\text{m}^3$（图 4）。

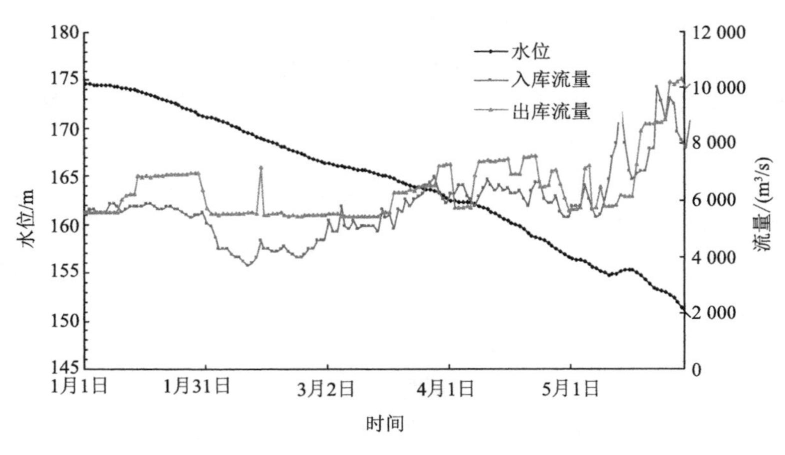

图 4　三峡水位及入、出流量过程线图

1～5 月汉口站平均流量为 12 323 m^3/s，比常年同期均值（13 494 m^3/s）少 9%，比 1963 年同期（12 168 m^3/s）多 1%，期间三峡工程向下游补水 1000～3000 m^3/s，如果不补水，汉口站平均流量为历史同期最小值。其中，5 月汉口站平均流量为 13 800 m^3/s，比常年同期（24 400 m^3/s）少 43%。期间三峡水库向下游日平均补水 1270 m^3/s，如不补水，还原汉口站 5 月平均流量 12 530 m^3/s，其为历史同期平均流量最小值（1873 年 5 月平均流量为 12 900 m^3/s）。三峡水库充分发挥了补水作用，缓解了长江中下游干流低水位状态，在一定程度上阻止了鄱阳湖水位急速下降。

3.2　严重干旱年的历史比较

虽然以 1～5 月降水量排序，2011 年为有记录以来（1951～2011 年）的最小值，但是按照年降水量统计不尽如此，灾情的严重程度与旱情发生时段及农作物生长的节律有关。

据统计，1000～2010 年的 1011 年间，鄱阳湖流域共出现严重旱年 166 次，平均 6.1 年发生严重干旱一次。1949～2010 年 62 年中共出现严重干旱年 12 次，分别是 1951 年、1958 年、1963 年、1964 年、1966 年、1967 年、1971 年、1978 年、1979 年、1992 年、2003 年、2007 年，平均 5.2 年发生严重干旱一次。2011 年 1～10 月降水量为 1168mm，假设 11 月、12 月降水量多年平均值为 61.4 mm、46mm，那么 2011 年在有记录的 60 年中排在第 8 位（表 5）。

表 5　鄱阳湖流域年降水量排序（增序）　　　　（单位：mm）

序号	1	2	3	4	5	6	7	8
年份	1963	1971	1978	1951	1986	2007	2003	2011
降水量	1111.9	1136.2	1208.3	1232.8	1252.7	1259.9	1292.7	1297.1

1963 年，鄱阳湖流域平均降水量为 1112mm，是有记录以来降水量最少的年份，五河入湖水量、出湖水量比常年少六成，春夏两季比常年少七、八成，局部区域河道断流。

鄱阳湖流域发生冬（1962 年）、春、夏、秋连旱的严重干旱，为有记录以来最枯年份，鄱阳湖流域农业受灾面积达 1323.51×10^4 亩、成灾面积达 854.2×10^4 亩。

1978 年，鄱阳湖流域平均降水量为 1136 mm，是有记录以来第三少的年份，鄱阳湖流域出现伏、秋、冬连旱。鄱阳湖区发生特大旱灾，湖区旱灾灾情比 1963 年严重。鄱阳湖星子站 9～10 月水位一直处在 13 m 以下，湖底显露如同冬季，很多地方连人、畜饮水也发生困难，出现用汽车、轮船、拖拉机、牲口从外地（甚至从外省）运水，按人口分配生活用水的罕见现象。湖区受灾面积达 1266×10^4 亩，成灾面积达 854.2×10^4 亩。

2003 年，鄱阳湖流域平均降水量为 1293 mm，比常年少 20%，干旱发生在早稻灌浆、晚稻栽插的关键时期（7～10 月），同期降水量比常年少 5 成，为有记录以来同期最小值。鄱阳湖流域出现了典型的伏旱、秋旱、连冬旱，鄱阳湖流域农作物受灾面积达 1856×10^4 亩，成灾面积达 1280×10^4 亩，为 1949 年以来江西省农作物受灾、成灾面积最重的年份。

3.3　枯水系列的历史比较

天然降水存在“连丰连枯”现象。2003 年以来，包括鄱阳湖流域在内的长江中下游区域出现连续枯水年；其中，鄱阳湖流域 2005 年、2006 年、2008 年为平水年，2010 年为丰水年。按照表 5 数据计算，1693～1971 年年均降水量为 1499mm。采用经验模态分解（EMD）法进行滤波分析，发现鄱阳湖流域 1963～1971 年与 2003～2011 年年降水量、鄱阳湖水位等方面有类似之处（图 5、图 6）。图 5 的蓝线是 1951～2010 年平均年降水量 1589mm。在 1963～1971 年系列中，1969 年为平水年，1970 年为丰水年，这 9 年年平均降水量为 1358mm。

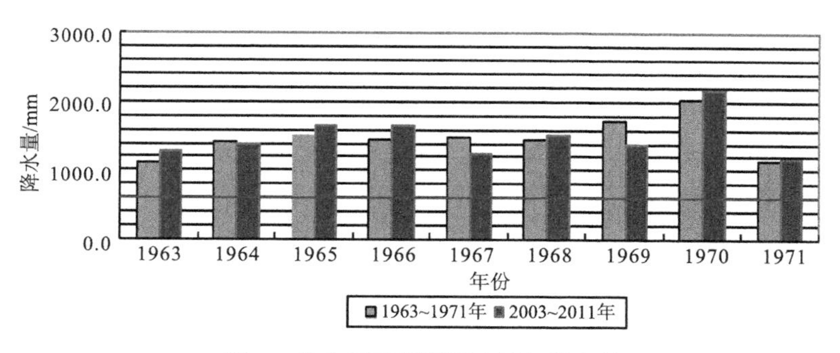

图 5　枯水系列鄱阳湖流域年降水量

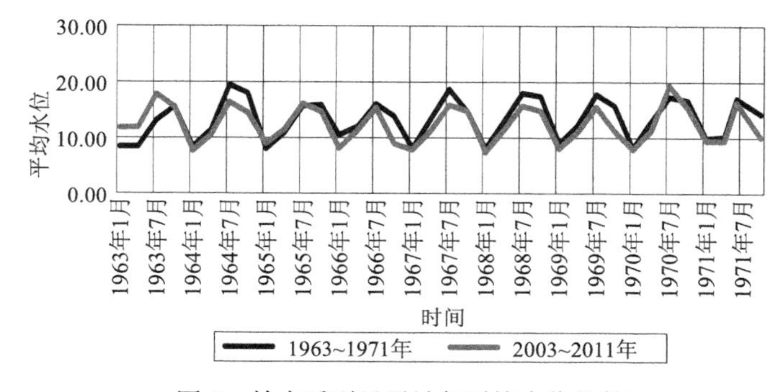

图 6　枯水系列星子站旬平均水位比较

从图 7 可以看出，2003～2011 年枯水系列大多数时段（旬）鄱阳湖星子站水位低于 1963～1971 年枯水系列。在 1963～1971 年系列 9 年共 324 时段（旬）中，鄱阳湖旬平均水位低于吴淞高程 8m 共 20 时段（旬），旬平均水位低于 10m 共 72 时段（旬）；而 2003～2011 年 9 年共 318 时段（旬）（缺 2011 年 11～12 月）中，旬平均水位低于 8m 共 16 时段（旬），低于 10m 共 94 时段（旬）。2003～2011 年枯水系列降水量比 1963～1971 年系列多，10m 以下枯水时段比 1963～1971 年系列长，主要原因在于从 2003 年起，三峡工程运行后，汛后蓄水减少了下泄流量，使鄱阳湖枯水期提前，枯水持续时间延长。

4　防旱抗旱的对策研究

鄱阳湖流域河流众多，水量丰沛。新中国成立以后，人们坚持不懈地大修水利，取得了巨大成就。目前，共有引水工程 96 711 座，有效灌溉面积达 4.77×10^5 hm^2[2]；排灌动力机械 6.21×10^5 台、4597MW，其中柴油机 4.368×10^5 台、3303MW，电动机 1.84×10^5 台、1594MW[3]；蓄水工程 252 733 座，总库容达 3.01×10^{10} m^3，有效灌溉面积达 1.83×10^6 hm^2[4]，平均 16.7 km^2 有一座水库，平均 0.65 km^2 有一座塘堰。2011 年，春夏季干旱不是偶然的自然现象，过去发生过，今后也可能还会出现。因此，必须大力加强防旱抗旱工作。

4.1　加强水需求管理，坚持节约用水为先

“节水优先”不仅是根据中国应对水资源紧缺情况必须采取的基本国策，也是降低供水投资、减少污水排放、提高资源利用效率的现实选择。过去在水利工程建设中，往往根据“以需定供”的原则来确定开发规模，忽视区域水资源承载能力和生态系统调节能力的有限性，特别是忽视了生态环境用水。要实现水资源可持续利用，对水资源各方面的需求（包括生态环境用水），必须在可利用水量的范围内，并保障水质要求。因此，一定要以节水为先，建设节水型社会。要根据天然水资源分布状况，调整产业结构和工业布局，大力开发和推广节水器具，以及节水的工业生产技术，提高工业用水的重复利用率。将经过处理的生活污水作为家庭卫生和公共卫生用水、城市绿化用水等，提高工业用水重复利用率，建设节水型工业。在农业用水方面，要把提高水的有效利用率作为节水高效农业的核心，水利工程措施和农业技术措施相结合，最大限度地利用水资源，包括充分利用天然降水、回收水、经过处理的劣质水等，最大限度地提高水的利用率。

4.2　加强病险水库的治理，充分挖掘现有水利工程的潜力

鄱阳湖流域共有水库 9268 座，这些水库多建于 20 世纪五六十年代和“文化大革命”期间，老化失修严重。2002 年普查显示，其中病险水库共 3488 座，占总数的 37.6%，由于这些病险水库存在安全隐患，只好不蓄水或少蓄水。虽然最近几年大中型病险水库大多得到了治理，但是治理众多的小型病险水库是今后几年的重要任务。对于老化失修、存在严重安全隐患的工程，需要及时除险加固、更新换代。和新建工程相比，挖掘现有工程的潜力成本更低，增加的效益十分显著。在中央财政加大病险水库治理资金投入的

同时，各级政府都要加大力度筹集建设资金，整合水利、农业、扶贫、农业综合开发、国土整治、以工代赈等资金，根据“用途不变，各计其功”的原则，集中用于水库除险加固和灌溉渠系建设。强化和完善“业主负责、施工保证、监理控制、政府监督”的质量保障体系，高度重视，精心组织，强化责任，落实措施，坚持质量第一。与此同时，采取“以奖代补”等激励措施，调动激发农民出钱出力的积极性，搞好塘堰维修和渠系配套。

4.3　对现有水利工程进行再评估，实施适应性管理

由于水利工程运行条件与目标的复杂性和不确定性，其在规划、设计和施工阶段难以准确预测；水利工程建设时间跨度大，工程运行后的水情水势、外部环境和运行目标可能发生较大变化。因此，在水利工程运行一定时间后，需要对其经济社会效益和环境影响进行再评估。针对存在的问题和变化了的情况改进工程运行规则（包括调整工程运行主要目标），完善管理体制机制，甚至对工程进行局部改造；针对面临的实际情况，实施适应性管理。这样可以有针对性地解决一些突出问题，明显提高现有水利工程的效益。

4.4　加大力度，建设与自然和谐相处的水利工程

中国人口众多，自然资源相对短缺，目前正处于新一轮经济快速发展阶段，对紧缺资源和生态环境带来的压力将进一步增大。随着社会经济的不断发展和人民生活水平的不断提高，水资源短缺将更加凸显；随着生态文明意识的提高，对水利工作提出了更高的要求。为了全面建设小康社会，今后还必须采取工程与非工程措施进行一定规模的水资源开发利用。在21世纪的水资源开发利用过程中，需要认真总结正反两方面的经验教训，重新认识“人与自然”的关系，以资源持续利用和经济、社会可持续发展为目标，从研究水资源开发利用与生态环境系统的辩证关系与作用机理着手，探索使水资源开发利用与生态环境更为友好、协调、和谐的理论和方法[5, 6]。

水利工程从建设开始就融入了自然系统中，成为流域经济-社会-生态复合系统的组成部分，受到自然规律的制约。20世纪90年代以来，可持续发展的思想深入人心，水资源开发利用的内涵发生了根本性转变和扩展：在宏观层面上，从重视对经济增长的作用转变为强调经济、社会和生态环境效益的协调统一；在社会效益方面，从关注移民安置补偿转变为构建水资源开发利益共享、注重公平的机制；在生态环境保护方面，从减少工程产生的不利影响转变到促进生态系统良性发展；在管理手段上，从技术驱动转变为流域综合管理。因此，可持续的水资源开发利用，既要遵循经济规律，又要遵循自然规律，合理开发，有效保护，科学管理。开发利用强度不仅要在自然资源的承载能力之内，对生态系统产生的冲击也要在生态系统可调节的范围之内。在生态环境敏感地区建设水利工程，要把过去那种“全面控制”的观念转变为“适当调节”的理念，构建与自然和谐相处的水利工程，都江堰水利工程就是最成功的范例[7]。

从鄱阳湖演变的历史过程中也可以看到“适度调节”的踪迹。从卫星遥感图片上可以看到，鄱阳湖星子站水位处于8m以下的特枯状态时，有一块面积最大（83.7km^2）的水域——撮箕湖（图7）。这不是天然形成的，而是人工改造后出现的。撮箕湖是鄱阳湖

的一个湖汊，原本通过周溪大港流进鄱阳湖通江水道，与其他湖汊一样，枯水期所有的水都流走，成为草洲，因此如前文所述，1963 年 2 月 6 日，星子站相应水位为 7.16m 时，鄱阳湖通江水体面积约为 28.7km^2，蓄水量为 0.63×10^8m^3。1968 年，为了周溪镇的防洪安全，修建周溪大港上、下坝，将周溪大港封堵，沿着山脚另开一条新河（图 8）。由于撮箕湖集雨面积达 2000 km^2 以上，所开新河河面不到 50m 宽，枯水季节能够存蓄一定水量，2004 年 2 月 4 日星子水位为 7.11m，鄱阳湖通江水体面积达 123.5 km^2，蓄水量为 4.9×10^8m^3。这样，既保持了撮箕湖与主湖区连通，又多蓄水近 1×10^8m^3，撮箕湖成为优良的水产养殖基地，湖底苦草等沉水植物群落生长茂盛，撮箕湖周边也是候鸟越冬的觅食栖息场所，取得了经济、社会和生态环境效益的协调统一。这种“适度调节”的水资源利用方式已得到广泛应用。例如，为了解决枯水期生产、生活和生态环境用水，许多地方利用滚水坝、橡胶坝或水闸等工程“调枯不调洪”，丰水期保持河川径流的天然状态，枯水期维持适当水位以满足用水和景观需求。实践表明，这种水资源开发利用方式是可持续的。

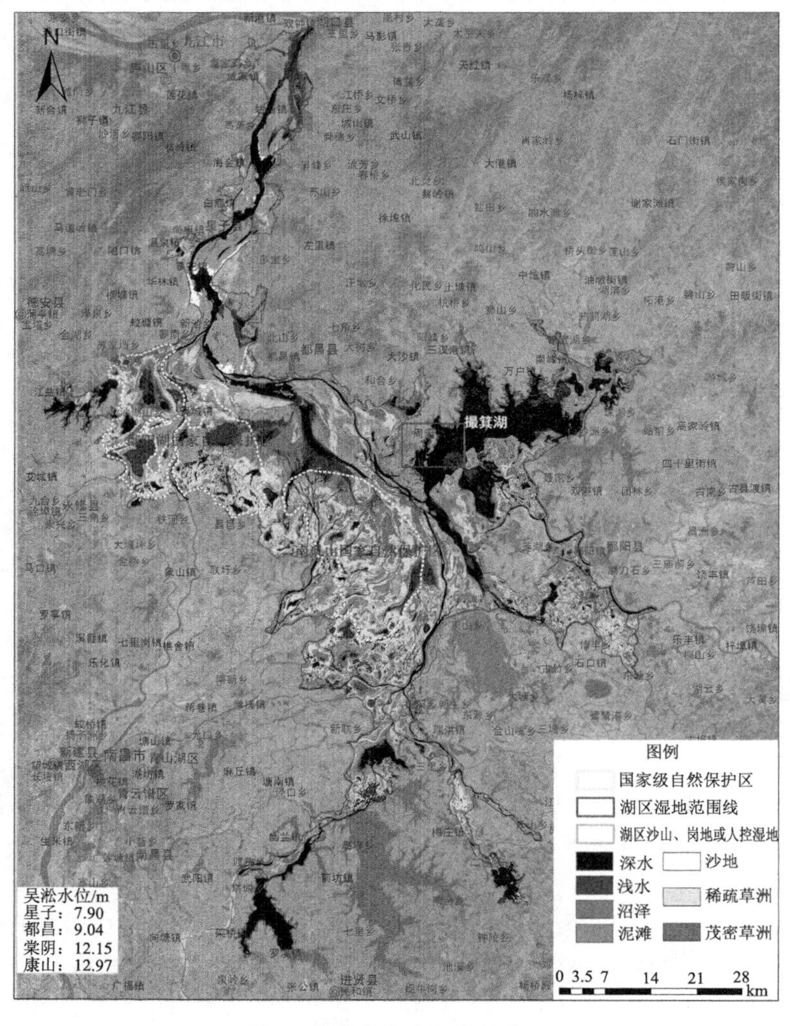

图 7　撮箕湖在鄱阳湖的位置

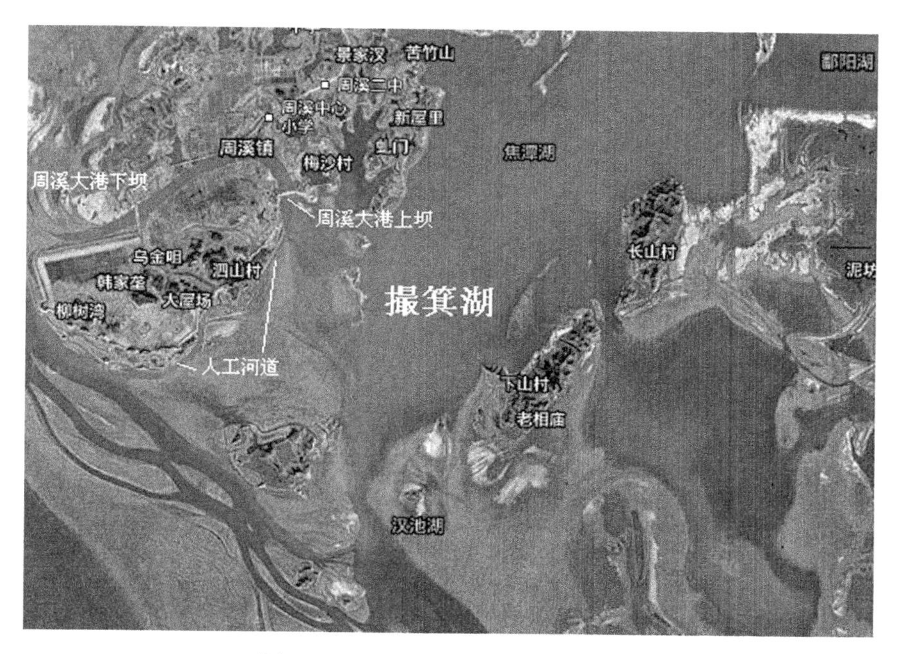

图 8　卫星遥感照片上的撮箕湖改道

鄱阳湖水位周期性地急剧变化，孕育了丰富多彩的湿地生态系统；但是水旱灾害频繁、水陆交通不便、血吸虫病流行，它们成为湖泊周边地区经济社会发展的瓶颈；周边10个县中，鄱阳、余干、都昌、星子仍是国家或省级重点扶贫县，影响到350万人。为了稳定湖泊水位、开发利用水土资源，过去一般都用堤坝和水闸将湖泊与江河隔绝，长江中下游1000多个大小湖泊仅剩下鄱阳湖、洞庭湖和石臼湖与长江连通，这种方式在取得显著经济、社会效益的同时，也对生态环境产生了极大损害。随着水资源的日益紧缺，对鄱阳湖枯水期进行适度调控是十分必要的。为了恢复和科学调整长江–鄱阳湖健康的江湖关系，确保鄱阳湖湿地生态系统的承载能力和生物多样性，防旱抗旱，促进经济社会可持续发展，可以在星子至湖口通江水道之间的长岭–屏峰山卡口处建一水闸[8]，水闸按照以下原则调度。

（1）调枯不调洪：洪水期是江湖水流、能量、泥沙、污染物质和水生物交换数量最多、频率最高的时段，3月下旬至9月上旬闸门全开，完全保持天然状态。

（2）枯水期按照“遵循自然规律、适应生态节律”的原则，适当调节湖水位，进行适应性管理，动态调度，即9月底至12月底大体按照星子站多年平均水位控制，逐步消退，1～3月中旬湖水位保持在11～12m。

（3）按照上述原则调度，闸门上下游落差不超过4m，五河入湖最枯流量也有700～800m^3/s，那么，在闸室旁边开挖一条人工河道，保持较平缓的水面坡降，以利于鱼类和其他水生物自由进出鄱阳湖。

这样可以做到“江湖两利”，保持鄱阳湖生态系统健康，实现枯水期水量充足、水流连通、水质较好、服务功能比较完备、生物多样性丰富的目标。

参 考 文 献

[1] “鄱阳湖研究”编委会. 鄱阳湖研究. 上海: 上海科学技术出版社, 1988.
[2] “江西水利志”编纂委员会. 江西水利志. 南昌: 江西科学技术出版社, 1995.
[3] 江西省统计局, 国家统计局江西调查总队.江西统计年鉴 2006. 北京: 中国统计出版社, 2006.
[4] 彭崑生. 江西生态. 南昌: 江西人民出版社, 2007.
[5] 潘家铮. 千秋功罪话水坝. 北京: 清华大学出版社, 2000.
[6] 冯尚友. 水资源持续利用与管理导论. 北京: 科学出版社, 2000.
[7] 胡振鹏. 流域综合管理理论与实践. 北京: 科学出版社, 2010.
[8] 胡振鹏. 应用生态系统方法研究鄱阳湖枯水调节. 长江流域资源与环境, 2010, (2): 133-138.
[9] 江西省统计局, 国家统计局江西调查总队. 江西统计年鉴 2007. 北京: 中国统计出版社, 2007.

Researches about the Cause of Drought Disaster and Anti-drought Strategies of Poyang Lake Basin in the Spring and Summer of 2011

Hu Zhenpeng[1], Tan Guoliang[2]

(1. Nanchang University, Jiangxi, Nanchang, 330029;

2. Hydrological Bureau of Jiangxi Province, Jiangxi, Nanchang, 330001)

Abstract: in the spring and summer of 2011, middle and lower reaches of Yangtze River Basin suffered severe drought disaster, and the drought of Poyang Lake Basin is more severe. This paper introduced the situation about the drought of Poyang Lake Basin. The result of analysis showed that this drought is a natural phenomenon occurred in history from the same period of history, severe drought years and consecutive dry years 3 aspects. For controlling drought disaster better, we must strengthen water demand management, insist in saving water, strengthen the treatment of ? reservoir, fully explore the potential of current hydraulic engineering, and reevaluate it, implement flexibility management, and reinforce the construction of hydraulic engineering which is harmonious with the nature.

Keywords: Poyang Lake Basin, drought, water-saving, hydraulic engineering, be harmonious with the nature

关于陕西抗旱的实践与思考

洪小康

（陕西省水利厅）

摘要：“十年九旱”是陕西省的基本省情，所以防抗大旱一直是陕西省水利改革发展的基本目标。本文总结了陕西省近年来在工程抗旱和非工程抗旱方面所取得的成绩、存在的问题，以及目前启动的部分战略性建设项目。本文阐述了抗旱理论，指出抗旱的根本出路在节水和水资源的战略性优化配置，并应重视生态抗旱和应急抗旱。

关键词：工程抗旱实践，非工程抗旱实践，灌溉，节水

1　十年九旱的省情为陕西省开展抗旱实践提供了广阔天地

“十年九旱”是陕西省的基本省情。从历史看，1949 年前的 320 年中，陕西省共发生旱灾 131 次，平均 3 年 1 次。1949 年以后是三年一大旱两年一小旱，局部性的干旱几乎年年都有。尤其是明末清初、光绪三年、1929～1931 年的干旱，在陕西省历史上曾造成大量人口减少和重大经济损失，以至引发了严重的社会恐慌与大规模战乱。防抗大旱一直是陕西省水利改革发展的基本目标。面对全面建设小康社会与西部强省的要求，在加快工业化、城镇化和新农村建设的过程中，抗旱正在由农业向工业扩展，由农村向城市扩展以至向全社会扩展，城市抗旱和保生活用水甚至已成为抗旱的主题，同时整个抗旱工作还面临着降水减少、地表径流减少、地下水超采和生态环境恶化等诸多重大挑战，进而也不断丰富着抗旱的实践和理论探索。

1.1　陕西省抗旱的实践——工程实践和非工程实践

1.1.1　工程抗旱实践的四方面

一是狠抓水源工程建设，努力突破瓶颈制约。截至 2010 年年底，陕西省共有水库 1050 座，总库容为 46 亿 m^3。特别是近年来，大力实施项目带动战略，按照统筹调度、优化配置的思路，积极推进省内南水北调三大骨干水源工程建设。其中，西安“引乾济石”调水工程已经建成；“引红济石”调水工程正在抓紧建设；“引汉济渭”项目建议书已通过国家发展和改革委员会审批；东庄水库前期准备工程明显加快。关乎陕北能源

作者简介：洪小康，陕西省水利厅副厅长，陕西省水利学会理事长。

化工基地可持续发展的榆林采兔沟、延安南沟门水库枢纽工程已开工建设，陕西省水利工程年供水能力突破 100 亿 m^3，水资源短缺“瓶颈”制约正在有效缓解。

二是加快农村饮水工程建设，着力改善民生。新中国成立初期，农村饮水工程建设主要为挖池塘、建水窖，20 世纪 80 年代后期实施了高氟区农村改水世行贷款项目，90 年代以来陕西省每年投入 1 亿元兴建“甘露工程”。近年来，陕西省委、省政府坚持把解决饮水困难、保障饮水安全摆在与解决群众温饱问题同等重要的位置，来全面加快农村饮水工程建设。“十一五”期间，陕西省年均投入 10 亿元以上，每年解决农村饮水安全人口 200 万人以上，全省农村饮水工程建设步入投入力度最大、建设步伐最快、质量效益最好的时期，累计解决了 2062 万人的饮水安全问题，农村饮水安全人口比例达到 80%，自来水普及率提高到 55%，广大农村群众饮水条件和卫生健康状况发生了显著变化。

三是大兴农田水利建设，保障粮食安全。为夯实水利这一农业命脉，新中国成立以来，各地发动群众开展大会战，建成了 80 多万处小型农田水利工程，同时以民办公助等形式，兴建了宝鸡峡、石头河等 154 个大中型灌区，水利基础设施建设迈上新台阶，为提高粮食产量、促进陕西省经济复苏奠定了坚实基础。20 世纪 90 年代后，陕西省连年组织实施了 12 个大型灌区续建配套与节水改造项目，省政府统贷统还世界银行 1 亿美元建成了总投资 16.6 亿元的关中九大灌区世行贷款改造项目，坚持不懈地开展以平地改土、兴水治旱为中心的农田水利建设。截至 2010 年年底，陕西省累计建设基本农田 272.53 万 hm^2（4088 万亩），是新中国成立前 22.4 万 hm^2（336 万亩）的 12.2 倍，农业人均基本农田达到 1.5 亩；建成万亩以上灌区 175 处，全省设施灌溉面积达到 157.46 万 hm^2（2362 万亩），有效灌溉面积为 130.13 万 hm^2（1952 万亩），初步形成了蓄、引、提、调结合，大、中、小、微并举的水利灌溉网络。针对频繁发生的严重旱灾，陕西省科学调配水源，全省年均减免粮食损失 255.7 万 t。近 5 年来，陕西省粮食连续获得丰收，产量稳定在 1000 万 t 以上，确保了全省粮食安全。

四是持之以恒治理水土流失，大力改善生态环境。多年来，陕西省已组织实施了“一川两江六河”水保治理、黄河水保生态修复试点、长江流域水保治理、陕北水保生态示范等项目，加快了“五荒地”拍卖治理。自西部大开发以来，围绕“再造一个山川秀美的新陕西”，认真贯彻“退耕还林（草）、封山绿化、个体承包、以粮代赈”政策措施，大力实施退耕还林和封育保护，陕西省掀起新的治山治水高潮，陕西黄土高原水土保持项目被世界银行誉为全球农业项目的“旗帜工程”。围绕国家实施南水北调工程，积极实施汉丹江上游水土保持项目，加大水源地水保治理力度，为确保“一江清水供北京”做出了巨大贡献。60 年来陕西省累计治理水土流失面积 9.1 万 km^2，森林覆盖率达到 37% 以上，生态环境明显改善。

1.1.2　非工程抗旱实践的五方面

一是形成了较为完善的抗旱指挥和服务体系。多年来，省、市、县三级防汛抗旱指挥部及其办公室开展了抗旱救灾指挥协调和水量调度等大量行之有效的工作。各级抗旱服务队在历次抗旱救灾中发挥了很重要的作用。

二是不断加强水资源依法管理。新中国成立以来，陕西省水资源管理经历了从弱到强、从注重开发到开发节约并重、从重点管理到全面管理、从行政管理到依法管理的发展历程。进入新时期，陕西省坚持把节水型社会建设作为关乎全局的一项战略任务来抓，实行最严格的水资源管理制度，努力实现水资源可持续利用。

三是进行了水价管理改革。水价管理经历了由传统计划经济体制下低价福利水向市场经济条件下商品水的转变，基本完成了城市供水价格“三步走”的改革，大型灌区全部实现“一价计费、一票到户、统征统管”，成为全国农业水价改革促进节约用水的典范。

四是深入推进各项水利改革。加大了水利建设基金、水资源费征收力度，通过拍卖、租赁、承包、股份制和股份合作制等方式，最大限度地调动社会各方投资兴办小型水利工程的积极性，吸纳社会资金兴办水利，水利投融资实现了由“国家出资，群众投劳”的单一模式向多元化、多层次、多渠道投入机制的转变。

五是积极开展科技创新和技术推广应用。2000 年以来，陕西省水利信息化有了长足发展。截至目前，陕西省 11 个市区和 2/3 以上的县建设了服务于防汛水利业务应用的信息化网络系统；特别是在近两年来，实现了省市县之间的互联互通和资源共享。陕西省水利信息化有力地推进了水利事业的发展，尤其是建立了较完善的雨水情实时监测系统（所有大型水库和少数中型水库建设有雨水情实时监测系统和洪水调度系统），明显提高了水资源调度指挥水平，也为洪水资源化利用创造了较好条件，另外，还开展了很多节水灌溉等新技术推广工作。

陕西省水利抗旱实践一再启示我们：水是生命之源、生产之要、生态之基；水利不仅是农业的命脉，也是经济社会发展的命脉，是经济社会发展不可替代和或缺的基础支撑，是生态环境不可分割的保障系统，具有很强的公益性、基础性、战略性。

但从发展现实看，随着陕西省经济社会的快速发展，水利建设不相适应的矛盾日益突出。其主要表现为水资源总量不足，供需矛盾日益加剧；农业靠天吃饭的局面还没有根本改变，更不能适应现代农业的发展；工业化、城镇化建设对城乡供水提出了新的更高的要求；水土流失和水质污染严重，水环境不断恶化，水保生态环境建设任务艰巨；水利基层服务机构不健全，水利科学发展的体制机制尚不完善，进一步加快水利改革发展，仍是迫在眉睫的艰巨任务。

值得欣喜的是，党中央审视全国经济社会发展大局，2011 年的中央一号文件首次聚焦水利。中央、陕西省相继召开了高规格的水利工作会议，陕西省委、省政府出台了贯彻中央一号文件的《实施意见》，强调要把农田水利作为农村基础设施建设的重点任务，把严格水资源管理作为加快经济发展方式转变的战略举措，大力发展民生水利，加快建设节水型社会；提出了力争通过 5～10 年努力，加快“双十双网”工程建设，努力突破瓶颈制约。其中，战略性建设项目如下：一是加快推进“引汉济渭”工程建设，力争“十二五”末建成三河口水库，基本打通秦岭隧洞，实现先期调水 5 亿 m^3，进而达到最终调水 15 亿 m^3。二是加快建设东庄水库等 10 项重大水源工程，确保大中城市、重点工业区和陕北能源化工基地的用水需求。三是开工建设铜川龙潭等 10 项中小水源工程，全面增强城乡生活、工农业生产供水保障能力和抗御特大干旱的能力。

2　抗旱实践为抗旱理论的发展提供了丰富的宝贵经验

2.1　抗旱概念的发展

什么是干旱。长期以来，人们有着各种不同的理解。据有关资料反映，目前国内外对于抗旱定义的理解达 100 多种。干旱是一种十分复杂的综合现象，其形成原因和所造成的影响非常复杂，不仅与众多的自然环境因素有关，也与人类社会因素有关。作者认为，这样定义干旱是合适的：干旱是在一定地区一段时期内近地面生态系统和社会经济水分缺乏时的一种现象，它普遍地存在于世界各地，频繁地发生于各个历史时期。干旱灾害不仅是自然问题，也是社会问题。人类活动对于减轻干旱灾害可能施加正面影响，也可能施加负面影响。

世界气象组织承认以下 6 种类型的干旱：①气象干旱，根据降水量，以特定历时降水的绝对值表示。②气候干旱，根据不足降水量，不是以特定数量表示，而是以与平均值或正常值的比率表示。③大气干旱，不仅涉及降水量，而且涉及温度、湿度、风速、气压等气候因素。④农业干旱，主要涉及土壤含水量和植物生态，或是某种特定作物的形态。⑤水文干旱，主要考虑河道流量的减少，湖泊或水库库容的减少和地下水位的下降。⑥用水管理干旱，其特性是由用水管理的实际操作或设施的破坏引起的缺水。

中国比较通用的干旱分类如下：①气象干旱是指不正常的干燥天气时期，持续缺水，足以使区域出现严重的水文不平衡。②农业干旱是指降水量不足的气候变化，足以对作物产量或牧场产量产生不利影响。③水文干旱是指在河流、水库、地下水含水层、湖泊和土壤中低于平均含水量的时期。

作者赞同有些专家的意见，在中国通用的干旱分类的基础上、应增加“用水管理干旱”“社会干旱”和“生态干旱”。

造成干旱的主要原因是资源性缺水、工程性缺水和社会性缺水。

资源性缺水，是指当地水资源总量少，不能适应经济发展的需要，形成供水紧张，如京津华北地区、西北地区、辽河流域、辽东半岛、胶东半岛等地区。

工程性缺水，是指特殊的地理和地质环境存不住水，缺乏水利设施，留不住水。就此种情形来看，地区的水资源总量并不短缺，但由于工程建设没有跟上，造成供水不足。2010 年西南地区大旱，暴露出云南水利基础设施仍然薄弱的局面。虽然经过多年努力，云南水资源状况有了很大改善，但工程性缺水仍是云南主要的缺水形式。

社会性缺水，是由于社会管理在某一领域和某一环节存在问题而引起的，直接影响社会、经济发展的水缺乏，如因污染使得可用水资源量减少、水浪费和水使用效率不高等。

抗旱是指采取措施，减轻干旱造成的损害。过去抗旱一般指的是农业抗旱，现在抗旱已经扩展到全方位。其对象从农业扩展到人畜饮水、城镇工业用水、生态安全等。不仅北方要抗旱，南方也要抗旱。抗旱体现以人为本的理念，重点突出了应急备用水源工程建设，保障人畜饮水安全。

2.2 抗旱对策的变化

随着中国经济社会的快速发展，干旱缺水不仅成为影响中国国民经济可持续发展的重要的制约因素，而且在一些地区已经成为威胁人类生存和发展的紧迫问题。陕西省和全国大多数省份一样，抗旱对策也正发生着以下8个方面的变化：①由传统向现代转变；②由被动向主动转变；③由粗放向集约转变；④由单一向全面转变；⑤由应急向应急与常规结合转变；⑥由行政协调向法律规范转变；⑦由注重抗向注重防转变；⑧由一味地保、一味地抗，向有保有弃、有进有退转变。抗旱工作将逐步走向理性、有序、科学、健康的轨道，按照人与自然和睦相处的理念，遵循自然规律和市场经济规律，加强科学的管理和调度，实现社会经济可持续发展。

2.3 抗旱措施的加强

传统的抗旱措施比较单一，主要是发展灌溉。中国在20世纪60～70年代大搞水利建设，主要目的就是发展灌溉、解决农业命脉问题。改革开放以来，中国社会经济快速发展，伴随水问题日益突出，抗旱措施得到加强，由传统单一变得多样化，技术水平也有了很大提升。从行业上讲，水利部门以水利措施解决用水问题；气象部门以人工影响天气等措施解决应急抗旱问题；农业部门以研究推广抗旱新品种和发展旱作技术等措施减少农业用水需求。从方法上划分，抗旱措施分为工程措施和非工程措施两类。从技术上划分，抗旱措施分为物理、化学、生物、生态等技术措施。

就水利部门而言，除了采取灌溉、调水供水和水土保持等工程措施外，还通过建立抗旱服务体系，建立健全抗旱信息系统，编制抗旱应急预案，加强调度指挥等非工程措施，提高抗御干旱的能力。

3 以中央一号文件为指导不断创新抗旱的战略

3.1 抗旱的根本出路在节水

构想。节水是缓解水资源供求矛盾最有效的办法，抗旱的根本出路在于节水。为此，网上呼吁联合国设立“世界抗旱日”，其目的就是动员各个国家和地区将节水抗旱作为第一国策，纳入国家发展战略，全民抗旱应当成为人类共同的行动。可见，节水已成为世界上大多数国家的共识。节水的核心是加强以提高用水效率为目的的需水管理，严格执行取水许可制度，全面建立节水型社会；同时，要加强全民水危机意识教育，使珍惜水、爱护水、保护水成为每个人的自觉行动，彻底改变水是“取之不尽，用之不竭”的传统观念。这是建立节水型社会的基本前提。

节水的巨大潜力在农业用水。一是要提高渠道、管道的输水能力，尽量减少从水源到田间输水环节的跑冒滴漏。二是要参照农机补贴、节能减排补贴等政策措施，大力推广喷灌、滴灌、渗灌等先进的抗旱节水技术与方法，提高田间水的利用率。三是制订好规划，逐步对现有灌区进行维修、配套，甚至彻底改造，使之适应现代农业的发展。四是要科学灌溉，计划用水，提高灌溉水的利用效率。五是在干旱区积极发展雨养农业和旱作农业技术。通过调整农业种植结构，增施有机肥，采用秸秆、薄膜覆盖、耕作保墒等旱作农业技术，把天然降水蓄好、用好，使有限的水资源得到合理利用。

工业节水的关键是提高水的重复利用率和降低产品的单位消耗。应对现有高耗水、低效益的工业项目和设备逐步进行技术改造，改进工艺流程，减少耗水量，提高水的重复利用率，还要加强废污水的处理回收利用，特别重视加强乡镇企业节约用水管理。

加强城镇生活节水已逐步成为节水的重要方面。一是加强城市供水管网设施改造和管理，尽量减少跑冒滴漏。二是研制新型节水器具，推广节水型生活设施，在水资源紧缺地区要积极推广污水回收利用技术。

3.2　抗旱的关键是强化水资源的战略性优化配置

陕西省抗旱既有资源性缺水问题，又有工程性缺水问题。专家们建议陕西抗旱要重点从四个方面抓好抓实，取得突破：一是坚持以蓄为主，应蓄尽蓄，及早规划建设一些控制性骨干水源工程，满足大区域抗旱水源调配供应需求；二是蓄、引、提、集并举，大力开展池、井、窖、塘等小型水源工程建设，全方位提高农村和小城镇抗旱应急用水保障能力；三是坚持以人为本，合理统筹水量，发生大旱时应全力保证城乡人饮安全，水量调配上应是工业用水为农业用水让步，农业用水为人饮用水让步；四是尽快建立关中和陕北输配水网络，优化配置现有水源。

3.3　“三水统观统管”势在必行

作者认为，李佩成院士提出的 “三水统观统管”的治水理论具有很强的创新意义。降水、地表水、地下水本属相互关联转化的统一体。这 3 种类型的水始终处于不断的运动转化中，遵循着水科学中最基本的规律和原理—水循环规律和水量守恒原理。

陕西省要充分利用地下水资源优势，在灌区实行“井渠结合，以井补渠，以渠养井”，可以使灌溉水源得到高效调控，防旱抗旱，防涝治碱；要采取类似渭河综合治理工程中在下游设置蓄滞洪区或湿地的做法，解决好陕西省地下水位不断下降的问题；下大力气提高洪水预报水平，认真研究水库洪水调度问题，实现洪水资源最大化集蓄利用；要明确城市地下水井关而不废作为特殊干旱年份备用水源，开展地下水库资源普查作为大旱时应急之用。在水问题日益突出、现代技术手段不断提高的形势下，我们有必要，也有条件实行“三水统观统管”，切实提升水资源管理调度水平。

3.4　生态抗旱要作为重要方向

生态抗旱是指以尊重和维护生态环境为主旨，以人类与自然和谐相处、实现可持续发展为目的而进行的减轻或消除干旱灾害的活动。近 10 多年以来，为遏制生态环境恶化的趋势，陕西省不断强化水资源的配置、节约和保护，要求各级水利部门在水资源配置中考虑在满足人类生产和生活用水的同时满足环境用水的需要，这方面的实践正在不断得到深化和完善。

3.5 应急抗旱需要得到不断加强

长期抗旱实践证明，采取非工程措施、搞好应急抗旱具有十分重要的现实意义。抗旱指挥部门及其办事机构应该按照国家防汛抗旱总指挥部的要求，在现有抗旱工程措施的基础上，在城市抗旱方面加快建设应急的备用水源工程，同时制定抗旱应急预案，做好应急抗旱物资储备，落实责任，强化信息手段，提高应急调度和指挥协调水平，发动全社会更好地抗御干旱灾害。

Practice and Deliberation of Drought Resistance in Shaanxi

Hong Xiaokang

(Department of Water Resources in Shaanxi)

Abstract: “There are nine droughts among ten years” is the basic situation in Shaanxi, so drought resistance and control is always the basic goal of water conservancy reform. The paper summarized the achievement, problems and part strategic construction projects initiated recently of Shaanxi in engineering and non- engineering drought resistance for the past few years. It elaborated the theory of drought resistance, and pointed that the fundamental way to resist drought is the water saving and the strategic optimal configuration in water resources, and paying attention to ecological anti-drought and drought resistance to meet an emergency.

Keywords: engineering drought practice, non- engineering drought practice, irrigation, water-saving

黄淮海地区防旱抗旱策略

段爱旺　齐学斌

（中国农业科学院农田灌溉研究所）

摘要：黄淮海平原是中国以冬小麦和夏玉米为主的重要的粮食生产基地。在该地区抗旱工作的出路只有一条，抓好这两个作物，在持续提高旱作农田生产稳定性的基础上，不断扩大灌溉农田面积，并提高灌溉农田的供水保证率。为此，应关注以下几点：区域水资源的开发利用应限制在水资源的承载能力范围之内；建设良好的基础水利设施；提高应急抗旱能力；加强科技创新与技术服务，支撑农业抗旱工作。

关键词：黄淮海地区，灌溉农田，供水保证率

1　黄淮海地区防旱抗旱的重要意义

黄淮海平原是中国重要的粮食生产基地，也是全国冬小麦的主产区和玉米的优势产区，小麦、玉米的产量分别占全国总产量的 45%和 25%。在国家制定的新增 500 亿 kg 的粮食生产能力计划中，黄淮海地区承担着三分之一多的任务，其在保障国家粮食安全中有着举足轻重的地位。

黄淮海地处内陆地区，降水量少、年际变化率大，干旱频繁发生，严重制约着粮食生产的发展和稳定。以河南省为例，有关统计资料表明，1950～1990 年的 41 年间，河南省共发生春旱 35 次、夏旱 33 次、秋旱 16 次、冬旱 13 次。1998 年 8 月～1999 年 2 月近 200 天河南省大部分地区无有效降水，使 250 万 hm^2 农田受灾；仅 2000 年的冬、春两季连旱，河南省直接经济损失达 66.98 亿元，其中农业直接经济损失达 56.17 亿元；2001 年上半年河南省西部连续 130 天、其他地区连续 90～120 天无透雨，干旱面积为 530 万 hm^2，占河南省总耕地面积的 80%。2008～2011 年，河南省连续 3 年遭遇极端天气影响，在 2008～2009 年和 2010～2011 年的冬小麦生长季，河南省大部分地区都出现了连续 100 多天无有效降水的严重干旱。最新研究报道，受全球气候变化的影响，预计未来黄淮海地区干旱缺水状况可能进一步加剧，引发旱灾的极端天气出现的频率也会增加，对未来的农业生产构成巨大威胁，必须努力做好防旱抗旱工作，才能确保黄淮海地区农业生产的稳定发展，以及国家的粮食供给安全。

作者简介：段爱旺，中国农业科学院农田灌溉研究所所长，博士研究生导师。

齐学斌，中国农业科学院，河南新乡农业水土环境野外观测试验站站长，博士生导师。

2　黄淮海地区干旱防御策略

2.1　干旱的形成原因

干旱是由于土壤储水、自然降水及灌溉供水无法满足作物生长发育需求而形成的。在长时间缺乏有效降水的情况下，作物会不断地消耗土壤中储存的水分，以维持生长发育，当土壤中的水分无法继续满足作物生长需求时，就会影响作物正常的生长发育，从而形成干旱。干旱的程度是随着土壤储水的不断减少而逐渐加重的，从轻旱、中旱、重旱到严重干旱，对作物生长的影响程度越来越重，造成的产量损失也越来越大，直到作物完全枯死，绝收。在雨养农田中，当发生干旱时，缓解干旱的唯一途径是自然降水。而在灌溉农田中，当土壤储水严重不足时，还可以通过人为努力，从河流、水库或地下水体中引水灌溉，为作物生长创造良好的土壤水分条件，减轻或完全消除干旱的影响。

结论：干旱是由长时间的无降水或降水稀少而引发的，首先表现为气象干旱。气象干旱会不会引发农业干旱，以及引发农业干旱造成的损失有多少，还取决于土壤中是否储备有充足的水分，以及能否通过良好的灌溉措施及时为作物补充供给充足的水分。

2.2　黄淮海地区粮食生产形势对防御干旱的需求

从前面的分析可知，在黄淮海地区，缺水的主体是以冬小麦为代表的秋播夏收作物，而以夏玉米为代表的夏播秋收作物的缺水程度相对要轻得多。在自然生长的状况下，由于冬小麦生育期正处于降水较少的夏初至秋末阶段，因此发生干旱是非常正常的现象，只是形成干旱的程度及造成的产量损失比率有所差异而已。

自然生长条件下，黄淮海地区的冬小麦生长季发生干旱是一种自然现象，但如何应对这种自然现象，却是需要深刻思考的问题。

防御干旱的策略应当包括两个方面：一是适应干旱的发生规律，以自然降水状况为依据，合理选择农作物的种植种类及种植结构，趋利避害，保持农业生产的相对稳定；二是根据作物生长对水分的需求，通过人为干预，及时、适量为作物补充供给水分，保证作物的正常生长，保持农业生产的绝对稳定。

第一种策略是旱作农田的主导思想，这种情况下可能要大面积地压缩旱作农田上夏收作物的比例，更多地发展春播秋收或夏播秋收作物，保证作物的主要生长时期处于降水较为集中、温度也较为适宜的时期，做到作物生长与水、热同步，减轻人为维持的压力。

第二种策略是灌溉农田的主导思想，要求建立良好的灌溉供水系统，以及良好的灌溉用水管理机制，适时、适量地为作物补充供给水分，保证农业生产的稳定性。

两种策略各有利弊。第一种策略可以有效降低生产成本，提高生产的稳定性；缺点是降低了农用土地的集约利用程度，可能会引起总产量的降低，同时受自然因素，特别是干旱影响的概率较大，生产的稳定性较差。第二种策略可以显著地提高农田集约利用程度，增加农产品总产出量，使生产的稳定性也提高很多；但问题也十分突出，一是水资源的消耗量巨大，对水资源的依存度很高，二是生产成本明显增加，要求有更高的管理水平。

从黄淮海地区的自然条件来讲，干旱的发生是一件十分正常的事情。即便是在灌溉农田上，由于灌溉工程通常是按 75%的保证率设计的，因此仍有 25%的可能性无法充分满足整个灌区的作物供水需求，造成部分农田无法灌溉，或灌溉不及时，这时的气象干旱仍会部分地转化为农业干旱，对灌区的农业生产造成一定影响。

对于纯雨养农田，当发生严重干旱时，产量损失是无法避免的。因此，必须接受农业生产的波动性，允许在丰水时获得高产，而在严重干旱年份产量出现明显下降。这点在区域粮食生产规划时必须要充分考虑。

对于灌溉农田，灌溉的保障程度也是需要充分考虑的问题。提高灌溉保障程度，一是需要有更多的水资源储备；二是需要提高灌溉供水系统的建设标准，包括渠系规格的加大，灌溉控制系统的升级与完善，以及灌溉管理能力的全面提升。这无疑会大大增加工程的建设成本和运行成本。

但从目前的情况看，黄淮海地区是中国最重要的粮食生产基地，从中央到各级地方政府都对该区域的粮食生产予以极高的重视，承载了相当大份额的保障国家粮食安全的重要任务。同时，黄淮海地区还是中国的优质小麦生产基地，担负着为全国人民提供日常用粮及为食品工业提供主要原料的重任，因此从短期来看，冬小麦的生产面积还必须保证，这就使得种植业结构调整，特别是从水资源限制的角度要求压缩高耗水作物的可能性变得很小。另外，持续增加的粮食安全问题要求冬小麦的产量不断提高，稳定性更强，这对灌溉面积的增加，以及灌溉保证率的提高都提出了更高的要求。

结论：严峻的粮食供给形势，要求黄淮地区冬小麦的抗旱工作只能在充分保证种植面积，并且不断提高稳定性的前提下开展。这是当前抗旱工作面临的基本形势。

在这样的形势下，抗旱工作的出路只有一条，即在持续提高旱作农田生产稳定性的基础上，不断扩大灌溉农田面积，并提高灌溉农田的供水保证率。

2.3 黄淮海地区防御干旱的主导途径

（1）关注的主导作物。表 1 显示的是河南、山东、河北 3 个省区冬小麦、夏玉米种植面积和总产量分别占粮食作物总播种面积和总产量的百分比。从表 1 中的数据可以看出，冬小麦和夏玉米是黄淮海地区的主要粮食作物，种植面积分别占到该区域粮食作物总种植面积的 49.3%和 37.6%，合计占 86.9%；总产量则分别占到 50.3%和 39.5%，合计占到 89.8%。由此可见，抓好这两个作物的抗旱工作，基本上就掌握了该区域粮食生产抗旱的全局。

表 1 黄淮海代表省区冬小麦、夏玉米种植面积及产量

省份	粮食作物总播种面积/10^3 hm^2	冬小麦占粮食作物播种面积百分比/%	冬小麦占粮食作物总产量的百分比/%	夏玉米占粮食作物播种面积百分比/%	夏玉米占粮食作物总产量的百分比/%
河南	9 600	54.8	56.9	29.4	30.1
山东	6 955.6	50.7	47.7	41.3	44.3
河北	6 158.1	39.2	42.0	46.1	49.6
合计	22 713.7	49.3	50.3	37.6	39.5

图 1 显示的是平均情况下冬小麦和夏玉米生长期间作物实际需水量（ET_a）、有效降水量（P）及缺水量（$ET_a - P$，该值最小为零）的变化情况。图 1 表明，冬小麦生育期正好处于降水偏少的时期，缺水情况严重，特别是在生育后期，缺口更大，需要补充供水才能满足冬小麦正常生长发育需要，正常情况下，驻马店地区要灌一水，而郑州以北地区，则要灌 2～3 水。夏玉米生育期基本处于降水较为集中的时期，总体上水分供应良好，可以满足需求，只有在特别年份才需要补充供水。

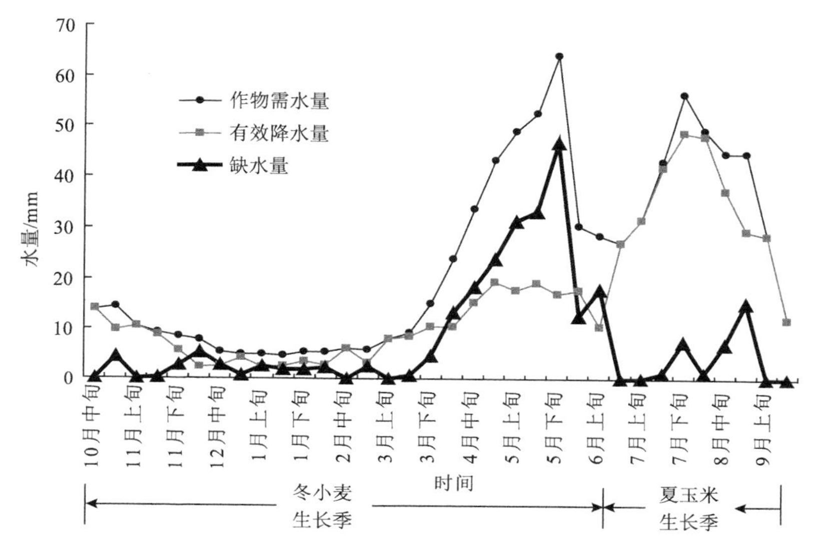

图 1　郑州地区一年两作农田水分供需状况

表 2 显示的是几个代表性的保证率下，从南到北几个典型的站点夏玉米的水分短缺情况。由表 2 可以看到，在一般情况下（P=50%），各点夏玉米的缺水量都小于 50mm，利用土壤储水调节，基本不需要灌溉，但在更高的保证率下，当 P=75%时，就要考虑灌一水，而在 P=95%时，除了信阳地区外，其他地区可能要考虑灌两水了。

表 2　各典型站点在几个代表性频率值下的夏玉米全生育期缺水量（单位：mm）

地点	P=25%	P=50%	P=75%	P=95%
信阳	6.7	15.5	40.2	87.2
驻马店	0.0	11.4	43.0	160.1
郑州	22.6	50.1	104.5	196.2
安阳	9.0	33.5	73.8	160.0
石家庄	8.6	42.1	79.4	138.4
北京	19.8	40.8	66.7	122.0

结论：黄淮海地区防御干旱考虑的主导作物是秋播夏收作物，以冬小麦为代表。但如果对作物的稳产提出极高的要求，如保证率大于 75%，则也需要对夏玉米予以适当的考虑。

（2）采取的主导措施。防旱抗旱，在雨养农田及灌溉农田上的主导措施是有所差别的。对于雨养农田，防旱抗旱的主导思想应当是在稳产的基础上追求高产。开发防旱抗旱技术措施，主导策略应当是尽可能地把天然降水储存在土壤剖面中，以供给后续作物生长的需求。目前，生产上采取的行之有效的措施主要包括：①筛选、培育耐旱性品种，即在干旱条件下具有较好的抗旱特性与产量稳定性，同时在水分充足年份有一定的高产潜力；②提升土地生产力，包括平整土地、培肥地力、合理施肥等主要措施，使土壤能够很好地接纳、存储和保持自然降水，提高自然降水向土壤储水的转化率，同时提高土壤储水的利用效率；③其他辅助措施，包括田间微地形集水、非种植区域向种植区域集水、地面覆盖保墒、集雨补充灌溉等措施，可在适合的区域及作物种类上使用，起到补充抗旱的作用。

对于灌溉农田，防旱抗旱的主导思想应当是在高产的基础上提高稳产性。开发防旱抗旱技术措施的主导策略应当是尽可能地满足作物正常生长的需求，然后在此基础上尽可能地节约灌溉用水。目前，生产上采取的行之有效的措施主要包括：①筛选、培育高产、稳产品种；②提升土地生产力，充分利用天然降水，提高水分转化利用效率；③完善灌溉基础设施，采用先进灌水技术，减少灌溉过程中的水量损失；④提高灌溉控制与管理水平，做到适地、适时、适量供水，保证高产、稳产、优质需求。

表 3 显示的是黄淮海 3 个代表性省区灌溉面积占耕地面积的比例。3 个省区的平均值为 71.2%，河北省则达到了近 80%。由于缺乏相应的统计数据，所以无法给出黄淮海区域内灌溉农田上生产的冬小麦占冬小麦总产量的百分比。但是一般情况下，冬小麦主要种植在灌溉农田上，并且据统计，黄淮海地区灌溉麦田的单产是非灌溉麦田单产的 2.76 倍，因此可以大致判断，该区域内 90%以上的冬小麦是在灌溉农田上生产的。因此，在黄淮海地区，防旱抗旱的主要任务应当是保证灌溉农田上冬小麦的高产稳产，在此基础上兼顾好旱作农田上冬小麦的稳产高产。

表 3　黄淮海区域 3 个代表性省份灌溉面积所占比例

省份	总耕地面积/10^3 hm^2	总灌溉面积/10^3 hm^2	灌溉面积占耕地面积的百分比/%
河南	7 926.4	5 077.1	64.1
山东	7 515.3	5 426.8	72.2
河北	6 317.3	4 994.4	79.1
合计	21 759	15 498.3	71.2

3　黄淮海地区干旱防御需要特别关注的几个问题

3.1　区域水资源开发必须限制在水资源的承载能力范围内

扩大灌溉面积、提高供水保障程度是防御干旱最为有效的办法。然而，黄淮海地区水资源严重短缺，人均和亩均水资源占有量分别只有全国平均值的 20%和 18%，而且年内分配严重不均。由于长期严重缺水，黄淮海大部分区域的水资源开发利用率都已远远超过国际公认的 40%的警戒线，其中黄河片为 66.4%，淮河片为 51.8%，海河片则达到了 89.4%。长期的过度开发，已引发了水质恶化、地下水枯竭、河道断流、植被退化等一系列生态环境问题，严重影响到区域农业乃至整个国民经济的可持续发展。因此，未来的抗旱工作包括扩大灌溉面积，以及提高灌溉保证率，其必须在保证区域可持续发展的基础上开展，使区域水资源的开发利用完全限制在水资源的承载能力范围之内。

当黄淮海的水资源确定无法满足粮食生产的需求时，应当考虑通过区域调水等方法予以彻底解决。

3.2　建设良好的基础水利设施

黄淮海地区农业用水量不可能继续增加，而灌溉面积还要扩大，灌溉保证率也需要提高，面对这样的矛盾，出路只有一条，就是从农业用水自身挖潜，通过高效用水解决问题。

提高农业用水效率，必须有良好的水利基础设施作保证，做到需时水源有保证，灌时能快速供给，控时能精准定量。这就要求农田水利基础设施水源的储备、输水系统的通畅、配水系统的配套完善，以及量水控水设备的配置等都达到较高的水平。另外，还要努力使先进高效的节水技术像低压管灌、喷灌、微灌、膜下滴灌等技术得到大面积的普及应用，从而有效地提高灌溉的及时性和精准性，保证作物需求，同时减少灌溉用水。

需要指出的是，建设完善的农田水利基础设施，一次性投入是非常大的，并且每年都需要投入高额的运行维护费用。要长期保持良好的运行状况，需要很好地解决建设所需的费用，以及日常运行及维护的费用。

应当说，农业是一个弱势行业，用于改造灌溉基础设施的投入是很难通过提高生产收益来获得回报的。改造灌溉系统产生的效益主要体现在用水量的减少上，一方面可以保持农业的持续发展；另一方面可用于扩大灌溉面积或提高灌溉保证率。由此产生的效益服务的是公共利益，或是其他农户，甚至是其他地区的用水户。这种投入产出的不成比例，以及投入方与收益方的错位，使得农田水利建设很难纳入商业行为进行管理。另外，中国目前的农业生产很难完全按照商业经营模式来运行，因为农民种地不仅要解决就业问题，还需要解决国家的粮食安全问题。因此，政府有必要经过充分的论证，建设长效的农田水利建设与运行维修费用投入机制及管理体系，以及粮食种植补贴机制，确保农业生产的持续稳定发展。

3.3　促进高效节水技术的大面积推广应用

在农业用水总量保持现状的情况下，扩大灌溉面积，提高灌溉保证率，还需依赖大面积推广应用高效节水技术。在建设良好的灌溉基础设施的基础上，还要加强高效节水技术的普及与推广，包括农艺节水技术、先进高效的灌溉管理技术等，这样才能确保良好的灌溉基础设施充分、高效地发挥作用。

节水技术的普及推广是一项长期的工作，需要政府进行组织，建立相应的推广服务体系，并予以足够的财政支持。

3.4 提高应急抗旱能力

干旱的发生通常是大面积的，而抗旱的有效时间通常又是很短暂的，因此要求抗旱技术措施能够在很短的时间内覆盖到足够大的区域范围，这样才能起到良好的保障作用。此外，现有的灌溉系统设计时都设定一个保证率（如 P=75%），即只能保证在大部分年份满足需要，保证率之外的情况出现时，现有的灌溉系统则无法满足抗旱的需要。

为了确保粮食生产的稳定，在大旱之年仍获得很好的收成，就需要在完善现有灌溉系统的基础上，建设应急性灌溉系统，包括应急水源的储备，以及快速、机动灌溉系统的储备。这种储备对于秋收作物，以及降水量相对充足，但有时会发生季节性干旱的地域尤为重要，即便对于具有良好地面灌溉系统的区域，其也是一个很好的补充。

建议国家设立专项资金，建设应急性抗旱水源，同时储备足量的应急性抗旱设备。

3.5 加强科技创新与技术服务，支撑农业抗旱工作

科技创新是未来节水新技术发展的基础，科技服务则是抗旱节水新技术发挥作用的重要保证。国家要继续加强对农业节水技术创新及技术服务工作的投入，保证科技创新工作的不断深入，以及科技服务工作的规范化与制度化。

建议国家设立农业节水产业技术体系，聘请岗位科学家承担节水技术创新工作，设立区域性试验站承担区域农业节水技术集成及技术服务工作。以农业节水产业技术体系为基础，联合节水设备，制造企业和基层水利技术服务站，共同组成节水技术创新与服务体系，促进中国农业节水的持续发展，保障农业生产的用水安全，为国家粮食安全提供可靠的用水技术支撑。

Strategies of Drought Resistance and Control in the Huang-Huai-Hai Region

Duan Aiwang, Qi Xuebin

(Institute of farmland irrigation, Chinese Academy of Agricultural Sciences)

Abstract: The Huang-Huai-Hai plain is our country's important grain production base whose main crops are winter wheat and summer maize. There is only one way to resist drought in this region-manage the two crops well, enlarging irrigational area constantly and improving the assurance rate of water supply in irrigation on the basis of continuously improving the production stability of dry land. So we should notice that: the development and utilization of regional water resources should be limited in its bearing capacity; constructing better fundamental water conservancy facilities; improving emergent anti-drought capacity; enhancing science and technology innovation and skill service to support agricultural anti-drought work.

Keywords: Huang-Huai-Hai region, winter wheat, summer maize, irrigated farmland, the assurance rate of water supply

甘肃省旱情分析及防旱抗旱战略研究

杨封科[1,2] 高世铭[3] 何宝林[1,2] 郭天文[1,2] 张绪成[1,2]

（1. 农业部西北作物抗旱栽培与耕作重点开放实验室，甘肃 兰州 730070; 2. 甘肃省旱作区水资源高效利用重点实验室，甘肃 兰州 730070; 3. 甘肃省科学院，甘肃 兰州 730020）

摘要：干旱是甘肃省气候千年冷暖演替形成的固有特征，旱灾是常驻性气象灾害，具有类型多、发生频率高、危害程度大、范围广、持续时间长、短期内不可逆转等特点。20 世纪 80 年代后期至 90 年代中期，甘肃省气候整体暖干化，局部（河西）暖湿化，进入第四纪冰期第四次小冰期后的间冰期，厄尔尼诺-南方涛动（ENSO）循环加剧，冬季更寒冷、春夏更炎热、降水量锐减，导致干旱向季节连旱、年季连旱、旱冻叠加的多样化趋势变化。伏秋旱连春末初夏旱是造成减产的主要旱灾类型，冬春夏连旱是危害程度最大的旱灾。气候暖干化导致生态环境恶化、水资源更加匮乏、耕地质量下降，助长旱灾危害，严重影响粮食安全。1950～2010 年的 60 年间，旱灾率增加了 1.25 倍，成灾率增加了 1.6 倍，因旱减产率达 31.6%。建立甘肃气象灾害预警与应急响应体系；加强生态和环境建设，继续加大实施生态保护工程；集雨治旱，提高水资源利用效率；趋利避害，优化农业结构；开发空中水资源；实施外流域调水，是甘肃省防旱抗旱的重要策略。

关键词：旱灾，连旱，特征，暖干化，防旱抗旱

甘肃省地处西北内陆，分属长江、黄河、河西走廊内陆河三大流域，地处青藏高原、黄土高原和内蒙古高原三大高原的交汇地带，南北相距约 10 个纬度，东西跨越 16 个经度，几乎包含了北亚热带到高原寒带的各种气候和湿润、半湿润、半干旱、干旱、极干旱气候区，是典型的干旱、半干旱地区，也是气候变化敏感区和生态环境脆弱带[1]。甘肃省内以黄河为界，大体可分为河东大陆性季风气候区，包括兰州、白银、定西、临夏、平凉、庆阳、天水、临夏和甘南 9 个地区，和河西走廊干旱农气候区，包括武威、张掖、酒泉、金昌、嘉峪关 5 个地市。

干旱是甘肃省气候的基本特征，旱灾是常驻性气象灾害，占整个自然灾害的 88.5%，高出全国平均水平 18.5%，干旱出现频率高，占气象灾害的 70%以上，是最主要的气象灾害[1]。甘肃省是中国旱灾发生最频繁、危害程度最重、危害面积最大的地区，也是全国多

作者简介：杨封科，博士，研究员。现任甘肃省农业科学院旱地农业研究所副所长、甘肃省农业科学院定西综合试验站站长、甘肃农业大学硕士研究生导师。

高世铭，博士，研究员。现任甘肃省科学院院长，兼任甘肃省生态学会副理事长等职。

旱、重旱和持续干旱的中心地区之一[1,2]。20世纪90年代以来，随着全球气温的逐年升高，甘肃省气候暖干化趋势明显加剧，旱灾范围逐年扩大、发生频率逐年增加、危害程度日益加重[3~5]。旱灾已成为甘肃省农业生产安全和农村经济发展最大的威胁[6~8]。

1　干旱的基本特征及演变规律

1.1　干旱是气候冷暖历史演替形成的天气特征

甘肃省深居欧亚大陆腹地，由于青藏高原北侧边界层中一年四季都盛行西风，青藏高原北侧边界摩擦作用会生成一条东西向的负涡度带，负涡度区加强，使来自海洋的暖湿气流难以到达，降水减少，导致青藏高原东北侧干旱[2]。夏季青藏高原上空盛行上升气流，在中太平洋区域下沉，在青藏高原东北侧构成一个垂直环流圈，形成一个热源，直接导致青藏高原北侧干旱的形成[9]。而冬季则受蒙古、西伯利亚高压控制，气候寒冷干燥，由此导致气候出现暖期和冷期交替的变化趋势[2,9]。一般认为，暖期对应于湿润期，冷期则对应于干旱期[10]。

研究[2]表明，中国气候的变化特征为早全新世（10000～8500 年）最冷干期、中全新世（8500～3000 年） 暖湿期和晚全新世冷干期3个周期性变化阶段。自公元前3000年～公元1900 年，新石器晚期和夏商时期是第一个温暖期（公元前3000～前1100年），也是历史上的“气候最宜时期”；西周时期是第一个寒冷期（公元前1100～前770年）；春秋、战国、秦和西汉时期是第二个温暖期（公元前 770 年到公元初），也是中国历史上的繁盛时期；东汉至南北朝时期是第二个寒冷期（公元初到600年）；隋唐时期是第三个温暖期（600～1000 年）；两宋、辽金时期为第三个寒冷期（1000～1200 年）；宋末元初时期为第四个温暖期（1200～1300 年）；明至清末时期为历史上持续时间最长的第四个寒冷期（1400～1900年），这一时期正值全球小冰期，中国称为“明清小冰期”[2,11]。在千年的尺度上经历了6个次冷期：1060～1140年、1270～1360年、1430～1520年、1620～1730年、1800～1860年、1930～1970年，以及5个次暖期：1150～1260年、1370～1420年、1530～1610年、1740～1790年、1870～1920年[2]。

甘肃省有文献（《中国气象灾害大典·甘肃卷》）记载的干旱发生于公元前193年，第二个寒冷期共发生干旱101次，概率为16.8%；第三个温暖期共发生干旱90次，概率为22.5%；第三个寒冷期共发生干旱71次，概率为35.5%；第四个温暖期共发生干旱31次，概率为31%；第四个寒冷期共发生干旱338次，概率为67.6%。结合甘肃省历史干旱可以看出，寒冷期干旱的发生概率大于温暖期干旱的发生概率，并且发生概率有增长趋势。研究表明，旱灾在气候转型期多发的可能性较大，在气候由温暖期向寒冷期过渡的历史阶段内，越靠近温暖期，旱灾多发的可能性越大。

甘肃省自汉代起就有了比较完整的旱灾记录，各朝代旱灾统计分析见表1[12]。

表 1　甘肃省公元前 206 年～公元 1949 年干旱发生统计表

朝代	时间	干旱发生次数/次	干旱发生间隔年份/年
汉	公元前 206 年～公元 220 年	63	6.8
魏晋南北朝	220～581 年	61	5.9
隋唐五代	581～960 年	86	4.4
宋辽金元	960～1368 年	128	3.2
明	1368～1644 年	153	1.8
清	1644～1911 年	199	1.3
民国	1911～1948 年	32	1.2

可见，公元前 193 年～公元 1948 年的 2141 年中，甘肃省有记录的干旱事件发生了 722 次，其中两汉 63 次、魏晋南北朝 61 次、隋唐五代 86 次、宋辽金元 128 次、明朝 153 次、清朝 199 次、民国 32 次。干旱发生的平均时间间隔年份呈缩短趋势，汉朝 6.8 年、魏晋南北朝 5.9 年、隋唐五代 4.4 年、宋辽金元 3.2 年、明朝 1.8 年、清朝 1.3 年、民国 1.2 年。

研究表明，在近 500 年的尺度上，甘肃干旱频率存在 100～130 年准周期变化特征[2]，旱涝呈现稳定性 3 年周期变化特征[9]，期间志书记载的旱灾年份有 144 年，平均 3.4 年出现一次。其中，在 300 年中出现大旱 33 次，平均 9 年出现一次，具有“三年一小旱，十年一大旱，二十年一特旱”的特征[2, 13]。

在近 500 年旱涝史料中，旱灾最严重、范围最广泛的是 1484～1485 年、1640～1641 年、1876～1877 年和 1928～1929 年。其中，1640～1641 年，即崇桢十三年大旱，1632～1643 年连旱 12 年，为近 500 年特大旱灾之最，重旱区波及整个黄土高原，并与华北、黄淮重旱区相连，形成了大范围最严重的干旱[14]。1929 年的旱灾是一次以黄河流域为中心的大范围、长时期的特大旱灾，灾区波及陕、甘、宁、青、内蒙古等 7 个省区，仅甘肃就死亡 230 万人，占当时总人口的 42%。此次旱灾始于甘肃定西和宁夏西海固，其逐渐加重，出现在距今最近的一个历史尺度的气候干期中[2]。

长期的气候变迁过程中，由于地形和下垫面及大气环流等综合作用，在祁连山及青藏高原东侧，陇东西侧 ，自景泰经定西到陇西、天水、武都和文县，形成中部由北向南伸展的干舌，其是青藏高原外围少雨带的组成部分，年平均降水量为 200～400mm，是甘肃旱灾最严重的区域[1]。“陇中苦甲天下”指的就是这个区域。

在河西走廊，形成了“非灌不殖”“地尽水耕”，即没有绿洲，就没有农业的农业气候特征[10, 15]。干旱随着气候冷暖周期的更替愈演愈烈。15～16 世纪（明代中期）河西走廊旱象严重，文献中多见旱魃频仍、田禾薄收的有关记载。例如，张掖明代《元直庙碑》记：仁宗洪熙元年（1425 年）夏“甘州不雨，耕者告病”；《明实录》记：英宗正统元年（1436 年）闰六月镇番（今民勤）、永昌、庄浪（今永登）、凉州四卫先因荒旱少收，续被达贼抄掠，饥窘乏食；天顺四年（1460 年）八月陕西甘、肃诸卫奏“今夏大旱，禾稼枯槁，租税无征”；宪宗成化十八年（1482 年）五月“以旱灾免

甘州等五卫山丹 、永昌、凉州、镇番，庄浪、西宁、古浪十二卫所屯粮八万余石，马草二百五万余束”；世宗嘉靖十八年（1539 年）十一月“以旱灾 免肃州、甘州、高台、山丹、古浪、凉州、镇番、永昌等卫、所钱粮”；等等。17～19 世纪，河西走廊降水较为充沛，水涝严重。其中，17 世纪下半叶至 18 世纪上半叶，水涝灾害记载次数超过了旱灾记载次数。例如，《甘肃新通志》记载 ：明万历三十二年（1604 年）夏五六两月大水沸腾，崩坏大山，漂流大木无数，居民捞获；清康熙五年（1666 年）秋 ，“凉州阴雨时行”；康熙二十五年（1686 年）春“大雪连月 ，岁大稔 ”；康熙三十九年（1700 年）“镇番白亭海水潮余，井水泛滥”；《甘宁青史略》：雍正十三年（1735 年）“肃州、安西县星星峡等处大水为患”；《清实录》：乾隆四年（1739 年）五月以来“甘肃连得大雨，武威、古浪、永昌等处有水冲淤压之田亩，七月秦安、武威、永昌、古浪被水，张掖县属之东乐堡七月初九日大雨，山水陡发，冲塌房屋，泡坍墙壁”；等等。17 世纪下半叶为 1400～1900 年的 500 年中最冷的时期 （欧洲称其为“小冰期 ”），是河西走廊最湿润的时期，也是清代前走廊农业大规模开发、人口大量增加的昌盛时期。

干旱伴随着历史的变迁在不断的演替中逐渐加剧，其成为甘肃灾害性气候的主要特征。

1.2　干旱加重趋势不可逆转

气候暖干化和降水量持续减少趋势短期内不可逆转决定干旱加重趋势不可逆转。相关研究表明，在全球变暖的大背景下，1986 年中国北方地区气候出现向暖干转型的突变[1, 16]，年最低温度持续升高，已连续经历了 21 个暖冬，最近 100 年是过去 1000 年中最暖的，最近 10 年是过去 100 年中最暖的[17]。近百年中国气候变化的趋势与全球气候变化的总趋势基本一致，平均气温上升了 0.4～0.5 ℃，略低于全球平均。研究表明，甘肃省气候总体上呈暖干化趋势，1986 年是突变点。其中，河东地区呈显著暖干化趋势，河西地区呈微弱暖湿化趋势[18]。1960～2005 年的 46 年，甘肃省年平均气温总体以 0.23℃/（10a）的线性趋势增高，河西和河东分别为 0.32℃/（10a）和 0.20℃/（10a），平均气温比全国的 0.11℃/（10a）高 2 倍。1987～2005 年与 1960～1986 年相比，年平均气温升高了 0.7℃，河西和河东分别升高 0.9℃和 0.6℃，河西气候变暖的幅度最大，尤其是 1997～2005 年连续 9 年全省区域年平均气温偏高 0.6～1.2℃，河西和河东分别偏高 0.7～1.5℃和 0.7～1.3℃。

同期，降水量以 5.4mm/（10a）的线性趋势降低。其中，河西呈现微弱的增多趋势，线性趋势变化率为 2.7mm/(10a)，河东年降水量呈减少趋势，线性趋势变化率为–11.1mm/（10a）。1987～2005 年与 1960～1986 年相比，甘肃省年平均降水量减少 17.6mm，河西平均增多 5.5mm，河东平均减少 30.1mm，全省总体呈暖干化趋势，其中河西呈微弱的暖湿趋势（图 1，图 2，图 3[19]，图 4[19]）。

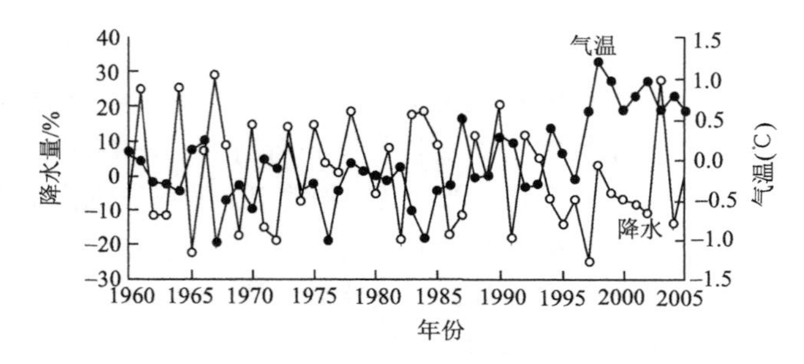

图 1　1960～2005 年甘肃省年平均气温距平和年降水量距平变化

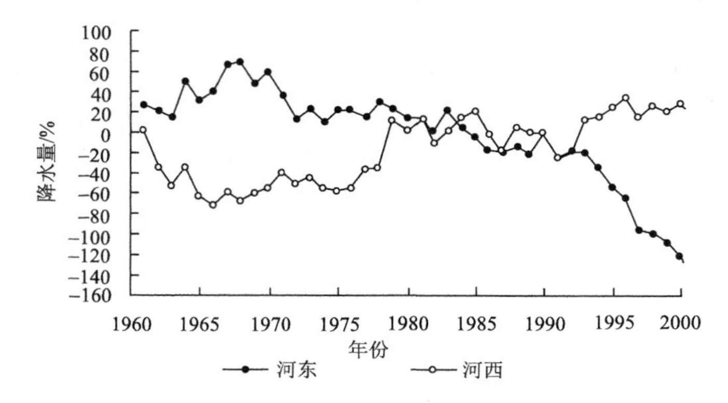

图 2　甘肃省降水距平百分率累积曲线

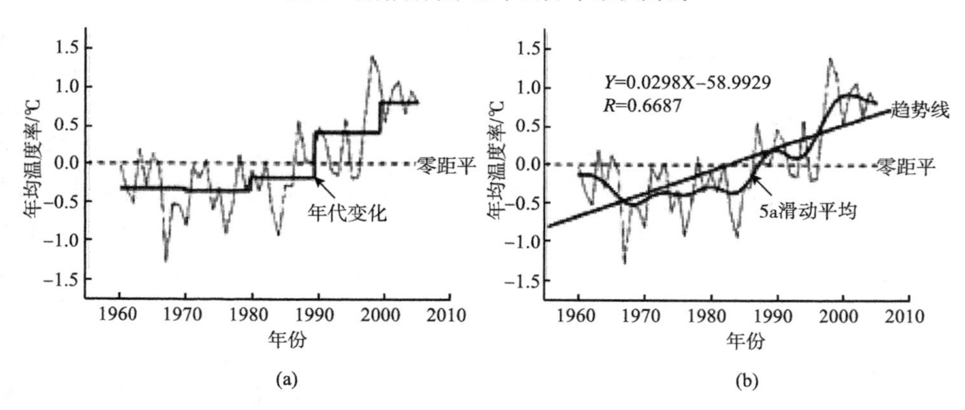

图 3　祁连山及河西走廊气温的年代（a）及年际（b）变化趋势

甘肃省年降水量增多区与减少区的分界线（差值的 0mm 等值线与黄河走向基本平行），近 50 年来，河西除 20 世纪 80 年代比 70 年代减少 10mm 外，其余均是增加的，90 年代比 60 年代增加 29 mm；河东呈持续减少趋势，90 年代比 60 年代减少 97 mm [4, 19～21]。

气温升高、降水减少表明，甘肃省从 20 世纪 90 年代开始进入一个新的百年尺度干湿波动的干旱期，干旱期平均长度为 50～65 年，即从现在到 2030 年前后为干旱期，干旱频率较高。据中国气象局兰州区域气候中心预估，未来 50 年西北平均气温可能上升 1.9～2.3 ℃，由此可能导致冰川面积比目前减少 27%，冻土面积减少 10%～15%，其中，

面积 $2km^2$ 左右的小冰川将基本或完全消失。冰川和冻土的变化与其他因素综合作用，未来西北地区的水资源可能会更加匮乏。

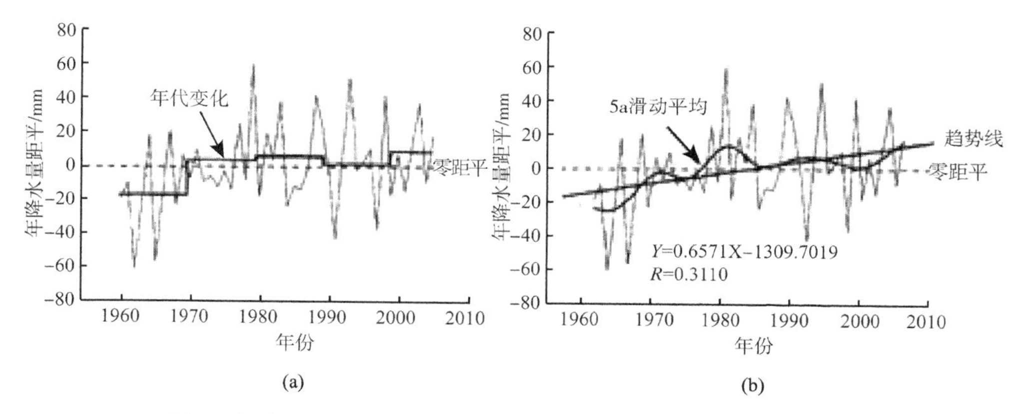

图 4　祁连山及河西走廊降水量的年代（a）及年际（b）变化趋势

甘肃省是一个水资源极度匮乏的省份，人均水资源量为全国平均水资源量 $2275m^3$ 的 52%。其中，河西走廊的石羊河流域为 $761m^3$，中东部黄土高原地区为 $300m^3$，成为水资源极度缺乏及严重干旱的地区。干旱使孕育了中华民族 5000 年灿烂历史的黄河流域诸水系，自 20 世纪 60 年代后径流量一直减小。黄河玛曲段 80 年代平均年径流为 168 亿 m^3，90 年代仅为 127 亿 m^3，而 2002 更是达到历史最低点 72 亿 m^2。1990～2004 年黄河上游径流量连续 15 年为偏枯年，1997 年黄河下游出现了有记录以来最为严重的断流，且断流时间越来越长，1991 年只断流 13 天，1992 年、1993 年、1994 年、1995 年和 1996 年的断流时间分别为 83 天、64 天、71 天、122 天和 136 天，1997 年断流 226 天，断流长度 704km。60 年代泾河年平均径流量为 11.7 亿 m^3，90 年代为 5.9 亿 m^3，比 60 年代减少 49.4%。90 年代洮河径流量比 60 年代减少 14.7%，大夏河径流量减少 31.6%。近 40 多年来，甘肃省除黑河和疏勒河外，大部分河流径流量呈减少的趋势，其中尤以甘肃省东南部的嘉陵江水系和泾河、渭河水系减少最为明显。由于 90 年代干旱趋于严重，更加剧了甘肃省水资源的紧缺[22]。

由于干旱，河西走廊内陆河流的地表水资源开发利用率已高达 95%以上，其中石羊河流域为 154%，黑河和疏勒河分别为 96%和 76%。由于忽视生态用水，导致生产生态争水矛盾恶化，生态缺水导致石羊河下游民勤县境内最大的湖泊——青土湖，由百年前 $120km^2$ “水草丰茂，可牧可渔 ”的水域面积，到 20 世纪 50 年代完全干涸且被流沙全部覆盖，若不从根本上治理，不到 20 年时间就会成为第二个罗布泊[15]。值得庆幸的是，进入 21 世纪以来，对民勤的治理已使青土湖的水域面积得到了部分恢复。干旱导致大量开采地下水，使得形成于 12 000 年前、保持上万年不干涸的月牙泉的水域面积和最大水深由 1960 年的 $1.49hm^2$ 和 7.5m，减少到目前的 $0.6hm^2$ 和 1m 左右，成为河西走廊大环境内生态恶化的缩影和预警器。

厄尔尼诺·南方涛动（ENSO）循环，即厄尔尼诺（E1 Nino）和与之相伴而生的南方涛动现象，亦即 El Nino 和拉尼娜（La Nina）气候变化现象的交替出现，加剧了赤道东太平洋暖水—冷水—暖水的循环，使海水异常增温和异常降温，增强了海洋与大气的相互作用，其强度和持续时间对全球大气环流的演变有着极其深远的影响，说明降水量与旱涝变化发生着显著的关系[23~26]。研究表明，ENSO 一般具有 2～7 年的准周期，其与旱涝的相关关系有较大的滞后性，在事件结束的次年和次次年统计关系最好。E1Nino 事件与春末夏初干旱呈正相关，La Nina 事件与春末夏初干旱呈负相关，这种影响有一定的后延性，经分析，在事件发生的当年其相关性不显著，在次年较为显著，在次次年尤为显著。

近 500 年来，黄河中游（北纬 35°～40°）出现特大涝 30 次，其中 18 次是由厄尔尼诺形成的，12 次是由拉尼娜形成的；发生大旱 65 次，除 6 次不能确定外，其余 59 年中的 34 次是由厄尔尼诺形成的，25 次是由拉尼娜形成的。500 年中，全国大旱、大涝出现 134 年，其中除 6 年因资料不全不能确定外，128 年中的 124 年发生在厄尔尼诺年和拉尼娜年，相关率为 97%[26]。研究表明，河西走廊 20 世纪后 50 年共发生 E1 Nino 事件 14 次，发生 La Nina 事件 9 次。在 14 次 E1 Nino 事件结束次年发生春末夏初干旱 9 次，其中重大干旱年 8 次；在次次年发生干旱的概率更高，达 11 次，尤其重大干旱年份占到 9 次。在 9 次 La Nina 事件结束次年发生春末夏初干旱 4 次，其中重大于旱年仅 2 次；在次次年发生春末夏初干旱概率更低，仅发生 3 次大旱。3 次大旱年中有两次转化为 E1 Nino 事件结束次年，一次为 El Nino 事件年[24]。ENSO 循环在近 500 年发生了 128 次，发生频率为 25.6%，在近 50 年发生了 23 次，发生频率达 46%。ENSO 循环发生频率的增加预示着旱涝频率的频发，因此也使干旱的加重趋势不可逆转。

“小冰期”的持续发展也使干旱加重的趋势更加明显。中国历史文献记载的持续时间在 3 年以上，覆盖 4 个省份以上的重大干旱事件，近 1000 年来有 14 例，其中出现于宋、元、明、清等不同朝代和不同冷暖气候背景下的代表性的事例分别是 989～991 年（北宋）、1209～1211 年（南宋）、1370～1372 年（明）、1483～1485 年（明）、1585～1590（明）、1637～1643 年（明）、1784～1787 年（清）和 1875～1877 年（清）。其中，1585～1590 年（明万历十四至十八年）持续 6 年大范围干旱，出现在小冰期最寒冷阶段到来之前的相对温和时段；1637～1643 年（明崇祯十至十六年）南北方连续 7 年大范围干旱，出现在小冰期寒冷的气候背景下；1784～1787 年的大范围持续干旱事件则出现在小冰期中的相对温暖阶段；1876～1878 年（清光绪二至四年）持续 3 年大范围干旱，出现在全球大范围气候转暖的背景下。

有研究表明，中国现在正处于第四纪冰期中第四次小冰期后的间冰期，并向严寒、冰冻的小冰期发展，呈现出冬季更寒冷、春夏更炎热的特点。据推算，西北地区冰川面积自“小冰期”以来减少了 24.7%。其中，20 世纪 60 年代以来，西北地区冰川面积减少了 1400km^2。在过去 40 年，祁连山冰川大幅缩减，融水比 20 世纪 70 年代约减少了 10 亿 m^3。据中国科学院寒区旱区环境与工程研究所估算，1956～2011 年，河西内陆河流域冰川面积和冰储量分别减少 12.6%和 11.5%，冰川厚度减薄 5～20m，雪线（平衡线）上升幅度达 100～140m。20 世纪 80 年代中期以来，冰川萎缩程度是 1956 年以来最剧烈的时段，冰川积雪的“固体水库”作用削弱，使得依靠祁连山雪水灌溉的河西绿洲逐渐成为一条极度干渴的走廊。近 40 多年来，甘肃省除黑河和疏勒河外，大部分河流径流量呈减少趋势，其中尤以甘肃省东南部的嘉陵江水系和泾河、渭河水系减少得最为明显。水资源的减少直接导致 90 年代以来干旱趋于加重，并以不可逆转的趋势发展[27]。因此，小冰期的持续发展，也使干旱加重的趋势不断发展。

1.3　干旱发生频率高，危害范围广

据不完全统计，从公元前 206 年到 1949 年的 2155 年间，中国发生过的较大旱灾有 1056 次，平均每 2 年就发生 1 次大旱[28]。甘肃省河东地区，即祁连山及青藏高原东侧，陇东西侧，由北向南伸展的区域，由于降水少、变率大，对干旱特别敏感，是中国半干旱雨养农业区生态最脆弱的地带，也是最干旱的区域[1]，干旱中心在陇中北部[27]。河西地区也从 20 世纪 90 年代中后期开始变暖，干旱逐年加剧[29]。甘肃省旱灾类型多样且呈现连年发生、发生频率不断增强的变化趋势[1, 3, 4]。每年都会发生不同程度的春旱、夏旱、秋旱、冬旱和季节连旱[1]。，对 1950～2005 年甘肃省旱情统计资料分析表明，20 世纪 90 年代以来，春旱、春末初夏旱发生频率较 80 年代呈上升趋势；伏旱和秋旱发生频率明显增多，较 80 年代增多 10%～30%。50 年中，春旱出现 7 次，春末初夏旱 4 次，伏旱 5 次，秋旱 8 次。春旱、春末初夏旱、伏旱和秋旱的发生频率都比较高，无旱仅有 11 年，占 22.5%：1 个旱段的有 12 年，占 24.5%；2 个旱段的有 16 年，占 32.6%；3 个旱段的有 9 年，占 18.4%；4 个旱段的有 1 年，占 2%；2 个以上旱段的年份超过 50%[1]。近 50 年的资料也表明，20 世纪 90 年代的干旱发生最为频繁，干旱灾情最为严重。1995 年是干旱最严重的一年，成灾率达 45%，成灾面积为 50 年来最大。其次是 2000 年成灾率为 35%。进入 21 世纪后，自 2002 年起，干旱则连年发生。特别是前 10 年的后 4 年，干旱加重的趋势更加剧烈，季节连旱、旱冻叠加。2007 年较为严重的春旱连初夏旱使甘肃东部降水量为 1951 年以来同期最低值，60 年罕见；2008 年旱冻叠加；2009 年冬麦区干旱 60 年一遇。伏秋旱连春末初夏旱是造成夏粮严重减产的旱灾类型[4]。

对 1950～2010 年 60 年旱情分析表明，甘肃省旱灾发生率为 65%，其中重旱发生率为 44%，特大旱灾发生率为 21%（表 2）。60 年间仅成灾面积超过 100 万 hm^2 的重旱就发生了 18 次，仅 20 世纪 90 年代以来就出现了 10 次，分别是 1991 年、1992 年、1994 年、1995 年、1997 年、2000 年、2001 年、2007 年、2009 年和 2010 年。旱灾频发与同期气温升高和降水减少密切相关[1, 8, 11～14, 27]。

表 2　甘肃省不同年代干旱发生频率（%）

时间	春旱	春末夏初旱	伏旱	秋旱	重灾
20 世纪 50 年代	20	50	40	40	40
20 世纪 60 年代	30	50	50	0	40
20 世纪 70 年代	40	40	60	30	70
20 世纪 80 年代	10	30	60	30	50
20 世纪 90 年代	30	40	70	50	80
21 世纪初	60	40	40	40	40

干旱影响范围广，旱灾面积和成灾率呈明显上升趋势[3, 4]。甘肃省旱灾通常波及全省大部分县市，常与蒙古干旱区、中亚干旱区及华北、黄淮及全国性干旱连在一起[30]（表3，图 6，图 7），并以河东部地区最为严重，占甘肃省受旱面积的 79%，长江流域次之，占 12%，内陆河流域第三，占 9%。根据 1950～2000 年甘肃旱灾受灾和成灾面积统计资料，甘肃省多年平均干旱受灾面积约为 63.1 万 hm^2，约占播种总面积的 18%，其中多年平均干旱成灾面积约为 50.5 万 hm^2，约占播种总面积的 14%[4]。受旱面积和成灾面积占播种总面积的比率都高于全国 14.9%和 6.3%的平均水平，受旱面积率西北地区最大达76.3%。干旱不但使作物减产、绝收，群众断粮，还导致人畜饮水恐慌[4]。20 世纪 50 年代～21 世纪前 10 年，各年年甘肃省平均受旱面积依次为 25.8 万 hm^2、56.5 万 hm^2、59.3 万 hm^2、63.8 万 hm^2、99.8 万 hm^2、120.46 万 hm^2，受旱率增加了 1.25 倍，成灾率增加了 1.6 倍。年均受旱面积、成灾面积、成灾率分别为 70.94 万 hm^2、52.84hm^3 和 28.45%，旱灾造成粮食年均减产 41.64 万 t，减产率达 31.6%（表 4）。

表 3　1950～2010 年甘肃省重大旱灾及其影响范围

时间	旱情	干旱类型	影响范围	同期全国情况
1960～1962 年	持续时间长，是 1929 年以来所没有的。受灾面积 155 万 hm^2，其中旱灾 114 万 hm^2，占 73.6%，失种 41.6 万 hm^2。减产 56.9 万 t	春夏、伏秋连旱，初夏旱	67 个县受灾，29 个县重旱，11 个县轻旱	1959～1961 年 3 年连旱
1971～1973 年	受灾面积 127 万 hm^2，其中旱灾 107 万 hm^2，占 84.4%。平均每年减产 70 万 t。495 万人口粮不足 150kg	伏秋连旱	全省 39 个县受灾	1971～1981 年全国性干旱
1981～1982 年	1981 年受灾面积 118 万 hm^2，减产 124 万 t；1982 年受灾面积 130 万 hm^2，减产 131 万 t；成灾人口 552 万人，特重灾 114 万人，880 万人缺粮	春末夏初旱	中东部 28 个县受灾	1981～1986 全国性干旱
1987 年	受灾面积 115 万 hm^2，减产 110 万 t。旱期 200 天，陇东 50 年来第二次大旱	夏秋连旱，伏秋连旱	59 个县受灾，16 年重灾	1981～1986 全国性干旱
1995 年	受灾面积 209 万 hm^2，成灾 171 万 hm^2，绝收 33 万 hm^2，减产 150 万 t。330 万人、350 万头牲畜饮水困难	秋冬春夏连旱	73 个县严重受旱	全国干旱
1997 年	受灾面积 157 万 hm^2，减产 80 万 t。河东 90 万人、80 万头牲畜饮水困难	春旱、夏秋连旱	河东地区普遍受旱	全国干旱
2000 年	受灾面积 162 万 hm^2，减产 135 万 t。85.3 万人、63 万头牲畜饮水困难。旱情为有气象记载以来所罕见	春末夏初旱，伏旱	河东地区普遍受旱	全国干旱
2007 年	受灾面积 133.33 万 hm^2，成灾 66.67 万 hm^2，减产 22.4 万 t	冬春、春末夏初旱	河东地区普遍受旱	全国干旱
2008 年	受灾面积 65.6 万 hm^2，成灾 20.2 万 hm^2，由于受地震和干旱等灾害的综合影响， 51.6 万人、44.7 万头大牲畜饮水困难	春夏、伏旱	河东、河西普遍受旱	西南、西北大旱
2009 年	受灾面积达 133 万 hm^2，成灾 40 万 hm^2。因旱导致 35 万人、37 万头牲畜饮水困难	秋冬、冬春、春末初夏旱，旱冻叠加	河东地区普遍受旱	全国干旱、华北、东北重旱，西南大旱
2010 年	受灾面积达 106.51 万 hm^2，成灾 38.17hm^2， 60 万人、62 万头大牲畜出现较为严重的饮水困难	秋、冬、春连旱	河东地区普遍受旱	西南大旱
2011 年	受灾面积 86.27 万 hm^2，成灾 20.73 万 hm^2	秋、冬、春夏旱		全国干旱

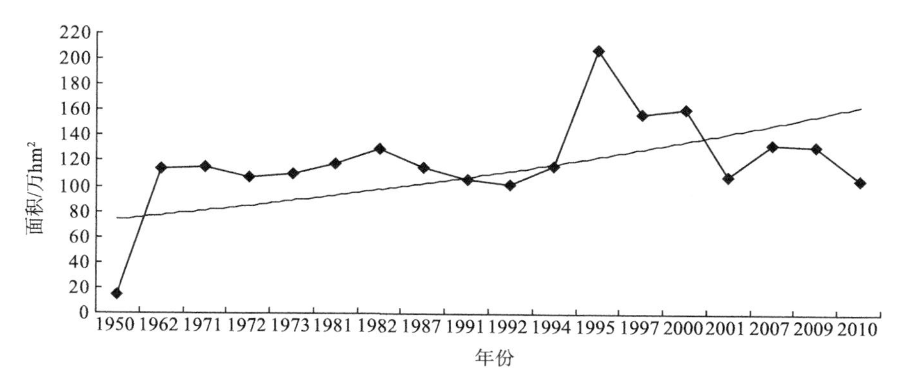

图 6　1950～2010 年甘肃省旱灾面积变化

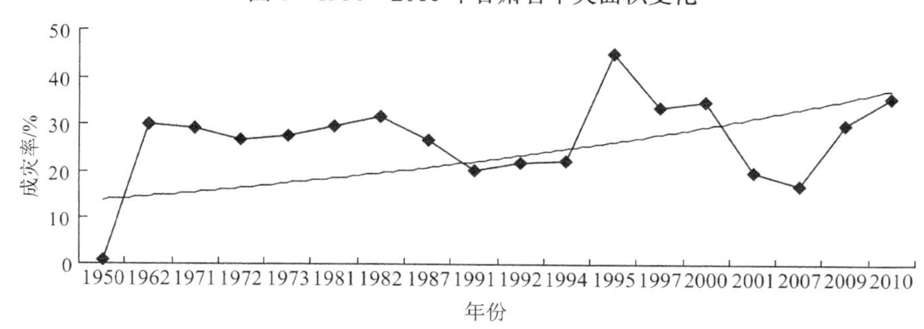

图 7　1950～2010 年甘肃省成灾率变化

表 4　1950～2010 年甘肃省大旱年受灾情况及旱灾类型

年份	受灾面积/万 hm²	成灾面积/万 hm²	成灾率/%	减产粮食/万 t	灾害类型
1962	114.1	101.5	30.0	56.86	春季初夏旱
1971	115.4	103.2	29.2	71.97	冬春连旱，伏秋连旱
1972	107.1	95.4	26.8	68.14	伏秋连旱
1973	110.0	97.9	27.8	70.52	春夏旱，伏秋连旱
1981	117.5	101.0	29.7	124.12	春旱，伏秋连旱
1982	130.3	108.9	31.9	131.45	夏旱严重
1987	115.1	95.7	26.7	110.12	冬春旱，伏秋连旱
1991	106.1	73.3	20.4	65.0	夏秋连旱
1992	102.4	80.6	22.0	40.0	春旱
1994	116.6	83.1	22.4	52.0	春旱，伏秋连旱
1995	208.7	170.8	45.3	150.0	秋冬春夏连旱
1997	157.4	127.0	33.8	80.0	春旱，夏秋连旱
2000	162.2	130.4	34.9	135.0	春末夏初旱，伏旱
2001	108.98	83.31	20	46.78	春、秋、冬、夏均旱
2007	133.33	66.67	16.87	22.4	冬春、春末夏初旱
2009	133.00	40.00	30.08	20.4	秋冬、春末初夏旱，旱冻叠加
2010	106.51	38.17	35.84	19.43	秋、冬、春连旱

1.4 呈多季连旱、旱冻叠加变化趋势

特大干旱都是发生在降水年代际变化的少雨时期和年际变化的少雨时期同时出现的阶段[30]。甘肃省旱灾往往是多个时段连续发生，持续时间长，旱情重，呈现多季连旱、多样化类型的变化趋势[1, 19, 31, 32]。20 世纪 50～60 年代旱灾很少，80 年代较多，90 年代很多。进入 90 年代以来，由于降水量持续减少，气温持续偏高，导致干旱频繁发生，干旱灾害的频率呈上升趋势[1]。其中，20 世纪 60 年代，以冬春旱和春末夏初旱为主要类型；70 年代则以冬春连旱和伏秋连旱为主；80 年代除冬春旱和伏秋连旱外，还表现为春末夏初旱；90 年代在冬春旱和伏秋连旱的基础上，在 1995 年还呈现出秋冬春夏连旱的极端干旱气候现象；2000～2010 年的干旱多样化发生的趋势更加明显，冬旱、春夏旱、四季连旱多发。2001 年发生了春、夏、秋、冬均旱的重大旱灾，为历史罕见，2002 年以来，干旱连年发生，2007～2010 年持续干旱，呈现季节连旱、年际连旱、旱冻叠加的变化趋势。

分析表明，甘肃省旱灾发生频率已由近 500 年来的志书记载中平均 3.4 年出现一次旱灾、9 年出现一次大旱的“三年一小旱、十年一大旱”，发展为近 50 年来的平均 1.7 年出现 1 次旱灾、3.5 年出现 1 次大旱的变化趋势。旱灾的形势也由过去的十年九旱变成了近年的“大旱三、六、九，小旱年年有”。

旱灾的逐步多样化不仅增加了农业生产的干旱风险，而且日益提高了对抗旱减灾技术的要求。

2 旱灾对农业生产的影响

根据政府间气候变化专门委员会（IPCC）预测结果，未来西北地区气候变暖趋势会更加明显，到 2030 年，平均气温将升高 0.8～2.1℃，到 2050 年，增温幅度将达到 1.93～2.77℃[27]，干旱的趋势将更加严峻。气候暖干化使冰川退缩，雪线上升，冻土消融，湿地退化，湖泊萎缩，土壤沙化，河流流量减少，水资源越来越短缺，对农业生产最直接的影响是生境恶化，旱灾频发、趋势加重，粮食安全受到严重威胁。

2.1 生态环境恶化导致农业生境恶化

干旱使黄河源区具有“黄河之肾”美誉的黄河玛曲段水源涵养能力和河流补给量严重下降；使祁连山冰川大幅缩减，雪线（平衡线）上升，冰川积雪的“固体水库”作用削弱。其直接导致黄河诸水系来水量和河西平原绿洲灌区水源补给量锐减，更加加重了水资源紧缺的危机。

干旱使冻土退化，土地沙漠化，生态恶化，侵蚀耕地、吞噬绿洲，使可耕地面积减少。气候变暖加快了多年冻土层融化及土壤有机碳矿化速率，引起了一系列土壤物理、化学和生物反应的变化；导致微生物对土壤有机质的分解加快，从而加速了土壤养分的变化，可能造成土壤肥力下降；也使得土壤水分蒸发加剧，带动了土壤盐分向上移动，引起土壤盐分增加，导致土壤盐渍化，进一步恶化了农业土壤环境。干旱使土壤潜在蒸

散力持续增强，土壤水分亏缺值增多，作物生长水生环境恶化。研究表明，自 20 世纪 90 年代以来，甘肃省土壤潜在蒸散值呈现随降水量减少而持续增多的变化趋势，潜在蒸散值最达到了降水量的 3.2～4.0 倍 [33～35]。特别是自 20 世纪 90 年代以来，由于冬季气温增高，更加剧了土壤蒸散，土壤水分亏缺更为严重，使冬春、春末夏初成为土壤的严重失墒期 [36]，使夏季土壤水分亏缺量增加了 18%～46%，冬季增加了 9%～43%，成为土壤水分亏缺的严重时段 [33, 34, 36]。

土壤墒情的散失导致主要作物生长需水关键期都处于土壤水分的低值区。研究表明，自 20 世纪 50 年代以来，甘肃省中东部旱作区 0～200cm 土壤总储水量持续减少，适宜农作物生长的时段减少了 2～3 个月，水分亏缺不断从浅层向深层扩展，时段上也有所延长[35, 37]。90 年代与 80 年代相比，秋季土壤总储水量减少了 40～90mm，夏季减少了 8～36mm。由此导致，夏季作物生长需水关键期土壤水分亏缺 50～100mm，秋季亏缺 20～40mm。土壤储水量减少也使土壤干旱趋于加重，存在 2～4 年和 7～9 年的年际振荡，干旱程度在 7～9 月最重[27]。旱灾导致土壤储供水能力下降，其对农作物生产极为不利。

旱作农田储水量的多少对作物生产至关重要。研究表明，3～10 月甘肃省年平均降水量与干旱受灾面积和粮食减产量呈显著负相关，全省平均气温与干旱受灾面积和粮食减产量均呈显著正相关，气候暖干化趋势对农业产生的负面影响是导致干旱受灾面积扩大、粮食减产量增加的主要原因。

干旱导致土壤肥力下降、御灾能力减弱。干旱加剧水土和土壤养分流失，加上农业技术进步，作物单产提高带走的土壤养分，使得甘肃省耕地质量处于下滑状态[38]。对长期定位监测数据进行分析，1997～2005 年，甘肃省主要土壤养分绝对含量整体都偏低（表 5），除速效磷含量降幅比较大、速效钾含量相对稳定外，有机质、全氮和速效氮含量都表现为先增后减的变化趋势。

表 5　1997～2005 年甘肃省主要土壤养分平均含量

土壤类型	有机质/%	全氮/%	碱解氮/（g/kg）	速效磷/（g/kg）	速效钾/（g/kg）
黑垆土	1.47	0.104	84.71	24.3	132.84
黄绵土	1.15	0.072	67.97	14.76	117.19
灌漠土	1.25	0.124	74.64	22.6	174.43

耕地质量退化，有机肥量少质差、化肥结构不合理、有机无机肥比例失调、单一种植结构、高产出和施肥量不足，土壤水热条件变化大；土壤养分流失损失大，是形成的旱、薄环境的主要原因[11]。

2.2　气候生产力下降，作物产量走低

研究表明，随着干旱的加重，甘肃省气候生产力总体呈下降趋势[37, 39]。据研究数据，1961～2000 年的平均气候生产力为 7762.1kg /（hm^2·a），但呈现以 10.45kg /（hm^2·a）的递减趋势。与土壤干旱演变的 2～4 年周期相对应，气候生产力年际变化也具有 3 年

左右的振荡，在空间上呈现由东南向西北减少的趋势，其中北部是气候生产力变化的敏感区。40 年间，甘肃省暖干型和冷干型气候变化明显，对作物生长非常不利，减产 4.3%～27.1%[37, 39]。

干旱使区域气候生产力下降，直接导致作物产量降低。研究表明，伏秋春夏连旱是对作物危害最严重的干旱。伏秋是甘肃省的雨季，也是土壤蓄墒期，伏秋降水的多寡是作物产量形成的物质基础[38, 40]。伏秋春夏连旱通过影响作物的播种质量、出苗、营养生长、灌浆及养分运移，最终影响产量的形成。其中，春末春夏旱是制约小麦产量形成的关键因子，伏秋旱是制约玉米产量形成的关键因子，伏旱是制约马铃薯产量形成的关键因子。若在这些作物生长关键时段发生严重旱灾，可使小麦产量水平降低 80%，玉米产量降低 50%，马铃薯产量降低 45%[38]。相关研究也表明，伏秋春旱的年份比正常年份小麦的水分生产力要下降 30%～45%[1]。旱作区小麦生长需水关键期拔节至孕穗期土壤储水量每增加 10mm，可使产量平均增产 165～180kg / hm^2[41]。研究表明，21 世纪春末夏初旱较重的年份，甘肃中东部旱作区作物播前土壤含水量仅为 8%～10%，接近或略高于凋萎系数，常使夏粮减产 10%～30%。

2.3　影响作物种植格局和种植结构

干旱、气候暖干化改变了作物生育进程，使春播作物播种期提早；使喜热、喜温作物的生长发育速度加快，营养生长阶段提前，全生育期延长；使越冬作物播种期推迟，春初提前返青，全生育期缩短。因此，促使作物适生区域和种植面积发生重大改变，喜温作物、越冬作物种植高度提高，向更高纬度扩展，种植面积迅速扩大。其综合效应也会使作物品种的熟性由早熟向中晚熟发展、由多熟制向北推移和复种指数提高。但由此引起了土壤干旱化和农作物某些病虫害增加，其对大多数农作物生长发育却并不太有利。研究表明，20 世纪 90 年代与 80 年代相比，冬小麦种植向北扩展了 50～100km，宜种海拔由 1800～1900m 提高到 2000～2100m，种植面积扩大了 10%～20%。马铃薯适宜种植区上限海拔平均提高了 100～200m，种植面积迅速扩大。冬油菜种植带向北扩展了约 100km，种植区海拔提高了 100～200m，种植面积约扩大了 1 倍。胡麻的适宜种植上限高度提高了 100～200m，种植面积也明显扩大。只有春小麦种植面积明显减少，缩减了 10%～20%，同时，多熟制种植带向北推移，种植高度增加了 200～300m；复种指数也明显提高，复种面积扩大了 4～5 倍。总体上，农作物品种熟性正在由早熟型向偏晚熟型发展[37～40, 42]。

总体上，干旱对农业生产的影响是弊多利少。干旱和瘠薄在很大程度上制约着农业生产的可持续发展，抗旱减灾的形势将越来越严峻。

3　防旱抗旱与减灾战略

3.1　建立甘肃气象灾害预警与应急响应体系

气候变化引起极端天气、气候事件的增加，对气象防灾减灾及相应的应急体系提出了挑战和新的需求，需要建立甘肃气象灾害预警与应急响应体系，一方面加强对气象灾害的监测，不断提高灾害性天气的预报水平；另一方面建立气象灾害警报分发系统和气象灾害应急系统，提高气象灾害响应处理能力。

3.1.1　加强干旱灾害和生态环境动态监测预测

强化干旱灾害的监测预测和研究；建立干旱灾害监测预警基地，研究农业、森林、草原、土地资源和水资源等生态环境科学评估方法、技术和干旱防御对策；建立一套具有较好的物理基础、较强的监测和预测能力、有效的服务功能的干旱灾害综合业务服务系统，并能及时就干旱灾害，对区域内农业生产和水资源影响提供科学的技术评估和对策，为决策部门和社会用户提供优质服务。

3.1.2　加强生态环境动态监测与评估

建立地面监测和卫星遥感监测相结合的生态环境立体监测系统，为生态环境保护和建设提供连续、立体、动态的监测信息，结合干旱灾害监测预测综合业务服务系统，定期和不定期发布干旱生态环境监测预警公报，为决策部门合理开发、建设规划提供宏观决策的科学依据。

3.2　加强生态和环境建设，继续加大实施生态保护工程

巩固和发展西部大开发和“西北山川秀美”科技行动所取得的生态和环境建设成果，继续实施休养生息等生态保护工程，实施预防为主、源头控制的策略，重点强化黄河和祁连山水源涵养区、黄土高原水土流失区、退化退耕还林还草植被建设、人工环境治理、防沙治沙、湿地保护、水土流失的科技攻关研究，有效遏制生态退化趋势。

针对黄河首曲（玛曲）存在的植被破坏、草场退化与沙化、土地荒漠化、水土流失、湿地萎缩、水源涵养功能下降、生物多样性锐减等关键的生态环境问题，重点开展受损植被恢复与水源涵养林建设、草地退化防治与草地生态环境治理、土地荒漠化防治、流域水土流失治理、湿地保护与重建、高山水源涵养功能区植被保护与重建和适度规模畜牧生产关键技术研究。

对于祁连山及河西绿洲灌区，以“南护水源，北治风沙，中保农田”为治理战略，重点加强沙漠化和风沙综合防治，恢复紧邻绿洲边缘的荒漠植被，建设山区水库，改造平原水库，改善下游生态环境，采取关井压田，推广半旱地农业技术、垄作沟灌技术、节水灌溉技术、保护性耕作技术，改善绿洲生态。实行生态分区治理，将绿洲划分为水源区、绿洲区、荒漠-绿洲交错区和荒漠区，水源区建立以保护水源为主要目的自然保护区，严禁挖土采矿，科学化管理牧场，使草场牲畜承载量趋于合理；绿洲区建立“混农林业”模式或“种、养、加、能源一体化”模式，将种植业、养殖业、加工业及沼气能源结合起来，提高生态经济效益。在绿洲-荒漠交错带，采用以工程措施和生物措施相结合的“工程-生物”模式，进行锁边治理，固定沙丘、控制流沙、建立沙障，防止沙漠入侵。在荒漠区，重点采取“封育”模式进行治理。

黄土高原区以水土流失综合治理、生态环境建设为重点，强化小流域综合治理、生

态退化区植被修复与创建、坡耕地水土流失防治、中低产田改造及地力提升和雨水高效利用技术研究，继续深化推进退耕还林草、三北防护林建设、沼气太阳能清洁能源建设工程，持续改善生态环境。

3.3 集雨治旱，提高水资源利用效率

自农耕文化产生以来，我国人民经过对抗旱减灾的研究与实践，形成了种植耐旱作物、以肥调水、纳蓄保用、精耕细作改变微地形集雨蓄墒、耕耙耱压保墒防旱、就地拦蓄雨水和人工集存雨水异地时空调控等工程措施，积累了丰富的经验，是当今抗旱减灾技术研究与创新的重要基础[43, 44]。

3.3.1 发展集水高效农业，以雨水治旱

在半干旱、半湿润易旱区年降水量为 250～550mm 的地域推广集水高效农业技术的有效性最为显著。该技术主要包括以雨水→土壤水库→植物自然利用为核心的雨水就地入渗利用技术、以微工程雨水叠加富集→土壤水库储存→植物高效利用为核心的雨水富集叠加利用技术和人工集雨→设施存储→时空调控异地利用技术三大模式。发展集水高效农业,以雨水治旱。多年的实践表明,集水高效农业技术可使半干旱区常见的 5～10mm 降水利用率提高 9.7%～68.5%，水分利用效率平均提高 1.05～4.5kg/（mm · hm^2），平均增产 31.55%～72.0%。特别是发展集雨补灌，在试验研究条件下，主要作物的水分利用效率已达到 15～30kg/（mm · hm^2），中尺度推广后水分利用效率也达到了 12.75 kg/（mm · hm^2），已接近国际上 22.3kg/（mm · hm^2）的水平，并获得了 10.5%～120.6%的增产率[44]。

3.3.2 强化推广农艺节水技术，富集叠加利用雨水

在强化关键技术环节、提升研究的基础上，强化以旱地全膜双垄集雨沟播技术[45]和全膜覆土穴播技术[46]为核心的农艺节水的推广力度，富集叠加利用雨水，提高农业雨水效率。研究表明，玉米应用全膜双垄集雨沟播种植后，0～20cm 土壤含水量提高了 3.9～6.2 个百分点，1 m 土壤储水量增加了 33.9～51.3mm，有效解决了玉米 4～5 月因春旱无法播种、出苗的瓶颈，使平均降水利用率达到 70.1%，玉米水分利用效率平均达到 33.63kg/（mm · hm^2），增产 30%。小麦应用全膜覆土穴播技术栽培后，水分利用效率达到 12.59kg／（mm · hm^2），比裸地提高 19.90%，产量达到 3518.61kg／hm^2，比裸地提高 29.13%。

3.3.3 培土治瘠提升有机质，提高耕地质量

研究表明，化肥秋深施、有机无机配施、秸秆还田、豆科作物轮作等仍然是旱地农业培土治瘠的有效技术。在每年的 10 月上旬化肥结合土地最后一次翻，深施 8～16cm，可均匀耕层养分、促进根系下扎、根系发达利用深层土壤水分，起到以肥促根、以根提水、以水抗旱的作用，比传统施肥，氮肥利用率高 11.1 个百分点，氮素亏损减少 19.3 个百分点，增产 30.56%[37]。有机无机配施后，土壤养分全面增加。与无肥对照和单施化

肥处理相比，有机质增加了 0.44 个百分点和 0.36 个百分点，速效氮增加了 18.28mg/kg 和 10.52mg/kg，速效磷增加了 11.5mg/kg 和 4.7mg/kg，速效钾增加了 45 mg/kg 和 35mg/kg。研究也表明，有机质和磷的增加对提高地力和作物抗旱性具有重要作用[37,46]。秸秆堆腐秋施还田，每公顷施 7.5～10.5t，有机质比不施秸秆增加了 0.14～0.28 个百分点，平均增产 37.81%。有机质含量的增加奠定了肥力提升的基础[37]。豌扁豆等豆科作物的共生固氮作用和低耗水特性，使其对土壤氮素和水分消耗较少，能为后面种植的作物提供较多的土壤水分和养分，从而增加产量，豌扁豆茬口后茬小麦比小麦连作和其他茬口后茬小麦耗水量少 31.5～78.5 mm，增产 33～36%[37]。

3.4　趋利避害，优化农业结构

气候变暖，使冬小麦、冬油菜适种区向北移近 100km，玉米、马铃薯、胡麻适种海拔线提高了 100～200m，适种区北移使区域原来不能或不能完全成熟的作物充分成熟，为适雨、适温调整农业生产结构，趋利避害，高效利用自然资源，提高粮食产量成为可能。压缩高耗水、水分利用效率低的作物的种植面积，扩大与区域降水季节分布特点相吻合、低耗水、高水分利用效率的作物的种植面积，建立与水文资源特点相适应的作物种植结构，这是旱区农业生产的最佳选择。

压夏扩秋、春麦改冬麦等就是成功的例证。例如，甘肃省自 2010 年起，在推进粮食生产和农业结构调整方面，重点实施 66.67 万 hm^2（1000 万亩）全膜双垄沟播玉米工程、66.67 万 hm^2（1000 万亩）马铃薯脱毒种薯种植工程、66.67 万 hm^2（1000 万亩）高效节水农业工程、6.67 万 hm^2（100 万亩）优质林果工程，“4 个千万亩工程”显著地提高了农业的综合生产能力，保证了在大旱之年粮食生产持续丰收，奠定了新增 25 亿 kg 粮食的坚实基础。

利用当地特有的土壤、气候条件，发展特色农业，也是调整作物结构的主要途径。甘肃省从战略主导产业、区域优势产业、地方特色产品 3 个层次，推进体现发挥资源优势特色、区位特色、行业特色和品种特色的农业生产结构调整增效策略，规划做强马铃薯、制种业、中药材、草食畜牧业、啤酒大麦、果蔬六大主导产业。重点发展以定西为中心，辐射带动兰州、白银、天水、临夏北部、平凉的马铃薯种植业；以甘南、临夏、河西地区、陇东地区为重点的草食畜牧业；以河西地区为主的酿造葡萄、啤酒大麦、玉米、蔬菜种植业；以平凉、庆阳、天水为重点的优质林果业；以定西、陇南为重点的中药材种植业，实现了推动农业增效、农民增收的目的。

3.5　开发空中水资源

2001 年 6 月世界气象组织声明，对山区地形云增雨是最具前景的（增雨效果可达 10%以上），而且是经济可行的。研究表明，人工增雨（雪）是开发利用空中云水资源的主要途径，在一定条件下，对冷云催化可增加降水量 10%～25%，飞机人工增雨的投入和效益比在 1∶30 以上，开发空中水资源是缓解陆地水资源不足的重要途径。

祁连山、天山、昆仑山是中国西北的 3 个主要的水汽来源。祁连山区的空中水汽资源相对丰富，但仅有15%左右形成降水。根据初步增雨实验，祁连山区增雨（雪）大体可增加10%～15%的降水，每年约增加7亿m^3的降水量。相关试验表明，高寒阴湿的玛曲空中水资源非常丰富，也可以开展规模化的人工增雨作业。目前，开发空中水资源是增加地表降水投资少、见效快的最佳途径[4,27,47]。

3.6 实施外流域调水

目前，石羊河流域上下游之间、区域之间、行业之间用水矛盾突出，通过流域内协调解决民勤用水十分困难，在采取政府指令性措施的同时，应充分论证外流域调水解决石羊河流域的缺水问题。中国南水北调工程已经全面启动，随着南水北调工程的逐步实施，黄河流域的水量分配方案也应随之调整，在增加的黄河流域用水指标中，应充分考虑从黄河流域调水接济石羊河。

4 结 语

（1）甘肃省的干旱是气候千年冷暖演替中形成的固有特征，旱灾类型多，常年发生，频率高，危害大、范围广。20世纪80年代后期至90年代中期，甘肃省河东、河西地区气候相继发生突变，整体趋于暖干化，局部（河西）趋于微弱暖湿化，气候变化进入第四纪冰期中第四次小冰期后的间冰期，并向严寒、冰冻的小冰期发展，呈现出冬季更寒冷、春夏更炎热的特点。年均温上升，降水减少，ENSO循环多发，导致干旱加重趋势不可逆转，旱灾向季节连旱、年际连旱、旱冻叠加趋势发展，常与全国性干旱相连。伏秋旱连春末初夏旱是造成夏粮严重减产的旱灾类型，冬春夏旱是危害程度最大的旱灾。旱灾发生频率达65%以上，成灾率达28.45%，减产率达31.6%。是北纬35°～40°区域旱灾重灾区的重中之重区域。

（2）气候暖干化使冰川退缩，雪线上升，冻土消融，湿地退化，湖泊萎缩，土壤沙化，削弱了黄河源区具有“黄河之肾”美誉的黄河玛曲段水源涵养能力和祁连山冰川积雪的“固体水库”作用，直接导致黄河诸水系来水量和河西平原绿洲灌区水源补给量锐减，更加重了水资源紧缺的危机。气候变暖加快了冻土层融化，加速了土壤有机碳矿化和分解，造成土壤肥力下降，抵御灾害能力减弱。干旱导致土壤盐渍化、潜在蒸散力持续增强，土壤水分亏缺值增多，作物生长水生境恶化，耕地质量处于下滑状态。对农业生产最直接的影响是生境恶化，旱灾频发、趋势加重，粮食安全受到严重威胁。干旱缺水和土壤瘠薄成为抗旱减灾首要解决的技术难题。

（3）干旱、气候暖干化，改变了作物生育进程，使春播作物播种期提早；使喜热、喜温作物的生长发育速度加快，营养生长阶段提前，全生育期延长；使越冬作物播种期推迟，春初提前返青，全生育期缩短；促使作物适生区域和种植面积发生重大改变，喜温作物、越冬作物种植高度提高，向更高纬度扩展，种植面积迅速扩大。其综合效应也会使作物品种的熟性由早熟向中晚熟发展、多熟制向北推移和复种指数提高。干旱引起了土壤干旱化和农作物某些病虫害增加，对大多数农作物生长发育并不太有利。

（4）建立和完善气象灾害预警与应急响应体系；加强生态和环境建设，继续加大实施生态保护工程；集雨治旱，发展集水高效农业，提高水资源利用效率；强化推广农艺节水技术，富集叠加利用雨水；培土治瘠提升有机质，提高耕地质量；趋利避害，优化农业结构；开发空中水资源；实施外流域调水，是甘肃省防旱抗旱的重要策略。

参 考 文 献

[1] 尹宪志, 邓振镛, 徐启运, 等. 甘肃省近50年干旱灾情研究. 干旱区研究, 2005, 22(1): 120-124.

[2] 徐国昌. 中国干旱半干旱区气候变化. 北京: 气象出版社, 1997.

[3] 刘德祥, 董安祥, 邓振镛. 中国西北地区近43年降水资源变化对农业的影响. 干旱地区农业研究, 2005, 4(23): 179-184.

[4] 邓振镛, 张宇飞, 刘德祥, 等. 干旱气候变化对甘肃省干旱灾害的影响及防旱减灾技术的研究. 干旱地区农业研究, 2007, 25(4): 94-99.

[5] 刘引鸽. 西北干旱灾害及其气候趋势研究. 干草区资源与环境, 2003, 4(17): 113-115.

[6] 姚玉璧, 张存杰, 王毅荣. 全球气候变化下黄土高原气候系统变化特征及其生态环境效应. 地球科学进展, 2005, 20: 57-64.

[7] 左洪超, 吕世华, 胡隐樵. 中国近 50 年气温及降水量的变化趋势分析. 高原气象, 2004, 23(2): 238-244.

[8] 宋连春, 张存杰. 20世纪西北地区降水量变化特征. 冰川冻土, 2003, 25(2): 143-147.

[9] 罗哲贤, 刘德祥, 胡心玲. 甘肃省近五百年旱涝周期特征. 甘肃气象试刊, 1982, (01): 38-42.

[10] 李并成. 河西走廊历史时期气候干湿状况变迁考略. 西北师范大学学报(自然科学版), 1996, 32(4): 56-61.

[11] 汤长平. 古代甘肃旱灾成因及治防措施. 开发研究, 1999, (6): 61-63.

[12] 丁文广, 刘敏. 甘肃历史时期干旱、饥荒和虫害相关性研究及应对策略建议. 干旱区资源与环境, 2011, 3. 113-117.

[13] 吴永森, 孙武林. 陕、甘、宁、青干旱序列年表及其气候特征. 青海环境, 1997, 1: 1-5.

[14] 董安祥, 郝惠玲, 向军. 西北地区历史上几次严重的干旱灾害及分析//中国西北干旱气候变化与预测研究. 北京: 气象出版社, 2000: 93-96.

[15] 吴建民, 高焕文. 甘肃河西走廊水资源供需分析及耕作节水研究. 农业工程学报, 2006, 22(3): 36-39.

[16] 宋连春, 杨兴国, 韩永翔, 等. 甘肃气象灾害与气候变化问题的初步研究. 干旱气象, 2006, 24(2): 63-69.

[17] 孙兰东, 刘德祥. 西北地区热量资源对气候变化的响应特征. 干旱气象, 2008, 26(1): 8-12.

[18] 刘德祥, 白虎志, 宁惠芳, 等. 气候变暖对甘肃干旱气象灾害的影响. 冰川冻土, 2006, 28(5): 707-711.

[19] 贾文雄, 何元庆, 李宗省, 等. 祁连山及河西走廊气候变化的时空分布特征. 中国沙漠, 2008, 28(6): 1151-1155.

[20] 瞿汶, 刘德祥, 赵红岩, 等. 甘肃省近 43 年降水资源变化对农业的影响. 干旱区研究, 2007, 24(1): 56-60.

[21] 贾文雄, 何元庆, 李宗省, 等. 近50年来河西走廊平原区气候变化的区域特征及突变分析. 地理科学, 2008, 28(4): 525-530.

[22] 杨封科, 高世铭, 崔增团, 等, 甘肃省黄绵土耕地质量特征及其调控的关键技术. 西北农业学报, 2011, (03); 67-74.

[23] 侯迎, 王乃昂, 张学敏, 等. 基于树轮资料重建祁连山东段冷龙岭1848年以来的干湿变化. 山地

学报, 2011, 29(1): 12-18.
[24] 刘开福, 李伟栋, 杨晓玲. 近 50 年来 El Nino 和 La Nina 事件对河西走廊东部干旱气候的影响. 干旱地区农业研究, 2005, 23(4): 200-203.
[25] 蓝永超, 康尔泗, 张济世, 等. 近 50 年来 ENSO 与祁连山区气温降水和出山径流的对应关系. 水科学进展, 2002, 13(2): 141-145.
[26] 陈健, 胡世巧, 赵佩章, 等. 中国大旱大涝与厄尔尼诺和拉尼娜的关系. 河南师范大学学报(自然科学版), 1999, 27(4): 34-39.
[27] 张强, 张存杰, 白虎志, 等. 西北地区气候变化新动态及对干旱环境的影响. 干旱气象, 2010, 28(1): 1-7.
[28] 黄会平. 1949～2005 年全国干旱灾害若干统计特征. 气象科技, 2008, 36(5): 551-555.
[29] 贾文雄, 何元庆, 李宗省, 等. 近 50 年来河西走廊平原区气候变化的区域特征及突变分析. 地理科学, 2008, 28(4): 525-530.
[30] 张存杰, 李栋梁, 王小平. 东北亚近 100 年降水变化及未来 10～15 年预测研究. 高原气象, 2004, 23(6): 919-928.
[31] 邓振镛, 张强, 尹宪志, 等. 干旱灾害对干旱气候变化的响应. 冰川冻土, 2007, 29(1): 114-118.
[32] 李茂松, 李森, 李育慧. 中国近 50 年旱灾灾情分析. 中国农业气象, 2003, 24(1): 7-10.
[33] 姚小英, 蒲金涌, 王澄海等. 甘肃黄土高原 40a 来土壤水分蒸散量变化特征. 冰川冻土, 2007, 29(1): 126-130.
[34] Mai M, Qiu X F, Zen Y. Distribution characters of actuale vapotranspiration on crop fields in Western China. Chinese Journal of Agrometeorology, 2004, 4: 28-32.
[35] 李福兴. 中国西部地区耕地退化现状及其防治对策. . 水土保持学报, 2002, 12(1): 1-10.
[36] 仇化民, 邓振镛, 方德彪. 甘肃省东部旱作区土壤水分变化规律的研究. 高原气象, 1996, 15(3): 224-341.
[37] 张强, 邓振镛, 赵映东, 等. 全球气候变化对中国西北地区农业的影响. 生态学报, 2008, 28(3): 1210-1218.
[38] 蒲金涌, 张存杰, 姚小英, 等. 干旱气候对陇东南主要农作物产量影响的评估. 干旱地区农业研究, 2007, 25(1): 167-170.
[39] 邓振镛, 张强, 徐金芳, 等. 西北地区农林牧业生产及农业结构调对全球气候变暖响应的研究进展. 冰川冻土, 2008, 30(5): 835-841.
[40] 赵鸿, 王润元, 王鹤龄, 等. 西北干旱半干旱区春小麦生长对气候变暖响应的区域差异. 地球科学进展, 2007, 22(6): 637-641.
[41] 赵天武, 黄高宝, 轩春香, 等. 黄土高原旱地不同保护性耕作措施马铃薯田土壤水温效应及产量的影响. 干旱地区农业研究, 2009, 27(1): 101-106, 118.
[42] 邓振镛, 倾继祖, 杨启国, 等. 北地区气候暖干化对经济和特色作物的影响及应对技术. 安徽农业科学, 2010, 38(16): 8547-8549, 8626.
[43] 杨封科, 高世铭. 肃半干旱区集水农业用水模式及深化研究的思考. 干旱地区农业研究, 2003, 21(4): 122-127.
[44] 刘广才, 杨祁峰, 李来祥, 等. 旱地玉米全膜双垄沟播技术土壤水分效应研究. 干旱地区农业研究, 2008, 26(6): 18-28.
[45] 兰晓泉, 郭贤仕. 旱地长期施肥对土地生产力和肥力的影响. 土壤通报, 2001, 32(3): 102-105.
[46] 侯慧芝, 吕军峰, 张绪成, 等. 陇中半干旱区全膜覆土穴播小麦的土壤水及产量效应. 作物杂志, 2010, 1: 20-25.
[47] 邓振镛, 董安祥, 郝志毅, 等. 干旱与可持续发展及抗旱减灾技术研究. 气象科技, 2004, 32(3): 187-190.

[48] 院玲玲, 宁宝英, 宋波, 等. 祁连山及河西走廊气候变化的时空分布特征. 中国沙漠, 2008, 28(6): 1151-1155.
[49] 刘广才, 杨祁峰, 李来祥, 等. 旱地玉米全膜双垄沟播技术土壤水分效应研究. 干旱地区农业研究, 2008, 26(6): 18-28.
[50] 杨封科. 半干旱区集水农业高效用水模式研究. 兰州: 甘肃农业大学博士学位论文, 2002.

Research on Drought Analysis and Control Strategies of Gansu

Yang Fengke[1,2], Gao Shiming[3], He Baolin[1,2], Guo Tianwen[1,2], Zhang Xucheng[1,2]

(1. Key Laboratory of Northwest Drought-resistant Crop Farming, Ministry of Agriculture, People's Republic of China, lanzhou, Gansu 730070; 2. Key Laboratory of dry agriculture water resources high effective use of Gansu, 730070; 3.Gansu academy of science, lanzhou, Gansu 730020)

Abstract: Drought is the inherent climate feature and common meteorological disaster in Gansu, which have the typical characteristic of polymorphic type, high occuring tendency, heavy and vast damage, long duration and cannot be reversed in short time. In later 80s and middle 90s of 20 century, the climate of Gansu totally tends to warmer and drier with partly (Hexi corridor) warmer and humidification, and turns into the interglacial period of late forth little ice age of the forth ice age, ENSO cycle become intensify, winter become chilly with summer burning hot, average precipitation sharp cutoff, which further lead drought changing to successive seasonal and annual drought and drought overlay chilly. Successive drought during the hottest summer days and autumn to the late spring and early summer is the most damage drought which often causes a severe yield lose of summer grain. And the successive seasonal drought from winter to summer is the most hazardous drought. Warmer and drier climate worsen eco-environment, makes water resources shortage and cultivated land quality degradation even more critical, which in turn foster drought damage and severely affects the food security. During 1950 to 2010, drought ratio increase by 1.25 times with its damage ratio increase by 1.6 times and result in 31.6 percent crop yield lose. Researches indicated that build drought early warning and responding system, enhance eco-environment control and protection, develop rain harvesting agriculture to increase rainfall water use efficiency, reform lower yield farmland to advance land quality, optimize cropping structure, exploit air water, and transfer water from outside watershed, are the most important drought control strategies.

Keywords: drought, successive drought, feature, drought control, warmer and drier

新疆干旱灾害的变化分析与对策

田长彦　姜逢清　张小云

（中国科学院新疆生态与地理研究所，新疆乌鲁木齐　830011）

摘要：基于相关灾害统计资料、降水观测数据，分析了近 50 年来新疆农田干旱受灾面积的变化特征，并从区域降水变化与人类活动的角度阐述了造成旱灾及其变化的原因。结果表明，近 50 年来，新疆干旱成灾面积经历了低—高—低—高的变化，可划分为 4 个时段，其中 1950～1958 年为轻旱灾时段，1959～1989 年为最长且重旱灾时段，1990～2003 年为次轻旱灾时段，2004～2009 年为中旱灾时段。新疆旱灾受灾面积呈现出不显著的增大趋势。新疆农田干旱灾害是降水变化、外源强迫和区域人类活动共同作用的结果。1963 年、1974 年、1977 年、1986 年、1989 年和 2008 年发生的严重干旱应该是由降水量严重不足造成的，属于典型的气象干旱及其所造成的灾害。此外，本文还从工程和非工程两个方面提出了应对干旱、减轻干旱灾害的对策建议。

关键词：干旱灾害，全球变暖，对策，新疆

1 引　　言

新疆地处中国西北地区生态环境脆弱带，属于典型的干旱地区[1]。近 20 年来，受全球气候变暖的影响，新疆存在天气、气候极端事件发生的频率加快、强度加大的趋势。频繁发生的洪水、干旱、雪灾、大雾等极端天气气候事件成为制约区域经济可持续发展和社会公共安全的重要因素之一。因此，分析全球气候变化背景下新疆气象水文灾害的形成、变化规律，对应对气候变化与极端天气气候事件的影响，合理开发利用与保护区域水资源，以及正确制定应对全球气候变暖的行动方略均具有重要的意义。

干旱是极端天气、气候事件的表现形式。干旱是新疆主要发生的气象水文灾害，不仅发生频繁，而且危害较大[2]。本文旨在全球变暖的背景下，分析近几十年来新疆干旱及其灾害的变化特征及其成因，并提出初步应对策略，为新疆制定应对气候极端事件，尤其是干旱灾害的行动计划提供科学支撑。

作者简介：田长彦，中国科学院新疆生态与地理研究所教授、书记。

2 新疆干旱灾害的基本特征

2.1 干旱发生频繁

干旱灾害是新疆主要的气象灾害，在主要自然灾害的构成中占 4%（图 1）。干旱在新疆几乎年年发生，频次高是其主要特点。根据 1961～2008 年新疆 51 个测站近 50 年的降水资料，取实测序列的 $\bar{R}-0.33\sigma$ 作为截取水平，对新疆 51 个测站的年降水序列进行干旱频率、干旱历时变化分析。结果显示，近 50 年来，新疆平均每 20.3 年发生一次气象干旱，发生频率约为 40.6%。总体上，新疆气象干旱频率分布在 30%～50%，最高干旱频率发生在民丰和吐鲁番，最低干旱频率的站点为巴里坤。

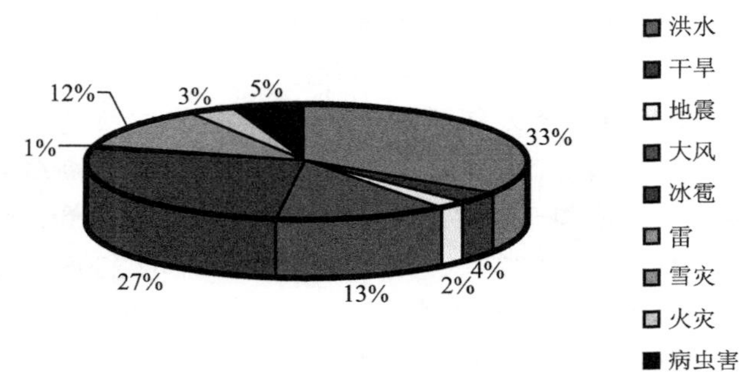

图 1 新疆主要自然灾害的构成（据 1950～1998 年新疆自然灾害基础资料统计）

在空间分布上，南、北疆和天山山区气象干旱发生的频率有所不同，南疆发生气象干旱的频率最高，天山山区次之。1960～2008 年，南疆区域平均 23 年出现一次干旱，气象干旱的发生频率约为 46%；天山山区平均 21 年出现一次干旱，气象干旱的发生频率约为 42%；而北疆区域平均 17 年出现一次干旱，气象干旱的发生频率约为 34%。可见，新疆气象干旱发生十分频繁，南疆和天山山区发生气象干旱的可能性要远远高于北疆。图 2（a）为近 50 年来新疆气象干旱发生频率的空间分布图。由图 2（a）可见，新疆绝大部分地区气象干旱发生频率在 42%以下；有两个比较明显的高值中心，一个以吐鲁番为中心，另一个以民丰为中心；存在 4 个比较明显的低值区域，分别为位于西南部的帕米尔高原区、位于天山中段的乌鲁木齐地区、位于天山东段的巴里坤区域，以及位于北疆西北部的托里-和布克赛尔一带。在空间格局上，新疆气象干旱频率由西北向东南逐渐增大。

从气象干旱频率的年代际变化情况来看，60 年代到 21 世纪初，新疆气象干旱的发生频率存在大致上降低的趋势，尤其 20 世纪 80 年代以来，新疆气象干旱的发生频率明显降低，其中南疆和天山山区 80 年代前，区域平均气象干旱的频率差异不大，但 80 年代后，气象干旱的频率显著降低；北疆 90 年代前差异不是十分明显，但之后显著降低。

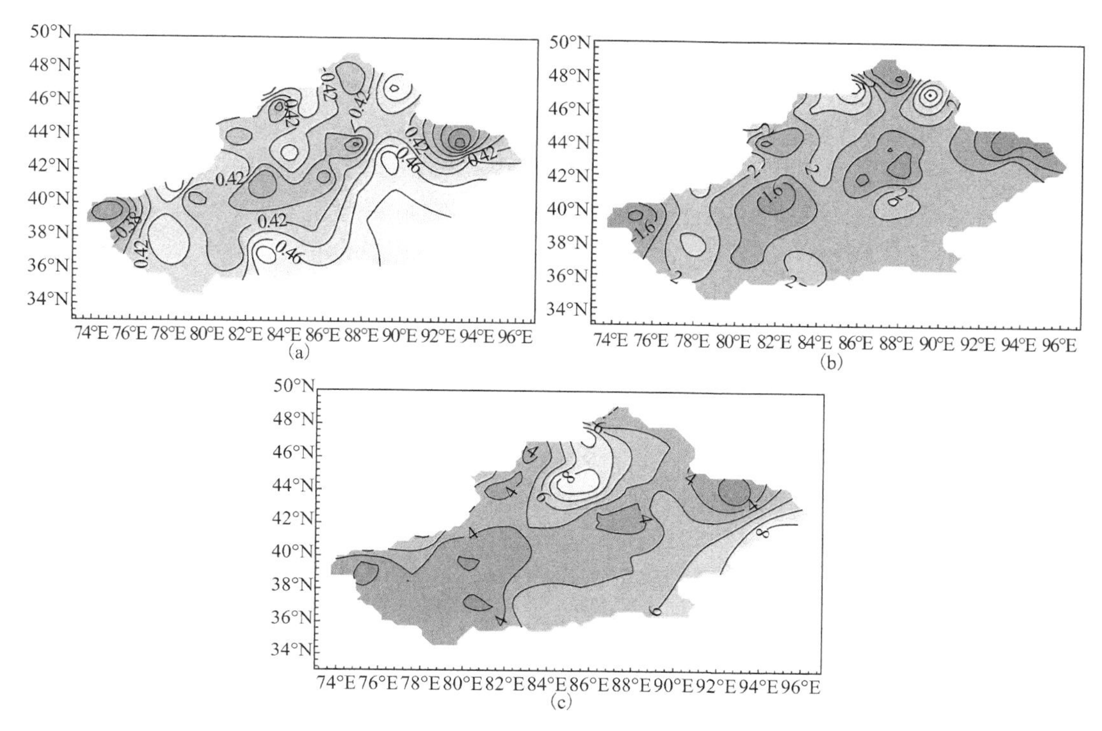

图 2　1961～2008 年新疆气象干旱频率（a）、干旱平均历时（b）与最长干旱历时（c）的空间分布图

2.2　春旱严重

从新疆农牧业生产角度来说，春季干旱（北疆：4～6 月；东疆、南疆：3～5 月）的威胁是最大的，特别是 5 月，正是农作物需水的时期，此时河流仍处于枯水期，如果降水再严重偏少，那么将会发生比较严重的干旱，给农业生产带来极大的影响[3]。

资料统计显示，北疆 1951～1998 年的 47 年中春季发生阶段性干旱 15 次，发生频率为 31.9%，与秋季发生次数和频率相差不多（16 次，34.0%），但发生严重干旱有 7 年，频率是 14.9%，严重干旱发生次数占春季发生干旱总次数的 46.7%，是各季中最多的。严重干旱秋季出现频率为 10.6%，严重干旱出现次数占秋季出现干旱总次数的 31.3%，远远低于春季[3]。

2.3　干旱持续时间长

持续性干旱是新疆干旱的一个显著特点。例如，季节性局地性农业干旱，在一次干旱灾害过程中可以持续 30～90 天不降水，每年 3～5 月（南疆、东疆）或 4～6 月（北疆）发生持续性干旱；对于发生冬春连旱的年份，受旱地区的严重持续性干旱可达 7～10 个月；北疆、东疆和南疆西部地区的牧区天然草场及人工打草场，受大尺度灾害性干旱气候影响，甚至可发生持续 3 年以上的大面积干旱[3]。

依据 1960～2008 年降水资料统计，新疆气象干旱平均历时为 1.3～2.9 年，全疆气象干旱历时的平均值为 1.67 年。

在空间分布上，南、北疆和天山山区气象干旱平均历时有所不同，南疆最长，平均为 1.9 年，北疆最短，平均为 1.3 年。气象干旱平均历时最长出现在西南部的乌恰、北部的阿勒泰和东部的巴里坤一带。图 2（b）为近 50 年来新疆气象干旱平均历时的空间分布图。由图 2（b）可见，新疆绝大部分地区气象干旱平均历时在 2 年以下。有 4 个比较明显的高值中心，其中两个位于北疆北部阿勒泰地区的富蕴县和吉木乃县，其干旱平均历时分别高达 2.9 年和 2.8 年；相较另外两个历时短一些的中心位于南疆，其中位于塔里木河下游的铁干里克一带的中心，其干旱平均历时为 2.3 年，以皮山–莎车为中心的区域，其干旱历时为 2.2～2.3 年。由此可见，新疆干旱平均历时相对比较长的区域有两个，一是北疆北部的阿勒泰地区，二是南疆塔里木盆地南缘。气象干旱平均历时的低值区域主要位于帕米尔高原、阿克苏至哈密地区的天山山地南坡及伊犁地区。总体上，新疆干旱平均历时的空间分布格局为中部短、南北部长。

从气象干旱平均历时的年代际变化情况来看，20 世纪 60 年代到 21 世纪初，新疆气象干旱的平均历时有缩短的趋势，但也有少数站点例外。总体上，北疆区域站点的气象干旱平均历时呈比较明显的缩短的趋势，天山山区除位于东段的巴里坤和伊吾外，其他站点也均以缩短为主，相对来说，南疆的变化不大，绝大部分站点存在微小的缩短的态势，尤其以红柳河缩短明显，但 2000 年以来吐鲁番存在明显增长的现象。北疆区域绝大部分站点气象干旱平均历时以 20 世纪 70 年代最长，2000 年以后最短；天山山区在 20 世纪 70～80 年代最长，90 年代最短；而南疆区域多数站点在 60 年代和 80 年代，干旱平均历时要相对长一些。

在 1960～2008 年近 50 年的时间里，新疆最长气象干旱历时为 2～9 年，最长气象干旱历时的平均值为 3.3 年。

在空间分布上，南疆和北疆最长气象干旱历时有所不同，南疆除红柳河外，最长气象干旱历时要比北疆稍短一些，南疆最长气象干旱历时的平均值为 4.3 年，而北疆为 5.2 年，天山山区为 5 年。最长气象干旱历时出现在东疆的红柳河、北疆的石河子、乌鲁木齐和吉木乃一带。图 2（c）为近 50 年来新疆最长气象干旱历时的空间分布。由图 2（c）可见，新疆绝大部分地区气象干旱平均历时在 4 年以下；有 3 个比较明显的高值中心，其中两个位于北疆的石河子至乌鲁木齐一带和吉木乃一带，另一个位于东疆的红柳河一带；高值中心值均为 9 年。由此可见，新疆最长气象干旱历时十分长。相对来看，最长气象干旱历时的低值区域主要位于西部的伊犁地区、西南部的喀什地区和东疆哈密地区的巴里坤–伊吾一带。总体上，新疆最长干旱历时的空间分布格局为西北部和东南部长、西南部和东部短。

在最长气象干旱历时的年代际变化上，20 世纪 60 年代到 21 世纪初，除少数站点外，新疆最长气象干旱历时大致上有缩短的趋势。其中，北疆区域和天山山地各站点的气象干旱平均历时呈比较明显的缩短的趋势；而南疆区域的变化存在比较大的差异，南疆喀什至和田一带变化不明显，民丰至若羌一带存在缩短的趋势，库车至库米什一带也存在缩短的趋势，相反吐鲁番至七角井一带呈现增长的趋势。北疆区域绝大部分站点最长气象干旱历时以 20 世纪 70 年代最长，2000 年以后缩短明显；天山山区在 20 世纪 70～80 年代最长，90 年代最短；而南疆区域多数站点在 60 年代最长干旱历时要相对长一些。

2.4　区域性强且影响范围广

干旱区域性强是新疆干旱的又一特征。新疆往往一出现干旱就是几个县、几个地州，甚至全疆，如 1989 年出现了全疆性干旱，涉及北疆、东疆、南疆 44 个县[11]。2008 年是新疆最严重的干旱年份，该年北疆区域 22 个气象站点中，20 个站点记录的年降水量比常年偏少，其中 11 个偏少 20%以上。

1982 年 4 月和 1983 年 4 月都是干旱严重的月份，1982 年涉及 34 个站（占 87.1%），1983 年 39 个站中有 37 个出现干旱（占 97.4%），而两个月都出现干旱的有 29 个站，这说明这些地方容易发生干旱[3]。

3　新疆干旱形成的背景

3.1　区域与地形

新疆位于亚欧大陆的中心，远离水汽源地，加上三面环山的地形，使得东亚季风、西南季风等来自海洋的湿润气流很难到达。例如，新疆南部的青藏高原、喀喇昆仑山及帕米尔高原阻挡了北上的印度洋暖湿气流；而天山、阿尔泰山阻挡了向东、向南的大西洋、北冰洋冷湿气流。水汽的贫乏，造就了新疆典型的干旱荒漠性气候类型[4]。

3.2　大气环流

大气环流异常是造成天气气候异常的直接原因，大范围持久性旱涝与大气环流的持续性异常有必然联系。大气环流中气流的水平与垂直运动是云雨与否的动力机制。大气的下沉作用，使空气动力增热，并使相对湿度减小，空气变得非常干燥；同时，因下沉作用稳度加大，抑制了阵雨和对流。因此，大气的下沉作用是气候干燥的基本原因。青藏高原在夏季是热源，其加热作用造成高原上空气流以上升运动为主，由于局部环流的补偿作用，致其北侧补偿性下沉，使西北地区上空始终存在着有组织的下沉气流，下沉运动减弱了大气系统的上升运动强度，造成降水量减少，这是西北干旱气候形成的大尺度环流背景。新疆冬季主要由中亚高压控制，夏季由副热带高压控制，这是造成新疆干旱少雨的大气环流的基本原因[4, 5]。

3.3　水资源时空分布不均衡

新疆降水量的分布特点一般是北疆多于南疆，西部多于东部，迎风坡大于背风坡，山区大于平原[4]。新疆主要河流均发源于周边阿尔泰山、天山、昆仑山。大部分河流具有流程短，水量小，垂直地带分布规律十分明显的特点，属典型的冰雪补给型河流。年径流量在 $1\times10^8 m^3$ 以下的河流占河流总条数的 85.3%，其年径流量仅有 $82.9\times10^8 m^3$，占全疆年径流总量的 9.4%。冰川的消融量与气温同步，受气温的高低控制，随着高空气温（零度层）的逐渐升高，冰川消融，补给河水。春季气温低，河川径流仅靠浅山区冬季积雪消融补给，随着季节转换，特别是夏季高空气温升高，冰川消融，加之区间降水的增多，补给河流，形成洪水，因此春季 3～5 月径流量占全年总水量的 12.1%，而吐鲁番地区春季径流量仅占全年的 10%，全疆夏季 6～8 月径流量占全年总水量的 64.8%，秋季 9～11 月径流量占全年总水量的 17.02%，冬季 12 月到次年 2 月径流量占全年总水量的 6.04%，水资源形成了“春旱、夏洪、秋缺、冬枯”时空分布不均的特征，导致了水资源分布同人口、耕地分布的极不协调，供需矛盾极大，季节性缺水是造成干旱的重要原因之一[6~8]。

4 近 50 年来新疆干旱受灾面积的变化

近 50 年来，新疆干旱受灾面积为 0.201×10^4～84.067×10^4hm^2，年际变幅很大，多年平均干旱受灾面积为 17.87×10^4hm^2。2008 年，干旱受灾面积最大，全疆干旱农田受灾面积达 84.067×10^4hm^2，其次为 1986 年，受灾面积为 50.19×10^4hm^2。2008 年春、夏和秋季，北疆地区发生了异常严重的干旱灾害，致使大面草地牧草生长发育不良，牧草歉收，造成牧业严重减产并波及野生动物的生存。1950 年是受灾面积最小的年份，全疆干旱农田受灾面积仅为 0.201×10^4hm^2。若简单地以年旱灾受灾面积超过 30.00×10^4hm^2 来界定大旱灾年，则超过此界限的年份有 1963 年、1974 年、1977 年、1986 年、1989 年、2000 年、2004 年、2006 年和 2008 年。

图 3 为近 50 年来新疆农田干旱受灾面积的变化情况。由图 3 可见，近 50 年来，新疆干旱成灾面积可明显地划分为 4 个时段，经历了低—高—低—高的变化，其中 1950～1958 年为轻旱灾时段，1959～1989 年为最长且重旱灾时段，1990～2003 年为次轻旱灾时段，2004～2009 年为中旱灾时段。整体上，新疆旱灾受灾面积呈现出不显著的增大趋势。

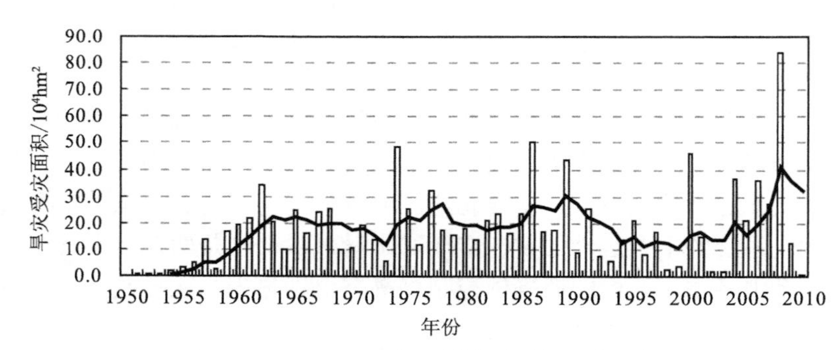

图 3　1950～2010 年新疆农田干旱受灾面积

1990 年以前的数据源自文献[2]，之后的数据源自文献[3]

在年代际变化上，21 世纪前 10 年是近 50 年来新疆旱灾受灾面积最大的时期，其次为 20 世纪 80 年代，而 50 年代是受灾面积最小的时期（表 1）。

表 1　新疆旱灾受灾面积的年代际变化

时间	20 世纪 50 年代	20 世纪 60 年代	20 世纪 70 年代	20 世纪 80 年代	20 世纪 90 年代	21 世纪初	1950～2010 年
平均值/10^4hm^2	4.44	20.54	20.04	24.37	11.29	28.27	17.87

5　新疆旱灾变化的成因

5.1　自然原因

5.1.1　气候变化

干旱灾害的出现具有一定的气候背景。在不同的气候时期，干旱灾害的频率、轻重不同。主要气候要素——降水量和气温的异常是导致干旱灾害的首要条件。干旱灾害出现的规律与降水变化规律存在相当程度上的联系[10~13]。

图 4 为 1959～2008 年全疆与北疆年降水量距平值的多年变化。从图 4 可以看出，近 50 年来，新疆降水发生了比较明显的变化，这种变化主要表现在 20 世纪 80 年代中期，即 1986 年降水情势的转变：由以负距平为主转变成以正距平为主。对于这一现象，前人已有基本定论，即新疆气候的湿润化转型[14~17]。这种现象在新疆最长连续干、湿日数时间序列上也有同样的反映（图 5）。由图 5 中近几十年新疆最长连续干湿日数的距平情况来看，新疆最长连续干日数呈减少趋势，尤其是 20 世纪 80 年代以来，这种减少趋势更加明显[图 5（a）]；而最长连续湿日数（$P \geqslant 0.1$mm）呈明显增加的趋势，20 世纪 80 年代末以来，这种趋势尤其明显[图 5（b）]。最长连续干日数的减少意味着干旱状况的缓和，而最长连续湿日数的增加意味着湿润状况的改善。二者的联合代表着近 50 年来新疆的生态与环境受到干旱威胁的降低。

比较图 3、图 4 和图 5，发现了以下问题：近 50 年来，新疆气候湿润化程度增强、干旱化程度降低，为何又呈现出干旱灾害增大的趋势呢？尤其是 20 世纪 80 年代中期后，在降水量明显增多的情况下，干旱灾害为何没有降低？一种可能的宏观解释是，尽管新疆的降水量增多，但由于新疆降水总量低，平均来看不到 200mm，即使在原有基础上增加 20%也不足以改变整体环境干旱的局面。何况降水量趋势性增加过程还存在少数年份降水不足的现象，如北疆发生大面积干旱灾害的 2008 年，年降水量比多年平均值少 37mm，在 22 个气象站点中，有 20 个出现了负距平值，其中偏少 20%以上的站点 11 个。另外，对 1951～2008 年全疆 52 个气象观测站点逐日降水数据的分析发现，虽然新疆地区总体上以小雨日为主，但随着降水强度的不断增加，其出现频率越来越小。总体出现次数较低的大降水在年降水增加中的贡献比较明显，暴雨量在过去 50 年的增长量甚至达到了其多年平均值的 70%，暴雨出现的频率也明显增大[18]。暴雨的增多意味着突发洪水事件的增多，而由于特殊的地表状况，如植被稀少、水土涵养能力弱等，加上水利设施（水库）的不足，增加的洪水量无法有效拦蓄而下泄至荒漠，除了具有一定的生态效益外，对农业生产的作用较低，尤其对缓解农业干旱的作用不大。应该强调的是，近 20 多年来，新疆干旱灾害的出现也受到水资源短缺和管理不善的影响。受水文资料的限制，本文未对因为来水量不足而造成农业干旱做分析，这需要在后续工作中加强；下文对因管理不善而造成的农业干旱灾害做详细分析。

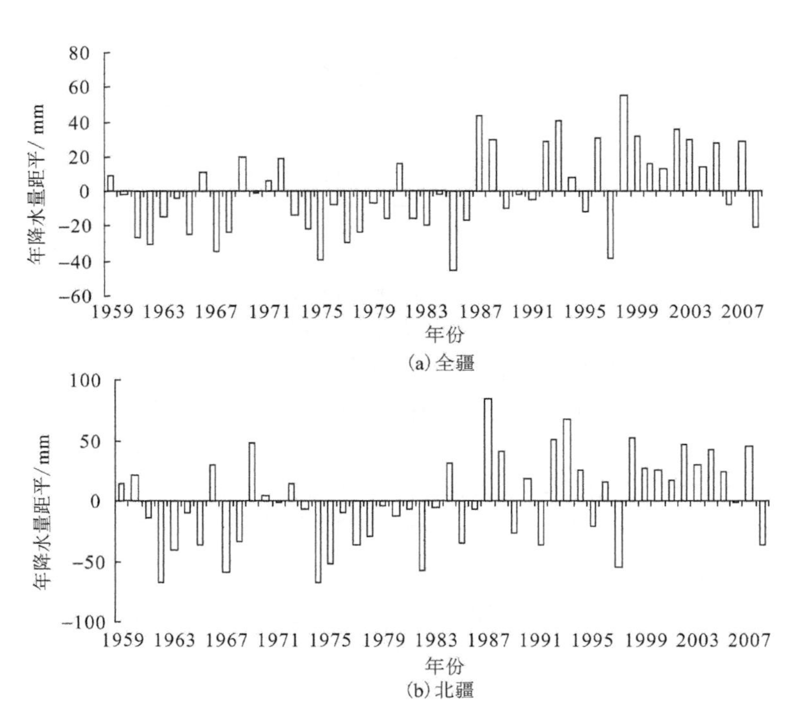

(a) 全疆

(b) 北疆

图 4　1959～2008 年新疆年降水量距平值的变化

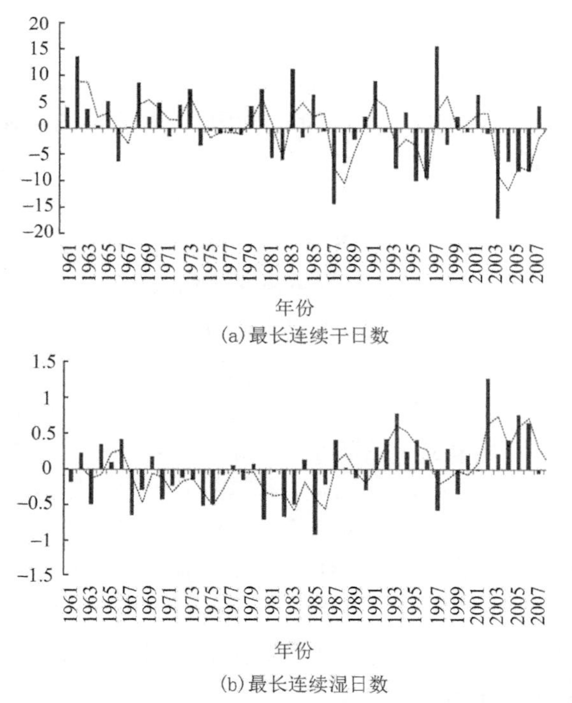

(a) 最长连续干日数

(b) 最长连续湿日数

图 5　1961～2008 年新疆最长连续干湿日数的距平

进一步分析图 4，若以负距平值超过 20mm 为界来界定严重干旱，则在 1959～2008

年的50年里，有12年发生了严重干旱，分别为1961年、1962年、1965年、1967年、1968年、1974年、1975年、1977年、1978年、1985年、1997年和2008年；按以上标准辨识的北疆严重干旱年有16年，分别为1962年、1963年、1965年、1967年、1968年、1974年、1975年、1977年、1978年、1982年、1985年、1989年、1991年、1995年、1997年和2008年。与前述重大农田干旱灾害发生年相比，1963年、1974年、1977年、1986年、1989年和2008年发生的严重干旱应该是降水量严重不足所造成的，属于典型的气象干旱及其所造成的灾害。

5.1.2　外源气候强迫

近年来，世界范围内自然灾害不断加剧，其原因比较复杂，外源强迫信号被认为是区域气候异常的主要原因。新疆位于欧亚大陆中心，远离水汽源地，一般认为，外源气候强迫对该区域的影响较小。但近年来的研究揭示，包括大西洋海表温度和厄尔尼诺-南方涛动（ENSO）在内的大尺度外源强迫因子对新疆的河流洪水、降水与气温等具有明显的影响[19, 20]。

太阳活动：在太阳黑子极低值年或不活跃年，新疆易发生重大洪灾，而在太阳黑子低值年或相对不活跃年，新疆也易发生重大旱灾。例如，近50年来的9个严重旱灾年中，除1989年和2000年两个年份外，其余7个年份，即1963年、1974年、1977年、1986年、2004年、2006年和2008年均处于太阳黑子低值年[21]。

厄尔尼诺-南方涛动（ENSO）：ENSO事件对新疆夏季降水的影响效应明显，因而该事件对新疆的洪旱灾害也会产生影响。统计分析显示，与拉尼娜年相比，在厄尔尼诺年新疆更易发生干旱灾害[21]。例如，近50年来的9个严重旱灾年中，有1963年、1977年、1986年、2004年和2006年6年处于厄尔尼诺年，而仅有1974年、1989年和2000年3个年份处于拉尼娜年。

北大西洋涛动（NAO）：20世纪后半段，新疆干旱灾害指数与北大西洋涛动指数对比后发现，冬季NAO指数与新疆干旱灾害之间存在比较明显的反相关系，也就是说，当冬季NAO指数高时，新疆干旱灾害较轻；而当冬季NAO指数低时，新疆干旱灾害就会比较严重[21]。

5.2　人为因素

当前，新疆出现的干旱灾害变化除了受上述全球变暖的大背景下，新疆降水波动的影响之外，当地人类活动加剧及其空间变化也是主要的影响因素。

随着干旱区新疆人类活动场所向冲积-洪积扇中下部或洪冲积平原的迁移，人类活动空间逐步扩大。人类聚居空间向原绿洲边缘区的扩展，一方面增大了引水工程的难度；另一方面造成了河流上下游之间和绿洲内部水资源供应紧张矛盾。新开发的绿洲区往往位于荒漠过渡带，生态环境状况本来就差，时刻面临着干旱的威胁[22]。

5.2.1　1950年以来人口的快速增长

据统计[9]，新疆人口由1950年的400多万人急剧增加到2010年的2100多万人，60

年的时间里增加了 5 倍多。快速增长的人口数量需要扩大生产建设规模，其对环境产生了巨大的压力，使得遭受干旱灾害的风险增大。

5.2.2 耕地面积的快速扩大

自 1950 年以来，为了满足快速增长人口的生活需求，新疆采取了开荒造地、扩大农业生产规模的发展策略。耕地面积由 1950 年的 $133.24\times10^4 hm^2$ 增加到 2004 年的 $336.23\times10^4 hm^2$，60 年间约增加了 2.5 倍 [9]。虽然其间经历了一些波动，但总体上新疆耕地呈快速增长的趋势。无序开荒、扩大灌溉面积，以增加种植面积、增加产量，违背了“以水定地”的原则，人为加大旱情、旱灾，增大了抗旱任务。而由于耕地快速扩大化而导致的逐步加剧的生态环境退化，一方面对新疆经济发展造成严重危害；另一方面，降低了抵御干旱灾害的能力，这是新疆干旱灾害加重的主要原因之一。

5.2.3 森林破坏，草场退化

新疆林业资源本来就不丰富，森林覆盖度很低。由于经济发展和人民生活的需求，乱砍滥伐林木的事件时有发生。据统计，在天山和阿尔泰山两大林区，20 世纪 50～80 年代，云杉林减少 $2.5\times10^4 hm^2$，落叶松减少 $2.6\times10^4 hm^2$。作为主要林区的天山北坡，其绝大部分地区已无林可采[23]。山区森林遭受破坏的直接结果是山地突发侵蚀事件增多，侵蚀率增大，导致河流挟沙量增加。据国家遥感普查统计，目前，新疆水土流失面积已达 $103\times10^4 hm^2$，其中水力侵蚀面积为 $11\times10^4 hm^2$。20 世纪 50～90 年代，新疆山区共发生严重泥石流灾害 15 次[23]。水文资料显示，1960～1989 年新疆绝大部分河流悬移质年输沙量有增大的趋势。严重的水土流失造成全疆约 1/4 的水库库容被泥沙淤塞，引水枢纽工程的实际引水能力约下降至设计能力的 70%，无形中增大了干旱灾害的风险[23]。

5.2.4 水利建设方面的原因

新疆绝大部分水库均于 1980 年以前建成，且多为平原水库，经过多年运行，缺乏良好的维护，加上泥沙淤积，大多数水库的库容大幅度减少，达不到蓄水的设计要求，致使调蓄水量少，极大地降低了对洪水的调节能力。另外，平原水库水量的蒸发与渗漏损失较为严重，也浪费了一定数量的水资源，这些都形成了工程性缺水。

相关资料显示，全疆平均渠系利用系数仅为 0.42。夏洪常常冲毁（坏）引水灌溉设施，导致有水无法引入灌区，造成农作物受旱，即“水毁受旱”，这是新疆灌溉农业特有的干旱类型。由于上游无序大量开荒引水，河流下游农区年年持续干旱。

5.2.5 水价不合理

长期受计划经济体制的影响，供水价格始终偏低，低廉的水价造成用户节约用水意识淡薄，缺乏节约用水的自觉性，大水漫灌等浪费水的现象难以杜绝，人为造成水资源的紧张加重了旱情[24]。

5.2.6　管理决策失误

新疆管理决策失误比较典型的例子是 20 世纪 50 年代的“大跃进”运动和 60 年代初为解决粮食短缺而进行的大开荒。由于缺乏科学的管理和规划，致使人们不加选择地盲目开垦，直接导致大面积茂密胡杨林变成农田、村庄和水库，为后来新疆的环境退化埋下了隐患。尤其令人痛心的是，20 世纪 80 年代末到 90 年代初，受商品经济大潮的冲击，新疆毁林开荒的事业再次开始活跃[22]。

环境灾难的出现不仅严重制约了当地经济的健康持续发展，降低了抵御自然灾害的能力，而且退化的环境本身就意味着自然灾害的加剧。

5.2.7　作物结构不合理

除了上述近期干旱灾害扩大化的人类活动影响外，不合理的作物结构也是一种不容忽视的影响因素。近期新疆部分农区受经济利益的驱动，极力扩大棉花种植面积，棉播比例极大提高，部分农区的棉播比达到 30%～40%，有些甚至高达 60%～70%，造成了作物结构的单一化[22]，作物结构单一化加剧了春季水资源短缺的矛盾。

6　应 对 策 略

6.1　工程方面的对策

6.1.1　修建山区水库

近年来，在气候变暖的背景下，新疆出现的降水量和冰川融水量增多，以及暴雨/大降水频率的加大，导致了夏季大江大河径流量的急剧增多。在时令性河道区，洪水事件也明显增多[25, 26]。然而，增多的径流量，一方面造成下游绿洲农区洪灾损失，另一方面由于缺乏大型控制性水利工程，水资源往往白白流失掉了。尽管流入荒漠区的洪水具有明显的生态意义，但在自然状态下，这些流失的水量的效率毕竟相当低。如果未来新疆气候进一步暖湿化的情景成立，干旱灾害将会有进一步加剧的可能。因此，在大型绿洲区的河流上游山区段，修建大型控制性水库就显得异常紧迫，一方面可以控制春夏季节的灾害性洪水发生，调控水资源年内分布不均、缓解春旱；另一方面可以替代弊端比较多的平原水库[24]。

6.1.2　外部水资源的引进：引水工程建设

新疆地域广阔，面积为 165×10^4km^2，约占全国的六分之一。在这样广大的土地上，自然资源，特别是荒地资源非常丰富。外部水资源的引进将从根本上解决绿洲水资源短缺和干旱问题。希望国家考虑南水北调西线工程，保障国家耕地安全和粮食安全。跨流域调水有助于改变新疆缺水的状况，因而在国力与区力允许的情况下，应尽早做好前期的相关研究与调水规划工作，尤其应加强源流区长期气候变化背景下，水资源的变化及其趋势，尽量避免因未来气候变化导致的工程失效问题。加快区域内跨流域水资源的调配工程建设。

6.1.3 加快节水工程的建设步伐

新疆位于中亚干旱区，广大的平原区降水极其稀少，农业必须依靠灌溉。农业是新疆的水资源消耗大户，水资源是区域农业生产的最大限制因素。目前的情况是，一方面，广大的干旱区域严重缺水，生态环境急剧恶化，成片的胡杨林枯败，土地沙化加剧；另一方面，在局部丰水区域，水资源浪费严重，渠系利用系数低（全疆平均仅为 0.42），毛灌定额居高不下，造成土地次生盐碱化[23]。技术创新是对气候变暖农业影响的最佳战略途径[27]，加强膜下滴灌技术的推广与生物取盐技术的研发，作物耐旱抗碱高产品种的选育与高产高效种植技术的研究等。

6.1.4 位于绿洲边缘区域的耕地应退耕还林还草

近年来，新疆干旱灾害的强化，除了受到气候变化的影响之外，区域人类活动向边际区域的扩张，即与对绿洲边缘（荒漠-绿洲过渡带）的水土资源开发、原始胡杨林与天然草地的毁林毁草开荒有很大关系，加强退耕还林还草的行动，减少干旱灾害的威胁，可以促进绿洲系统的稳定。

6.2 非工程方面的对策

6.2.1 加强科学研究，提高预报未来干旱事件的准确率

由于自然灾害的复杂性，目前我们对洪旱灾害的认识还存在相当多方面的不足。通过空间遥感技术在干旱的监测、预警，以及灾情评估方面的优势[28, 29]，形成预防措施、提供预警、进行监测和协调救灾等机制与技术，避免或减轻灾害的影响[30~32]。

6.2.2 着力培养全民的环境与水患意识

气候环境的暖干化将会增大农业干旱风险，这是新疆总的气候环境趋势。20 世纪 80 年代以来，新疆发生的暖湿化现象并不能彻底改变新疆长期暖干化的趋势。生态环境脆弱性长期阻碍着新疆潜在优势的发挥，成为社会与经济发展的主导障碍因子之一，是产生当代新疆生态环境问题和洪旱灾害的大背景。充分认识上述新疆的环境的基本状况，着力培养全民的环境与水患意识，是新疆干旱灾害减灾亟待解决的重要任务。

6.2.3 协调好流域水土资源开发，优化流域水资源配置

遏制新疆生态环境退化还需要制度创新。制度创新，一是建立大流域管理执法机构，加强流域综合管理力度。扩大现有塔里木河管理局管理范围与管理权限。将现有的管理区从塔里木河干流区扩展到整个源流区。打破现有行政管理权限，赋予塔里木河管理处更多的管理权，使其不仅具有水资源管理权，还拥有土地、林业等方面的相关管理权，提高其综合管理的能力。二是加强执法监督、加大执法力度。特别是对造成严重生态环境后果的机会主义行为，在给予严厉经济处罚的同时加大法律惩处力度。三是建立或增

进资源有偿使用制度。在引导农民调整产业结构、增加收入的前提下，逐步推进资源有偿使用制度，提高使用费用，改变现有资源低价使用或近乎无价使用的状况。

6.2.4　切实解决农村生活能源缺乏的问题

据调查[33]，自新中国成立初至20世纪80年代的30多年中，塔里木盆地胡杨林面积减少了50%以上，仅喀什地区的胡杨林面积就减少了80%，除农垦开发一部分外，绝大部分是被当作燃料烧掉的，从而加剧绿洲人地关系紧张状况，增大干旱的风险。因此，应切实解决新疆农村，特别是南疆农村的生活能源问题；推广太阳灶技术、沼气技术；在天然气丰富地区，向农村供气。

参考文献

[1] 陈曦. 中国干旱区自然地理. 北京: 科学出版社, 2010.
[2] 刘星. 新疆灾荒史. 乌鲁木齐: 新疆人民出版社, 1999.
[3] 《中国气象灾害大典》编委会. 中国气象灾害大典·新疆卷. 北京: 气象出版社, 2006.
[4] 李江风. 新疆气候. 北京: 气象出版社, 1990.
[5] 张家宝, 史玉光. 新疆气候变化及短期气候预测研究. 北京: 气象出版社, 2002.
[6] 周聿超. 新疆河流水文水资源. 乌鲁木齐: 新疆科技卫生出版社, 1999.
[7] 新疆减灾四十年编委会. 新疆减灾四十年. 北京: 地震出版社, 1993.
[8] 《新疆自然灾害研究》编委会. 新疆自然灾害研究. 北京: 地震出版社, 1994.
[9] 新疆维吾尔自治区统计局. 新疆统计年鉴. 北京: 中国统计出版社, 2011.
[10] 秦剑. 气候变化与云南农业气象灾害分析. 气象, 1998, 24(12): 45-50.
[11] 丁一汇, 张锦, 宋亚芳. 天气和气候极端事件的变化及其与全球变暖的联系. 气象, 2002, 28(3): 3-7.
[12] 陈泮勤. 全球变暖对自然灾害的可能影响. 自然灾害学报, 1996, 5(2): 95-101.
[13] 姜逢清, 胡汝骥. 近50年来新疆气候变化与洪、旱灾害扩大化. 中国沙漠, 2004, 24(1): 35-40.
[14] 施雅风, 沈永平, 张国威, 等. 中国西北气候由暖干向暖湿转型的特征和趋势探讨. 第四纪研究, 2003, 23(2): 152-164.
[15] 胡汝骥, 姜逢清, 王亚俊. 新疆气候由暖干向暖湿转变的信号及影响. 干旱区地理, 2002, 25(3): 194-200.
[16] 姜大膀, 苏明峰, 魏荣庆, 等. 新疆气候的干湿变化及其趋势预估. 大气科学, 2009, 33(1): 90-98.
[17] 薛燕, 韩萍, 冯国华. 半个世纪以来新疆降水和气温的变化趋势. 干旱区地理, 2003, 20(2): 127-130.
[18] 杨莲梅. 新疆极端降水的气候变化. 地理学报, 2003, 58(4): 577-583.
[19] 刘芸芸, 何金海, 王谦谦. 新疆地区夏季降水异常的时空特征及环流分析. 南京气象学院学报, 2006, 29(1): 24-32.
[20] 邢楠, 周海, 尚可政, 等. 青藏高原上空径向环流与新疆干旱的关系. 干旱区资源与环境, 2010, (12): 121-127.
[21] 姜逢清, 杨跃辉. 新疆洪旱灾害与大尺度气候强迫因子的联系. 干旱区地理, 2004, (2): 148-153.
[22] 姜逢清, 朱诚, 穆桂金, 等. 当代新疆洪旱灾害扩大化: 人类活动的影响分析. 地理学报, 2002, 57(1): 57-66.
[23] 樊自立, 胡文康, 季方, 等. 新疆生态环境问题及保护治理. 干旱区地理, 2000, 23(4): 298-303.
[24] 黄少军. 新时期垦区防旱减灾对策与措施浅析. 新疆农垦经济, 2005, (7): 89-91.
[25] 张家宝. 新疆天气灾害与水资源、荒漠化问题. 新疆气象, 1998, (3): 48-50.

[26] 张国威, 吴索芬, 王志杰. 西北气候环境转型信号在新骚河川径流变化中的反映. 冰川冻土, 2003, 20(2): 183-187.
[27] 马丁·帕里. 气候变化与世界农业. 周克前译. 北京: 气象出版社, 1994.
[28] 周成虎, 万庆, 黄诗峰, 等. 基于 GIS 的洪水灾害风险区划研究. 地理学报, 2000, 55(1): 15-23.
[29] Nicholls N. Atmospheric and climatic hazards: improved monitoring and prediction for disaster mitigation. Natural Hazards, 2001, 23: 137-155.
[30] 马积虎. 新疆洪旱灾害与防灾减灾. 新疆水利, 1995, (5): 36-39, 42.
[31] 徐羹慧, 陆帼英. 21 世纪前期新疆洪旱灾害防灾减灾对策研究. 沙漠与绿洲气象, 2007, 1(5): 54-58.
[32] 程国栋, 王根绪. 中国西北地区的干旱与旱灾-变化趋势与对策. 地学前缘, 2006, (1): 3-14.
[33] 郑昕, 刘小兰. 新疆干旱灾害及抗旱减灾措施. 新疆水利, 2004, (3): 25-28.

Mutation Analysis and Countermeasures of Xinjiang's Drought Disaster in the Context of Global Warming

Tian Changyan, Jiang Fengqing, Zhang Xiaoyun
(Xinjiang institute of ecology and geography, Chinese Academy of Sciences, Urumchi, Xinjiang, 830011)

Abstract: Based on the relevant disasters statistics and precipitation observational data, this paper analyzed nearly 50 years' change features of drought affected area of Xinjiang's farmland, and stated the causes of drought and its change from the points of regional precipitation change and human activities. The results show that: nearly 50 years' drought disaster area in Xinjiang has experienced the change of low-high-low- high, and it can be divided into four periods, among which, 1950-1958 is the light drought period, 1959-1989 is the heavy drought period, 1990-2003 is the less light drought period, 2004-2009 is the moderate drought period. The drought disaster area in Xinjiang shows the trend of inapparent enlarging. The farmland drought disaster is the common result of rainfall change, foreign force, and regional human activities. The severe droughts occurred in 1963, 1974, 1977, 1986, 1989, and 2008 could be caused by a serious shortage of rainfall, which belong to typical meteorology drought and its accessory disasters. Moreover, the paper proposed the countermeasures and advice against drought and helping to mitigate drought disaster from engineering and non-engineering two aspects.

Keywords: drought disaster, global warming, countermeasure, Xinjiang

旱地农业的发展及其在防旱抗旱中的战略地位

冯　浩　赵勇钢　韩清芳

（1.西北农林科技大学中国旱区节水农业研究院，陕西　杨凌　712100；2.中国科学院水利部水土保持研究所，陕西　杨凌　712100）

摘要： 近 10 年来，中国旱灾呈现频发和加重的态势，农业用水量呈现零增长甚至负增长的趋势，粮食主产区受干旱和缺水的双重影响，直接威胁到国家粮食安全。旱地农业是全球农业生产的主要形式，主要依靠自然降水从事农业生产的旱地约占总耕地面积的 80%，由于面积较大且中低产田比例高、生产潜力较大，旱地农业受到世界各国的普遍重视。由于未来农业灌溉用水增长空间有限，缓解未来农业用水供需矛盾将更多依赖于对天然降水的有效利用。因此，发展旱作节水农业，增强耕地蓄水抗旱能力，实现自然降水与灌溉水的综合利用，减少对地下、地表水资源的过度开发和依赖，将是增强中国旱区农业可持续发展能力的重要途径。中国旱地农业历史悠久、形式多样、技术丰富，已基本形成具有中国特色的旱作节水技术体系，旱作农业区降水利用效率和生产能力稳步提高，国家粮食安全依赖该区的程度将逐步提高。当前，干旱缺水形势日益严重，抗旱工作要从被动抗旱向主动抗旱转变，从应急抗旱向常规抗旱和长期抗旱转变，因此必须大力发展半旱地高效用水农业，将农业用水从原有的地表水、地下水二元结构调整为包括土壤水和雨水利用的多元结构，提高各类农业水资源的利用率。同时，还应考虑调整旱地农业结构，以适应长期干旱缺水的局面，即旱地农业中，农、林、牧业结构的配置如何更适合于它干旱缺水的自然环境。

关键词： 干旱缺水，旱地农业，抗旱，农业水资源，农业结构

1　旱地农业的发展

旱地农业（dryland agriculture 或 dryland farming）在中国又称旱作农业（简称“旱农”），在国外称“雨养农业”或“雨育农业”（rainfed agriculture），是指在降水稀少又无灌溉条件的干旱、半干旱和半湿润易旱地区，主要依靠天然降水和采取一系列旱作农业技术措施，以发展旱生或抗旱、耐旱的以农作物为主的农业。旱地农业是全球农业生产的主要形式，其受到世界各国的普遍重视。

作者简介：冯浩，中国科学院水利部水土保持研究所研究员。

1.1　国外旱地农业的发展

目前，世界各国都结合国情、水情和农情，探索构建各具区域特色的旱地农业技术体系，旱地农业受到世界各国的普遍重视，在主要的农业国家，如加拿大、美国、澳大利亚、印度及俄罗斯等国，旱地农业均占有较大比重。例如，美国中西部大平原土地面积达 140 万 km^2，基本上属于干旱半干旱农业区，采用夏季休闲蓄纳雨水和少免耕覆盖保护耕作等措施，盛产谷物、棉花和肉牛，产量占全美国的 1/2 以上；澳大利亚旱区则以作物——豆科牧草两年轮作为主，建立稳定高效的小麦/养羊农牧结合制度；俄罗斯、哈萨克斯坦等中亚各国旱区耕地达 0.93 亿 hm^2（14 亿亩），实行休闲、保水保土耕作、营造农田防护林等措施，作物产量达到较高水平；印度在半干旱地区采用集水种植，通过径流收集，用于农田补灌。

美国是世界上农业最发达的国家之一，农业资源丰富，人均耕地接近 12 亩。西北部地区年降水量仅仅在 250～500mm，没有灌溉的耕地面积占 70%。根据人少地多、资源环境压力小的特点，美国成功地在旱作农业区推广了保护性节水耕作技术，具体包括秸秆覆盖，免耕或少耕，耕地休闲和轮作，配套的施肥、机械、作物品种布局等技术措施。例如，美国在科罗拉多州阿克伦（Akron）采用免耕与少耕体制，使休闲地的土壤蓄水量从占降水量的 19%提高到占降水量的 33%，小麦产量成倍增加；在美国中西部地区普遍推广少耕、免耕法，并与覆盖栽培结合，防旱增产效果非常显著，其小麦产量占美国小麦产量的 63.7%。另外，美国旱地采用多种形式的轮作制，保水保肥，耕地用养结合。例如，美国中西部大平原推行的三年两熟制：小麦—休闲（第一年）—高粱（第二年）—休闲（第三年），目前轮作制占耕地的 40%左右，有效地利用了水分并恢复了地力。

旱作农业在印度占有重要地位。印度耕地面积为 1.65 亿 hm^2（24.76 亿亩），旱作面积占耕地的比重超过 60%，其旱作农业用水方式因不同地区而异。印度旱作农业主要采用生物篱、田间微工程集水等技术解决作物的用水需求。生物篱技术主要应用于坡度较小、土壤层较厚的缓坡地，每隔一定的间距沿等高线种植，通过生物篱拦截泥沙，减缓地表径流，增加土壤蓄水。在坡度较缓的农田，还经常采用田间微工程集水：一种做法是把耕地分为种植作物带和不种植带，不种植带为集水区，向种植区倾斜，通过收集周围平地或集水区的水分来稳定作物产量；另一种田间微工程是沟垄种植，种植区为沟，集水区为垄，分别单行向沟倾斜，作物种在沟里。在坡度较陡、大雨暴雨多的地区，主要利用蓄水池收集降水，供干旱季节使用，在降水好的年份可以把占总降水量 16%～26%的径流收集起来。

保加利亚位于欧洲东南部巴尔干半岛上，全境大部分农区缺乏降水，且水资源严重匮乏，灌溉面积不到总耕地的 30%。因此，保加利亚十分重视农艺节水技术。该国主要做法如下：一是采取一系列措施恢复和提高土壤肥力，更多地施用有机肥（厩肥、堆肥等）来提高土壤肥力；二是扩种抗旱作物和选用抗旱品种。除栽培小麦、玉米外，也广泛种植抗旱作物，如黍、向日葵、高粱等，而且它们的种植面积有逐年扩大的趋势，并且进行带茬耕作，保留上部茬子，不翻垡片、疏松下层。同时，采取沟垄和秸秆立秆还田，降低融雪后上部土壤的水分消耗，其起到很好的积雪保墒的效果。

澳大利亚典型的经验是旱地粮草轮作制，也称为小麦/养羊旱地农作制（农牧结合制）。实施豆科牧草与作物轮作，可以避免有机质下降，从而保持土壤基础能力。旱区采用豆科牧草谷物轮作制，即苜蓿（1～2 年）—小麦或大麦、三叶草（2～3 年）—小麦或大麦，适当加入休闲，谷物增产效果显著，1952～1981 年小麦平均增产 5.7kg/亩。南澳大利亚在实行粮草轮作的条件下，苜蓿每年提供给土壤的氮素为 2.7～6.0kg/hm^2，在北澳大利亚，柱花草属植物则可提供氮的积累和消耗，其与豆科牧草的种植期限成正比。这种粮草轮作、农牧结合的旱农制，适合澳大利亚人少地多这一基本国情，既可持续增进土壤的基础肥力，又能降低旱地农业经营的市场风险。

1.2　中国旱地农业的发展概况

中国旱作区幅员辽阔，现有的 0.673 亿 hm^2（10.1 亿亩）旱作耕地主要集中在西北、华北、东北和西南地区。这些旱作区大部分属于地多水少、地表水资源不足、地下水资源短缺的平原地区和地形起伏、地表破碎、远离水源的丘陵山地区。其中，西北、华北、东北地区属于干旱、半干旱或半湿润偏旱地区，主要包括沿昆仑山-秦岭-淮河一线以北的地区。这些区域资源性缺水问题突出，年均降水量为 300～700mm，70%～80%的降水发生在 6～9 月，春旱十分严重。由于气候和人为原因，土壤沙化、退化严重，中低产田比重大。同时，农业经营粗放，农业节水技术普及率低，旱作区降水利用率一般仅在 45%～50%，农作物产量低而不稳。西南旱作区则属于季节性干旱地区，该区域降水资源丰富，年均降水量为 750～1200mm，但降水季节过于集中，一般 5～10 月降水占全年的 80%～90%，径流量大、夏季蒸发量高；耕地大多为坡耕地，坡度大，土层薄，工程性缺水与水土流失十分严重，开发条件差，极易形成季节性干旱和洪灾，大部分旱作耕地只能望天收。

多年来，国家高度重视旱作节水农业的发展，制定了一系列扶持政策，各地从本地实际出发，采取积极有效的抗旱节水措施，加快推进旱作节水农业发展，取得了明显成效。从 1996 年开始，国家启动了旱作节水农业示范基地建设项目，建成抗旱节水示范区约 46.6 万 hm^2（700 万亩），配套节水设备设施 2.2 万台（套）、农机具 1.2 万台（件），建设蓄水设施 56 亿 m^3，惠及农民约 300 万户。通过工程建设与农艺节水技术的组装配套，有效改善了示范区农业基础条件，提高了农田基础地力和抗旱节水能力。据统计与测算，示范区新增生产能力 50～90kg/亩，在示范区的带动下，中国旱作区降水利用效率和生产能力稳步提高，每亩每毫米降水的粮食产量由 0.4kg 增加到 0.6kg 以上。

针对区域特点和旱作节水农业发展需求，围绕提高降水利用效率，中国在品种选育、栽培模式、田间工程、设施设备、化学制剂等方面开展了系统研究，取得了一大批旱作节水农业科技成果，并结合各类旱作节水农业项目的实施，组织开展了大量技术推广工作，如垄沟种植、集雨池窖、地膜（秸秆）覆盖、深耕深松、膜下滴灌、免耕栽培、生物篱、坐水种和抗旱制剂等旱作节水农业技术得到了较大范围的应用，截至目前，各类旱作农业技术累计推广应用面积达到 3 亿多亩。

国内科研单位自“六五”以来，在旱地农业技术方面开展了大量研究工作，并取得很大的进展。在旱地土壤耕作技术方面，研究了以少耕、免耕、垄作、深松为核心的保护性土壤耕作技术，如东北平原的玉米（大豆）垄作少耕技术、华北地区的玉米免耕技术、西北地区的坡地水土保持耕作技术和留茬免耕技术等。这些技术的研发，有效地控制了因频繁动土而造成的旱地水土流失与土壤水分无效蒸发。在地表覆盖技术方面，以秸秆、地膜为中心，在秸秆还田方式、秸秆还田量等方面也进行了研究，如夏玉米免耕覆盖耕作，以及机械化免耕覆盖技术、玉米整秸秆全程覆盖耕作、小麦秸秆和地膜二元覆盖耕作技术、小麦高留茬秸秆全程覆盖耕作技术等，并对不同作物秸秆覆盖技术的规范化、定量化和标准化进行了研究。在集水种植技术研究方面，20 世纪 80 年代初步研究了集水技术并提出了集水农业，主要是通过实现降水资源的时空调配来解决旱农地区水资源浪费与农作物供水不足的矛盾。当前集水农业主要包括雨水就地富集叠加利用和雨水聚集异地利用两大类型，研究了垄膜沟种农田微集水种植技术、垄膜沟覆秸秆覆盖集水种植技术及集雨补灌种植技术等主要模式，并在生产中取得了很好的应用效果。在作物结构节水技术方面，以旱区高效用水为核心，旱地农业经过多年攻关研究，提出了调整作物种植结构，扩大耐旱作物比例，“压麦扩玉”“压夏扩秋”，最大限度地使作物需水和自然降水同季，其取得了良好的效果。

经过多年的大量科研开发和技术推广，中国已初步形成西北地区以覆盖聚水保墒、集雨补灌和膜下滴灌为主体，华北地区以秸秆覆盖还田和水肥一体化为主体，东北地区以深松蓄水和坐水种植为主体，西南地区以集雨补灌和生物篱保土保水为主体的中国特色旱作节水技术体系，为中国旱作节水农业发展奠定了坚实的技术基础。

根据《全国旱作节水农业发展建设规划（2008～2015 年）》确定的发展目标，到 2015 年，发展旱作节水农业面积 3 亿亩，60%以上旱耕地的生产能力得到显著提升，降水利用率达到 60%，使旱作农田基础设施得到改善，旱作节水农业技术得到较大面积的推广应用，初步形成不同区域稳产、高效的现代旱作节水农业发展模式，自然降水利用率和利用效率明显提高，旱作区农业用水紧缺态势得到基本缓解，粮食综合生产能力稳步提升，农民收入水平持续增加，生态环境不断改善。

2　中国农业干旱缺水现状与发展态势

农业干旱是指在农作物生长发育过程中，因降水不足、土壤含水量过低和作物得不到适时适量的灌溉，致使供水不能满足农作物的正常需水，而造成农作物减产。近年来，中国旱灾呈现出频发和加重的趋势。并且由于人口增长、经济增长和城市化快速发展对水的需求不断增加，农业用水量呈现零增长甚至负增长的趋势。干旱和缺水的双重影响直接威胁到国家粮食安全。

2.1　中国旱灾日益严重

近 10 年来，中国旱灾呈现出频发和加重的趋势。2009 年，中国多个省份遭遇了严重的干旱，连续 3 个多月的时间内，华北、黄淮、西北、江淮等 15 个省市没有有效降水。2010 年，西南地区持续干旱导致广西、重庆、四川、贵州、云南五省 6130 多万人受灾。今年上半年长江中下游地区遭遇了大面积的干旱，江苏、安徽、江西、湖北、湖南等省市出现了重度干旱。据统计，全国旱灾平均发生面积已由 20 世纪 50 年代的 0.1 亿 hm^2（1.5 亿亩）上升到近期的 0.253 亿 hm^2（3.8 亿亩），成灾面积由 33.3 万 hm^2（500 万亩）上升到 1466 万 hm^2（2.2 亿亩）。尤其是近 10 年来（表 1），耕地发生旱灾的面积占受灾面积的平均比重为 53.11%；旱灾成灾面积占总成灾面积的比重达到 55.16%，干旱成为农业生产面临的最大灾害。

表 1　近十年受灾与旱灾发生情况

年份	2000	2001	2002	2003	2004	2005	2006	2007	2008	2009	平均
受灾面积/万亩	82 032	78 322	70 419	81 759	55 659	58 227	61 637	73 489	59 985	70 821	69 235
成灾面积/万亩	51 561	47 690	40 740	48 774	24 446	29 949	36 948	37 596	33 425	31 851	38 298
受旱灾面积/万亩	60 812	57 708	33 186	37 278	25 880	24 042	31 107	44 079	18 205	43 888	37 618
占受灾面积比重/%	74.13	73.68	47.13	45.60	46.50	41.29	50.47	59.98	30.35	61.97	53.11
旱灾成灾面积/万亩	40 176	35 547	19 761	21 705	12 722	12 719	20 117	24 255	10 196	19 796	21 699
占成灾面积比重/%	77.92	74.54	48.51	44.50	52.04	42.47	54.45	64.52	30.51	62.15	55.16

资料来源：中国统计年鉴，2001～2010 年[1]。

2.2　粮食主产区受干旱影响严重

中国大部分粮食主产区受干旱影响严重，干旱缺水是这些地区首要面临的问题。以 2009 年为例（表 2），全国受旱灾面积 43 888 万亩，其中受灾面积超过 1000 万亩的有 15 个。全国 13 个粮食主产省区（辽宁、吉林、黑龙江、内蒙古、河北、河南、湖北、湖南、山东、江苏、安徽、江西、四川）中有 10 个省区受旱面积超过 66.6 万 hm^2（1000 万亩），仅有湖北、江苏、江西 3 个省的受旱面积小于 66.6 万 hm^2（1000 万亩），全国 4 个粮食主产区（山西、陕西、广西、新疆）中 3 个省份受旱面积超过 66.6 万 hm^2（1000 万亩），仅新疆受旱面积小于 66.6 万 hm^2（1000 万亩）。

表 2　2009 年主要受灾省及受灾与成灾面积　（单位：万亩）

省区	受灾面积	成灾面积
四川	1114	363
湖南	1130	457
广西	1161	504
陕西	1200	500
安徽	1364	78
云南	1555	624
山东	1762	1222
山西	2076	1449

续表

省区	受灾面积	成灾面积
甘肃	2313	742
河北	2316	1594
河南	2369	432
辽宁	3126	1458
吉林	3660	2207
内蒙古	5835	2884
黑龙江	7308	2861

资料来源：中国统计年鉴，2010 年[1]。

2.3　农业用水量呈零增长或负增长趋势

改革开放以来，中国灌溉农业发展迅速，有效灌溉面积由 1978 年的 0.449 亿 hm^2（6.74 亿亩）发展到 2009 年的 59.26 亿 hm^2（8.89 亿亩），有效灌溉面积占耕地面积的比重达到 48%。近 10 年，由于人口增长、经济增长和城市化快速发展对水的需求的不断增加，农业用水量呈现零增长甚至负增长的趋势（表 3），2009 年农业用水量较 2000 年减少 60.4 亿 m^3。农业用水总量占用水总量的比重由 2000 年的 68.82%下降为 2009 年的 62.41%，下降了 6.4 个百分点。

表 3　近十年供水用水情况

年份	2000	2001	2002	2003	2004	2005	2006	2007	2008	2009
用水总量/亿 m^3	5497.6	5567.4	5497.3	5320.4	5547.8	5633	5795	5818.7	5910	5965.2
工业用水/亿 m^3	1139.1	1141.8	1142.4	1177.2	1228.9	1285.2	1343.8	1403.0	1397.1	1390.9
生活用水/亿 m^3	574.9	599.9	618.7	630.9	651.2	675.1	693.8	710.4	729.3	748.2
生态用水/亿 m^3	—	—	—	79.5	82.0	92.7	93.0	105.7	120.2	103.0
农业用水/亿 m^3	3783.5	3825.7	3736.2	3432.8	3585.7	3580	3664.4	3599.5	3663.5	3723.1
农业用水所占比重/%	68.82	68.72	67.96	64.52	64.63	63.55	63.23	61.86	61.99	62.41

资料来源：中国统计年鉴，2001～2010 年[1]。

2.4　粮食主产区农业用水面临挑战

全国的农业用水量呈现零增长甚至负增长，那么全国 13 个粮食主产省区和 4 个粮食主产区的农业用水量又是如何变化的？由于农业用水数据收集有限，本文仅以缺水较为严重的冀鲁豫 3 省为例（表 4），分析其农业用水总量的变化。由表 4 可以看出，2001～2007 年 3 省农业用水总量减少了 72.33 亿 m^3。分析其变化原因，一方面是由于多年来节水灌溉综合技术的发展，使得农业用水技术的水平和效率得到提高；另一方面是由于人口快速增加，城市和社会经济发展对农业水源的不断占用。从冀鲁豫三省农业用水量变化的趋势可以推测，未来农业水源肯定还将不断地被挤占，灌溉农业将会遇到更大的挑战。

表 4　2001～2007 年冀鲁豫 3 省农业用水变化情况

年份	2001	2002	2003	2004	2005	2006	2007	较 2001 年减少量
全国总计	3825.73	3736.18	3432.8	3585.7	3580.0	3664.4	3599.5	226.23
河北	161.23	161.37	149.6	147.1	150.2	152.6	151.6	9.63
山东	182.91	188.27	157.0	154.3	156.3	169.4	159.7	23.21
河南	159.59	145.74	113.3	124.5	114.5	140.2	120.1	39.49
3 省合计	503.73	495.38	419.9	425.9	421	462.2	431.4	72.33

资料来源：中国农业年鉴，2002～2008 年[2]。

3　旱地农业在抗旱防旱中的战略地位

在全球范围内，旱地农业是农业生产的主要形式，农业用水的主要来源仍是自然降水。灌溉农业受资源紧缺、成本上升、农业效益下降等因素的影响，增长速率明显降低。旱地农业在抗旱防旱中的战略地位不容忽视。

旱地农业面积大。目前，全世界用于农业生产的土地为 15 亿 hm^2（225 亿亩），主要依靠自然降水从事农业生产的旱地约占总耕地面积的 80%。全球的农业灌溉面积由 20 世纪初的 0.5 亿 hm^2（7.5 亿亩）增加到目前的 2.5 亿 hm^2（37.5 亿亩），约占总耕地面积的 20%。据 2009 年统计，中国 1.2 亿 hm^2（18 亿亩）农田中，有灌溉条件的面积为 0.651 亿 hm^2（9.77 亿亩），有效灌溉面积为 0.593 亿 hm^2（8.89 亿亩），农田有效实灌面积为 0.518 亿 hm^2（7.77 亿亩），旱涝保收面积为 0.423 亿 hm^2（6.354 亿亩），可见约有 0.667 亿 hm^2（10 亿亩）农田属于旱地和中低产田。中国西北半干旱地区已利用耕地 0.13 亿 hm^2（1.95 亿亩），尚有 0.26 亿～0.33 亿 hm^2（3.9 亿～4.95 亿亩）土地可供农耕，约为目前中国耕地三分之一。这些广阔的旱农土地给发展农业提出了巨大的希望与寄托。

旱地农业还有较大增产潜力。许多国家试验与生产实践证明，年降水 400mm 左右或以上的旱农地区，采用适宜耕作措施，每亩每毫米降水可生产 0.5kg 谷物。目前，无论发达国家还是不发达国家都达不到这一标准。中国土地资源少，水资源短缺，而人口众多。从全球粮食生产的前景和潜力来看，开发和利用广阔的旱农地区，发展旱地农业更有重大而不可忽视的意义。

随着经济社会的快速发展及水资源供需矛盾的日趋加剧，旱作农业的发展得到中国政府的高度重视。《国民经济和社会发展第十一个五年规划纲要》提出“在缺水地区发展旱作节水农业”，2007 年中央 1 号文件提出“启动旱作节水农业示范工程”，2008 年中央 1 号文件提出“加快实施旱作农业示范工程，建设一批旱作节水示范区”，2009 年 2 月 11 日国务院通过的《中华人民共和国抗旱条例》明确提出“国家鼓励和扶持研发，使用抗旱节水机械和装备，推广农田节水技术，支持旱作地区修建抗旱设施，发展旱作节水农业”[3]。2010 年 6 月 23 日，国家发展和改革委员会、农业部发布《全国旱作节水农业发展建设规划（2008～2015 年）》[4]。2011 年 11 月 2 日国务院通过了《全国抗旱规划》，明确提出，到 2020 年，严重受旱县、主要受旱县干旱期间的饮水安全和商品粮基地、基本口粮田的基本用水需求得到较高程度的保障，全国综合抗旱能力明显提高，节水型社会建设取得明显成效。旱作农业的发展面临着前所未有的机遇。

3.1　旱地农业在国家粮食安全中具有重要地位

据国土资源部统计，中国现有旱作耕地面积 10.1 亿亩，约占耕地总面积的 55%。近年来，随着农业结构调整的深化和不同作物生产比较效益的变化，部分灌溉农田由粮食作物生产转向高附加值经济作物生产，旱作粮田占粮食总面积的比重呈增加趋势，国家粮食安全对旱作区的依赖程度逐步提高。据对全国主要旱作区 2365 个县（场）进行调查，2003～2005 年平均粮食总产量达 3470.5 亿 kg，其中旱耕地粮食总产量为 1492 亿 kg，占粮食总产量的 43%，占同期全国年平均粮食总产量的 30%以上。目前，旱作区基础设施薄弱，水资源利用效率低，中低产田比例高，粮食产量仍有较大的提升空间。从中长期看，中国粮食供求紧平衡将成为一种常态，发展旱作节水农业，挖掘旱作区增产潜力，将成为中国粮食安全的基础保障。

3.2　发展旱地节水农业是缓解水资源紧缺的重大战略

中国农业水资源总量不足，增量有限，并且由于近 10 年来人口增长、经济增长和城市化快速发展对水的需求不断增加，农业用水量呈现零增长甚至负增长的趋势。现阶段中国粮食生产总耗水量约为 5700 亿 m^3,其中有效消耗灌溉水约为 1600 亿 m^3,约 4100 亿 m^3 来自于对自然降水的利用。随着今后人口的增长，以及工业化、城镇化的深入发展，工农之间、城乡之间争水矛盾将进一步加剧。因此，未来农业灌溉用水增长空间有限，缓解未来农业用水供需矛盾将更多依赖于对天然降水的有效利用。据测算，如果全国旱作耕地应用雨水高效利用技术，使降水利用率提高 5～10 个百分点，即可增加利用降水量 200 亿～400 亿 m^3。充分利用天然降水，大力发展旱作节水农业，将成为解决中国水资源短缺的重大战略途径。

3.3　发展旱地农业是抵御旱灾、增强农业可持续发展能力的重要途径

旱作区是中国生态环境最脆弱的地区，长期以来，不合理的人为活动又进一步加剧了旱作区生态环境的恶化，导致大面积的水土流失，地下水位下降，旱灾频发，甚至河流断流，造成了一系列生态环境问题。据统计，全国旱灾平均发生面积已由 20 世纪 50 年代的 0.1 亿 hm^2（1.5 亿亩）上升到近期的 0.253 亿 hm^2（3.8 亿亩），成灾面积由 33.3 万 hm^2（500 万亩）上升到 1460 万 hm^2（2.2 亿亩）。尤其是近 10 年来，由上面的分析可知，旱灾对中国粮食主产区有严重的影响。发展旱作节水农业，可有效增强耕地蓄水抗旱能力，实现自然降水与灌溉水的综合利用，减少对地下、地表水资源的过度开发和依赖，减轻水土流失和土地沙化，促进人口、资源、环境相协调，增强农业可持续发展的能力。

4　建议与对策

当前，干旱缺水形势日益严重，抗旱工作要从被动抗旱向主动抗旱转变，从应急抗

旱向常规抗旱和长期抗旱转变，必须大力发展半旱地高效用水农业，将农业用水从原有的地表水、地下水二元结构调整为包括土壤水和雨水利用的多元结构，提高各类农业水资源的利用率。同时，还应考虑调整水资源约束条件下的旱地农业结构，以适应长期干旱缺水的局面，即旱地农业中农、林、牧业结构的配置如何更适合于它干旱缺水的自然环境。因此，旱地农业对防旱抗旱的对策为调整旱地农业结构，发展半旱地高效用水农业和适水型旱地农业，增强农业抗旱能力。

4.1 发展半旱地高效用水农业

现阶段中国粮食生产总耗水量约为5700亿m^3,其中有效消耗灌溉水约为1600亿m^3，约4100亿m^3来自于对自然降水的利用。在缺水日益严重，地表水与地下水已不能满足农业发展需水的情况下，土壤水资源（有效降水）利用就成为农业用水结构调整的一个重点。土壤水资源有其自身的特点，其不能提取、调用，只能供作物就地吸收利用，因而土壤水资源的利用只能通过调整作物的种植结构、农艺节水、生物节水等措施，寻求能高效利用土壤水资源的作物品种及耕作、管理方式，大量减少土壤水资源无效蒸发，减少灌溉水量。因而，如何调控利用好数量较多的土壤水，将农业用水从原有的地表水、地下水二元结构调整为包括土壤水和雨水利用的多元结构，是提高农业水资源利用的关键。

“半旱地农业”理念正是在农业干旱缺水日益严重的情况下，为了促进旱地农业与灌溉农业协调发展而提出的新型农业用水方式。实际上旱地农业与灌溉农业是互通的，应当把两者看作是一个连续系统，它们都应以充分利用自然降水为基础，都用单位水量形成多少产量来评价，因而在两者之间可以有第三种农业用水类型——半旱地农业。半旱地农业是在应用旱作技术时充分利用自然降水的基础上补充少量灌溉水的农业。其目标可归结为在缺水灌区保持农田高产的同时，做到大量节约灌溉用水；在旱作山区通过雨水集流等措施对部分农田实施少量补充供水，以达到显著增产。未来农业用水可能成为旱地农业、灌溉农业和半旱地农业三者协同的格局。推行半旱地农业有利于缓解中国北方地区的缺水压力，同时也是发展现代农业本身的需求。

4.2 发展适水型旱地农业

旱区农业应包括植物农业和动物农业，旱区农业的发展必然由植物农业逐步加快向动物农业转变。植物农业是第一性生产，动物农业是第二性生产，国外发达国家动物农业占大农业的比重都在50%以上，随着经济的发展和人民生活水平的提高，人们对动物农业发展的需求愈加强烈。畜牧业是以第一性的植物生产为基础的第二性生产，畜牧业是实现包括水资源在内的资源重复利用、循环利用的核心，可改善依靠大量水资源的农业的生产方式，提高农业水资源利用效率，增强农业综合生产能力必须培育发达的畜牧业。农田种草养畜是现代农业，也是畜牧业发展的趋势，发达国家饲草、饲料作物的比重较大。农田饲草种植面积占耕地总面积的比重，荷兰为67.6%，英国为59.0%，美国为20.0%，日本为18.06%，法国为9.5%，而中国农田饲草种植面积不足5%。

研究和实践表明，在干旱半干旱地区，调整农业内部结构是趋利避害的出路所在。

发展饲料作物、饲草生产能较好地适应北方旱区降水少、雨季集中在 7～8 月的气候特点和中、低产田改造的要求。很多牧草是多年生植物，具有抗旱的特点，其用水量少、产量高、经济效益高，并且通过草、粮轮作可提高土地的肥力。以籽粒为收获对象的粮食作物易受到干旱的胁迫，而种草是以营养体为收获对象，对环境的适应幅度较大，充分利用牧草的抗旱潜能，提高有限降水资源的利用率，可以在相对恶劣的自然条件下取得高产、稳产，增加农业系统的生产稳定性和良好的经济效益。例如，苜蓿营养丰富，可代替粮食等精饲料，可固氮肥，在干旱半干旱区降水不能满足粮食生产需水量，往往导致减产甚至颗粒无收，但却基本能满足苜蓿草的生长。苜蓿根深叶茂，能高效利用全年降水，甚至小于 5mm 的降水也能较好的利用；即使在降水量为 200mm 的干旱年份，苜蓿降水生产效率也能达到 1kg/m^2。苜蓿土壤水分利用率高于粮食作物，是小麦的 2.1～2.8 倍，是玉米的 2.0～2.5 倍。中国北方在水肥同等的条件下，小麦-玉米两熟制蒸散比苜蓿多 153mm，亩产干草可以达到 1t，粗蛋白亩产可达到 200kg，苜蓿粗蛋白质产量是小麦-玉米籽粒及秸秆粗蛋白质产量的 2.4 倍。苜蓿在美国种植面积为 1.46 亿亩，已成为仅次于小麦、玉米和水稻的第四大农作物。发展饲料、饲草生产一方面减轻了对灌溉农业生产粮食的压力；另一方面充分发挥了耕地的价值，提高了自然资源利用率和转化率，提高了单位面积产出。据有关资料表明，在干旱半干旱地区发展草业，整个农业系统的土地利用率可提高 33%，降水利用率提高 14%～29%。

旱区草地畜牧业的发展不仅使水资源贫乏地区的种植结构更为合理，而且可优化中国畜牧结构，具有较大的调整和发展空间。在发达国家的畜牧养殖结构中，牛羊等草食畜养殖比重平均在 60%以上，最高可达 80%，而中国畜牧结构中以猪、鸡、鱼等耗粮型畜禽鱼品种为主，比重高达 70%，虽然其逐年下降，但是饲料粮的消耗占粮食总产的比重仍然偏高。调整畜牧业结构应增加青、粗饲料为主的家畜，减少以饲料粮为主的家畜发展。大力发展节粮型、草食型畜牧业，是发展适水型现代旱地农业的重要途径。

参考文献

[1] 中华人民共和国国家统计局. 中国统计年鉴. 北京: 中国统计出版社, 2001～2010.

[2] 中华人民共和国农业部. 中国农业年鉴. 北京: 中国农业出版社, 2002～2008.

[3] 中华人民共和国抗旱条例. 经济日报, 2009-03-08(3 版).

[4] 国家发展和改革委员会, 农业部. 《全国旱作节水农业发展建设规划(2008～2015 年)》. 2010 年 6 月 23 日.

[5] 贾志宽, 王龙昌, 李军, 等. 西部农业发展面临的问题及开发对策. 中国农业科技导报, 2000, 2(4): 17-22.

[6] 郑连生. 大力提高半旱地农业生产能力. 杨凌: 北方缺水地区半旱地农业学术研讨会, 2011.

[7] 李生秀. 旱地: 农业发展的寄托. 自然杂志, 2008, 30(6): 344-349.

[8] 山仑. 发展半旱地农业, 缓解中国北方缺水压力. 科学时报, 2006-10-09(A8 版).

[9] 山仑, 吴普特, 康绍忠, 等. 黄淮海地区农业节水对策及实施半旱地农业可行性研究. 中国工程科学, 2011, 13(4): 37-42.

Development and Strategic Position in Drought Resistance and Control of Dryland Farming

Feng Hao, Zhao Yonggang, Han Qingfang

(1.Chinese Institute of Water Saving Agriculture in Arid, Northwest Agriculture & Forestry University, Shaanxi, Yangling, 712100;2. Institute of Water and Soil Conservation, Chinese Academy of Science, Ministry of Water Resources, Shaanxi, Yangling, 712100)

Abstract: In the recent ten years, our country's drought disaster has shown the trend of occurring frequently and aggravating, agricultural water consumption has shown no increase or negative growth, and the main grain producing units are influenced both by brought and lack of water, which directly threaten national food security. Dryland farming is the main form of global agricultural production, and the dry land depending on natural rainfall to do agricultural production accounts for 80 percent of total agricultural area. Because of the bigger area, higher proportion of farmland with moderate or low production, and larger production potential, dryland farming gains general attention all over the world.As a result of the limited increasing water room, remission to solve the imbalance between supply and demand for future agricultural water will depend more on the effective utilization of natural rainfall. So it will be the important way of strengthening the sustainable development capacity of our country's dryland farming to develop dry land water-saving farming, enhance the arable land's capacity to store water and resist drought, achieve the synthesized utilization of natural precipitation and irrigation water, and cut down the excessive development and dependence of ground water resources and surface water resources. In our country dryland farming has a long history, and its form is various and technology is ample. Now dry land water saving technology system with Chinese characteristic has been formed basically. The rainfall utilization efficiency and production capacity in dryland area are improved steadily, and the dependence of national food security on this area will be improved gradually. Currently, the tendency of drought and lack of water is more and more severe, anti-drought work should turn passive to active, and turn emergent to conventional and long-term. So the efficient water use agriculture of semi-arid area must be developed rapidly, agricultural water should be adjusted from dual structure of surface water and groundwater to multiple structure including soil water and rainfall, and the utilization ratio of various agricultural water resources should be improved. Meanwhile we should adjust the structure of dryland farming to adapt the situation of long-term drought and lack of water, namely that how the structures' configuration of agriculture, forestry and animal husbandry in dryland farming can adapt to its natural environment of drought and lack of water.

Keywords: drought and lack of water, dryland farming, drought resistance, agricultural water resources, agricultural structure

中国防旱抗旱法律对策研究

李永宁
（西北政法大学，陕西 西安 710063）

摘要：中国历来重视旱灾来临时的危机管理，比较轻视干旱全过程的风险管理。在此理念的主导下，中国防旱抗旱法制建设虽然取得了比较显著的成就，但在干旱及旱灾预防方面还存在许多不足，立法也存在一定的疏漏；同时，由于关注点主要在于旱灾（危机）管理，对于因旱灾造成的工农业损失及群众财产损失的补偿也存在明显的不足，现行的做法基本是发放“救灾款”来解决问题，这与旱灾造成的实际损失有比较大的差距。因此，有必要进一步完善中国的防旱抗旱法律制度，以应对中国日益严重的干旱灾害。

关键词：防旱抗旱，法律对策，法制建设

中国政府历来重视防旱抗旱政策及法律制度建设。早在 1952 年 2 月，中央人民政府政务院就做出了《关于大力开展群众性的防旱抗旱运动的决定》。20 世纪 90 年代开始，特别是 2000 年以来，中国的防旱抗旱工作逐步进入制度化、法制化时期。这一时期，国务院及相关部委办先后制定了《中央防汛抗旱物资储备管理办法》（2004 年制定、2011 年修订）、《国家防汛抗旱应急预案》（2005 年）、《抗旱服务组织建设管理办法》（2008 年）、《中华人民共和国抗旱条例》（以下简称《抗旱条例》）（2009 年）、《特大防汛抗旱补助费管理办法》（2011 年）、《县级抗旱服务队建设管理办法》（2011 年）、《全国抗旱规划》（2011 年）7 部行政法规、部门规章和规范性文件，改变了以往主要靠国家防汛抗旱总指挥部办公室（简称国家防总办公室）和相关部委的通知、意见、决定等工作指导性文件指导防旱抗旱工作的做法，极大地提高了中国防旱抗旱的法制化水平。但面对日益严重的防旱抗旱形势，中国防旱抗旱法制建设还存在一些不足，亟须进一步完善。

1　中国防旱抗旱法制建设存在的不足

尽管中国防旱抗旱法制建设取得了显著的成绩，但法制建设的现状尚不尽如人意，还存在一些不足。

作者简介：李永宁，西北政法大学教授。

注：本文利用网络资料，主要总结了西北五省以及内蒙古水利厅关于机构设置的部分，对防汛抗旱指挥部办公室的职责规定进行的总结未尽或存在的偏颇敬请谅解。

1.1　防旱抗旱法制建设的系统性、完整性比较差，对“防旱”的重视程度明显不够

就系统性而言，目前仅有国务院制定的行政法规《抗旱条例》及另外的 6 部部门规章和规范性文件，全国人民代表大会立法还是空白，法律体系不完整，立法层级也不够。而且，作为《抗旱条例》上位法的《中华人民共和国水法》，并未对防旱抗旱做出任何明确的规定，甚至在《中华人民共和国水法》中根本未出现防旱抗旱的文字，导致不同位阶的法律之间的逻辑联系存疑。

就现行行政法规及部门规章的名称及内容看，中国的防旱抗旱立法比较偏重于抗旱方面，着重于旱灾来临时的“危机管理”[1]，对干旱的预防明显重视不够，预防性法律规定偏少。纵观新中国成立以来的防旱抗旱政策、法规和部门规章，仅有 1952 年政务院《关于大力开展群众性的防旱抗旱运动的决定》中使用了“防旱”的文字，其他的政策性文件、行政法规和部门规章均无一例外的仅仅突出“抗旱”，似乎把“防旱”的内容纳入到了抗旱当中。但就相关法规的具体规定看，“防旱”所应有的制度措施并未得到充分的体现。例如，《抗旱条例》专设第二节“抗旱预防”，但该节的 20 条规定涉及的主要是“旱情”来临时的应对性防御措施，与“防旱”的要求相去甚远。

1.2　《抗旱条例》立法目的表述不周延、不明确

《抗旱条例》第一条指出：“为了预防和减轻干旱灾害及其造成的损失，保障生活用水，协调生产、生态用水，促进经济社会全面、协调、可持续发展，根据《中华人民共和国水法》，制定本条例。”其中，“为了预防和减轻干旱灾害及其造成的损失”中的“减轻”，隐含着一个较为主观武断的前提性假定，就是所有干旱必然性地会造成损失。所以，面对必然性的损失“法律”只能做到“减轻”其危害。这样的条文规定，一方面相当于否认了可以通过防旱“消除旱灾给经济、社会带来的各种不利影响”[2]；另一方面是说既然干旱灾害必然会造成损失，再努力的作为也不足以“消除”干旱的全部损失，因而对于所造成的“根本”不可消除的损失，政府必然是无责的。事实上，“自然界的干旱是否造成灾害，受多种因素影响，对农业生产的危害程度则取决于人为措施。因此，干旱是否致害，特别是是否影响到农业生产，与所采用的农业技术及各种预防性措施是存在一定的对应关系的”。正如中国《抗旱条例》第二十八条把干旱灾害区分为“轻度干旱、中度干旱、严重干旱、特大干旱四级”一样，对于其中的轻度干旱和中度干旱，通过积极的和科学的预防性措施，应该存在“消除”或“基本消除”其危害的可能性。所以，“为了预防和减轻干旱灾害及其造成的损失”的说法显然并未穷尽人力施予干旱过程产生的所有可能的后果。

1.3　现行防汛抗旱管理体制不能适应防旱工作要求

《抗旱条例》第五、第六、第七、第八条对抗旱的管理体制进行了规定，核心有五点：一是抗旱实行各级人民政府首长负责制；二是国家防汛抗旱总指挥部负责组织、领导全国的抗旱工作；三是流域管理机构与有关省、自治区、直辖市共同组成流域防汛抗

旱指挥机构，负责流域的抗旱工作；四是县级以上地方人民政府防汛抗旱指挥机构负责本行政区的抗旱工作；五是政府水利部门承担防汛抗旱指挥机构的具体工作。按《抗旱条例》对防旱抗旱管理体制的上述规定，存在的问题如下。

第一，国家防汛抗旱指挥机构，是由政府相关部门负责人“兼任”组成的协调性的组织、决议机构。这种体制设计对于集中力量解决不特定时间发生的汛旱灾害显然是积极的，而且是有效的。但“防旱”与“抗旱”最大的区别就在于“防”是防患于未然，而“抗”则是一种有针对性的应急工作。既然“防旱”并非临时性，而是持续不间断的工作，那么用一个“兼任型”的不定期组织协调机构解决不间断的防旱工作，显然是很难充分发挥应有的“日常性”作用的。

第二，防汛抗旱指挥机构的具体执行机构均由相应层级的各级政府的水利部门承担，也即在县级以上各级政府的水利部门基本都设有“防汛抗旱指挥部办公室”。但纵观不同层级“防汛抗旱指挥部办公室”的工作职责，除完成指挥机构交办的工作任务外，最主要的工作职责就是编制防汛抗旱预案、旱情调研、防汛抗旱动态、灾情统计、监督分配防汛抗旱经费、监督防汛抗旱物资储备及使用等，也即主要负责针对汛旱灾害的具体工作。除此之外，其日常工作的性质基本相当于防汛抗旱指挥机构的情报部门，针对“防旱”几乎无所作为，对“防旱”的规划、组织、领导，处于无人、无具体部门负责的状态。

第三，“政府首长负责制”与上级防汛抗旱指挥机构之间的权责如何划分，特别是涉及防旱抗旱资金投入时，是“政府首长”负责还是上级“防总”负责，是否会因此产生推诿扯皮，以至于延误防旱抗旱的有效时机都是很不明确的。另外，地方指挥机构既要接受当地“政府首长”的指挥，还要接受“上级防总”的指挥，当地方首长和上级防总的指挥同时下达或存在分歧时，到底以谁的指挥为准呢，也存在不明确的地方。

1.4 对因旱灾造成的农业及畜禽损失的救济补偿机制缺位

中国《抗旱条例》第五十条规定了“各级人民政府应当建立和完善与经济社会发展水平以及抗旱减灾要求相适应的资金投入机制，在本级财政预算中安排必要的资金，保障抗旱减灾投入”。第五十二条规定了“旱情缓解后，各级人民政府、有关主管部门应当帮助受灾群众恢复生产和灾后自救”。这两条规定似乎隐含了对旱灾造成的农业及畜禽损失补偿的涵义，但实际上并不具有真正意义的旱灾损失的救济补偿机制。因为，第五十条的规定更主要的是满足“对抗旱服务组织、抗旱工程、抗旱物资等抗旱手段的组织和使用”的“扶持、支持、鼓励”，是对政府组织领导抗旱减灾所需费用的预算安排要求；第五十二条的规定含有一定的损失补偿的涵义，但因为补偿的对象是“受灾群众”，农民的作物及畜禽损失最多是个参考数据。因此，此处所谓“补偿”更主要的（包括实践当中的具体做法）是“补偿”基本生活费用，以及灾后恢复生产所需要的种苗、化肥、药剂等基本农用物资，不可能补偿农林牧业（含畜禽）的真实损失。而且，就补偿的手段来说，法律规定的仅是“帮助”，也就是协助“受灾群众”恢复灾后生活。这里的“协助”往往包含各种各样非规范的形式，如组织受灾群众开展生产自救、干部下乡帮扶、发动机关事业厂矿“一对一”扶持，或象征性地提供一定数量的“救灾款”进行援助等，仍然是以灾后恢复为重点，与严格意义上的“损失补偿”谬以千里。因此，对补偿机制的规定缺位是相关法律存在的一个明显的漏洞。

2　中国防旱抗旱的法律对策

通过以上对防旱抗旱现状、问题的分析，结合 2011 年中央 1 号文件提出的与防旱抗旱有关的政策、原则和制度，构建中国的防旱抗旱法律对策，应把握以下几个原则：一是要充分认识防旱抗旱立法在中国社会管理创新中的重要意义，加快立法的进程，尽快完善防旱抗旱法律体系。二是坚持“防旱”与“抗旱”同等重要的原则。立法应同时关注“防旱”“抗旱”两个过程。应实现“旱灾预防”与“旱灾应急”法制的有机统一。三是防旱抗旱应坚持国家主导的原则，加大国家对防旱抗旱的人、财、物投入，造福全体国民。四是突出风险共担、分散损害的原则。要加强对受灾害地方群众及灾害损失的救济补偿，体现社会对弱势群众的关怀，推进社会和谐。根据以上原则，中国进一步完善防旱抗旱法制的对策应包括以下主要内容。

2.1　制定防旱抗旱法

鉴于中国现行防旱抗旱法仅有行政法规和部门规章的情况，建议全国人民代表大会尽快制定更高法律位阶的防旱抗旱法，完善中国防旱抗旱法律体系。由于“防旱”和“抗旱”分别体现了“预防性干旱治理”和“应急性旱灾治理”两个不同的阶段性特征，适用于不同阶段的治理手段也会有很大的差异。因此，防旱抗旱立法也应区分不同治理阶段进行专门立法。具体针对“防旱”阶段的“预防性治理”应制定《中华人民共和国干旱预防法》（以下简称《干旱预防法》），针对“抗旱”阶段的“应急性旱灾治理”应制定《中华人民共和国旱灾应急与救济法》（以下简称《旱灾应急与救济法》）。由于在旱灾应急方面已有相对比较成熟的《国家防汛抗旱应急预案》和《抗旱条例》的相关规定，目前最紧迫的是尽快制定《干旱预防法》。在《干旱预防法》制定颁布之后，再结合现有防旱抗旱法的实践总结，制定《旱灾预防与救济法》。通过制定这两部法律，统领现行的《抗旱条例》、相关部门规章，以及相关地方立法等，形成比较完备的防旱抗旱法律体系。

《干旱预防法》对干旱过程干预的核心在于通过必要的制度设计，实现节约、均衡、可持续的水资源利用。这些必要的干旱预防性制度应包括管理体制、防旱规划、水源保护、水工程建设、节水措施与制度、荒漠化预防、国家支持与鼓励、奖励与激励等制度。其具体内容除《抗旱条例》中规定的干旱预防的相关内容以外，还应包含《水土保持法》《防沙治沙法》，以及荒漠化治理等相关法律规定中有关防旱的内容。

《旱灾应急与救济法》是针对旱灾发生后的治理与损失补偿的法律，其核心是解决如何救灾、灾害损失补偿、灾民救济与安置 3 个问题。在制度结构上应包括旱情监测与预报、灾害分级、应急预案、救灾动员、防灾避让、紧急征收、灾民安置、损失统计与补偿等。其具体内容应包括《抗旱条例》中有关干旱治理的相关部分，以及《国家防汛抗旱应急预案》《特大防汛抗旱补助费管理办法》等规章中的相关规定。

2.2 完善《抗旱条例》的相关规定

《抗旱条例》最大的不足是把“防旱”与“抗旱”合而为一，虽有防旱的规定，却是以“抗旱”内容为主的一部行政法规。其出现这种问题可能的原因是中国现行实质上的与“防旱”有关的规定大多渗透在相关的环境资源保护法律当中。所以，对《抗旱条例》的修改完善可以采取一种渐进的态度，修改经过实践检验不完善的规定，填补与现行《抗旱条例》逻辑一致，但未能涵盖实践需求的疏漏。待条件成熟时再由更高位阶的法律整合现有渗透着“防旱”实质规定的所有法律法规，制定《干旱预防法》，以解决《抗旱条例》在“防旱”方面的不足。按照这一思路，《抗旱条例》的修改完善应重点把握以下几个方面的内容。

第一，完善《抗旱条例》的立法目的和法律原则。关于立法目的的完善，应增加防旱抗旱，以“消除”旱灾危害的可能性，把“预防和减轻”干旱灾害修改为“预防、减轻或消除”干旱灾害，这样，《抗旱条例》的立法目的才会变得周延，更符合科学事实，也才能有效避免政府怠于作为的可能情况，并借此强化政府对“防旱”的重视程度，使《抗旱条例》真正成为应对干旱灾害的有力武器。关于法律原则的完善，应突出防旱在防旱抗旱工作中的突出地位，落实“民生优先”的原则，充分关照人民群众的切身利益，有效促进节水社会建设。

第二，明确、细化抗旱工作的组织管理机构及其职责。主要包括：①建立常设纵向垂直决策、指挥机构。按现行机构设置，防总总指挥、副总指挥、指挥部成员均由国家（地方）领导和相关部门负责人兼任。宜设常务副总指挥由专人担任，负责指挥机构日常工作，并承担日常指挥责任。②成立指挥机构具体工作部门；《抗旱条例》规定由水利部门作为防汛抗旱指挥机构的具体执行部门，按照这一规定，水利部专门成立了国家防总办公室。但地方指挥机构是否设立办公室？因为《抗旱条例》没有明确规定，导致有些省设有办公室、有些省未设办公室的复杂情况。设有办公室的，内部一般也未建立相应的工作部门。这样的机构设置显然很难有效承担起防旱抗旱的日常性工作重任。有必要对地方指挥机构具体工作部门的设置做出专门规定，定编、定岗，以确保防旱抗旱责任的落实。③对地方指挥机构办公室的具体职责做出明确规定，既保证指挥机构工作任务的完成，也便于不同层级横向间的抗旱指挥机构之间的联系、沟通和信息交流。

第三，完善政府抗旱资金投入机制。“目前全国 31 个省（区、市）和新疆生产建设兵团，只有 12 个设立少量抗旱专项资金，总额不足 6000 万元”。[3]出现这种情况，与《抗旱条例》规定的资金投入机制不明确有很大关系。应根据 1 号文件关于投入水利建设资金的数额增长要求，确定财政投入的比例，然后将该资金细化为中央大型水利工程建设资金、水利建设专项补助金、设备购置补贴、抗旱救灾专项资金等项目，以及确定每项资金分别由国家财政和地方财政分担的比率，将这些具体的财政手段在《抗旱条例》中结合相关内容加以具体规定。这样就能确保财政资金的应有投入量，使《抗旱条例》的相关规定更加完善明确，并达到制度化要求。

第四，增加对重点区域的优惠扶持制度。其可以采取的措施如下：一是大型和中小型水利工程向重点区域倾斜，因为工程落地必然意味着财政水利建设资金的进入；二是相比其他地区，对生态环境极其恶劣地区水利建设的专项补助金、节水抗旱设备补贴和抗旱救灾专项资金的比率做适当提高；三是对在这些地区建设的具有防旱抗旱价值的营运性水利工程，在征用土地、经营税率等方面给以适当照顾；四是鼓励经济发达地区对口支援重点区域的水利建设；五是增加对这些重点区域水利建设的贴息贷款和政策性贷款，在数量上给予优惠；六是允许这些地区发行水利建设债券、彩票等融资形式。

第五，强化公众参与的激励引导机制。其应主要采取以下措施：一是节水设备、器材补贴，应扩大适用到公众消费领域，积极推动公众节约用水习惯的形成；二是政府的节水宣传应采取多种灵活的方式，如可以不定期地开展节水知识竞赛，还有对公民纳税凭证、购物票据设立节水奖，随机抽取，扩大节水的社会认知面等；三是对机关、企事业单位人均用水量或单位产值用水量设置不同级次的节水额度，对节水先进单位予以奖励；四是引导社会组织兴修水利，对建成的水利工程，根据其功能赋予使用特权；五是对农业灌溉用水，根据单位面积用水量设置合理标准，确定节水额度，对节水先进用户进行奖励。

2.3　构建旱灾损失补偿机制

《抗旱条例》在“灾后恢复”一章指出，“旱情缓解后，各级人民政府、有关主管部门应当帮助受灾群众恢复生产和灾后救济”（第五十二条），“国家鼓励在易旱地区建立和推行旱灾保险制度”（第五十七条）；另外，根据《国家自然灾害应急预案》4.1.2的规定“特大自然灾害救济补助资金，专项用于帮助解决严重受灾地区群众的基本生活困难”。从这些规定可以看出，中国现行的灾后救济主要是对受灾群众基本生活和生产恢复的保障性救济，虽然灾民取得的救济款可能包含农业损失（灾后）的某种含义（救济），但救济款的数量往往极其有限，根本不可能覆盖到所遭受的农业损失。因此，可以说，在中国尚无严格意义的灾害损失补偿救济机制。

就实践层面而言，中国对旱灾的补偿救济主要采取了政府救济、社会捐助和推行农业保险等形式。但社会捐助数量有限，农业保险采取的是自愿形式，而且保险毕竟是以商业化形式进行运作的，保险赔偿受所缴纳保险费的限制，也很难足额补偿实际受灾损失；加之农业保险险种少，风险难以预期，保险企业积极性不高，参与保险的农民数量也很少。受这两种不充分的救济方式的制约，中国实践当中的灾害损失救济仍然是以政府救济为主的。这就造成了灾害损失补偿严重不足，这也是《抗旱条例》第五十七条鼓励建立和推行农业保险的主要原因。

当然，如果单纯依靠政府全额补偿旱灾损失，面对中国旱灾频发的客观事实，对政府而言也是个沉重的负担。所以，建立灾害损失补偿救济机制，应充分发挥政府、社会、农民三方面的积极性，由政府、社会、农民三方协力，把政府拨付的财政资金、社会捐助和政策性农业保险的一部分集中起来，建立旱灾损失补偿基金，该补偿基金专门用于对旱灾引起的农林作物损失和农村养殖业损失进行补偿。只有实现了旱灾损失的充分补偿，中国的抗旱法制才会真正走向成熟。

参 考 文 献

[1] 程静, 彭必源. 干旱灾害安全网的构建: 从危机管理到风险管理的战略性变迁. 孝感学院学报, 2010, 4: 79-82.

[2] 成福云, 朱云. 对中国干旱风险管理的思考. 中国水利学会2005学术年会论文集—水旱灾害风险管理, 2005.

[3] 赵永平. 全国仅 12 省份设立抗旱专项资金总额不足 6000 万元. 人民日报, 2010-04-13.

Legal Countermeasures of Prevention and Resistance of Drought in China

Li Yongning

(Northwest University of Politics and Law, Shaanxi Xi'an 710063)

Abstract: China has always attached much importance to the crisis management when drought comes, but less importance to the risk management on drought process. Under the guidance of this concept, the legal construction of drought prevention and drought resistance in China has made a more significant achievement, but there are still many obvious deficiencies in the arid and drought prevention, and there are some omissions in legislation; at the same time, because the concerning point is drought (crisis) management, there is obvious insufficiency in mass compensation for industrial and agricultural losses, and losses of property caused by drought. To solve the problem, the current practice of the basic issue is through the relief funds, which have a relatively large distance from the actual losses. Therefore, it is necessary to further improve China's legal system on drought prevention and drought resistance in response to China's increasingly severe drought disaster.

Keywords: prevention and resistance of drought, legal countermeasures, legal construction

新疆地区防旱抗旱战略的核心技术——膜下滴灌

吴　磊　魏统全

（新疆天业集团公司）

摘要：防旱的核心问题是开源节流。作者分析了新疆结构性缺水情况，提出了解决该问题的核心战略就是研究降低灌溉单耗，提高水利用系数。本文介绍了新疆防旱抗旱核心技术——膜下滴灌，其作用是控制灌溉系统中的土壤水，实现人工供水与田间植物自然需水的供需平衡，大大节约灌溉水量，具有抑盐淡化作用。本文最后介绍了新疆绿洲现代灌溉系统工程，以及对今后的展望。

关键词：结构性缺水，灌溉单耗，输水水利用系数，膜下滴灌

防旱抗旱的核心问题是防旱。凡事预则立，不预则废；防旱不足，抗旱吃力不讨好。防旱的核心问题是水资源持续利用——开源节流，开源是由李佩成院士提出的五水（大气水、降水、径流、地下水、土壤水）并用，节流是建设节水型社会，各行各业的耗水与有效需水平衡，所谓“有效”就是除去奢侈耗水和有害耗水。防旱就是在掌握有效需水的基础上降低耗水，把丰水年多余的水储存起来供枯水年抗旱，达到平、丰、枯 3 个年份水资源的持续利用。

新疆是结构性缺水。生态脆弱、缺水成为制约跨越式发展和长治久安的头号瓶颈。水到哪里去了？新疆绿洲面积虽然只有约 10 万 km^2，只占国土面积的 6%，却有 4 个 90%与绿洲有关：承载了全社会人口和财富的 90%以上，绿洲农田占全部耕地的 90%，地处旱区的绿洲农田必须全生育期灌溉，灌溉耗水占全社会的 90%以上，形成生态和发展缺水的局面。

新疆年径流量为 800 多亿立方米。到 2000 年，全社会多年平均耗水总量约为 500 亿 m^3，其中绿洲农田 0.6 亿亩总耗水量约为 450 亿 m^3，这样，亩耗水即

单耗：

$$\omega_0 = (450\times10^8)/(0.6\times10^8) = 750\text{m}^3/\text{亩}$$

根据新疆水利厅 2000 年的内部资料《新疆水资源开发对策研究》，全疆传统灌溉综合平均田间需水量为

$$E_0 = 575\text{mm，即 } 380\ \text{m}^3/\text{亩}$$

而单耗：

$$\omega_0 = E_0/U_0 = 750\text{m}^3/\text{亩}$$

式中，U_0 为全疆综合平均输水水利用系数，即

作者简介：吴磊，新疆天业集团公司高级顾问。

$$U_0=380/750\approx0.5$$

显然，解决新疆结构性缺水防旱抗旱的核心战略就是研究降低灌溉单耗，而降低单耗的核心参数就是田间有效需水量和水利用系数。所谓“有效”就是能形成光合干物质的需水量。

新疆生产建设兵团农十四师二二四团 2 万 hm^2（30 万亩）灌区，1.47 万 hm^2（22 万亩）灌溉面积实现了管道化输水，实测水利用系数已达 0.95。

关于田间有效需水量（E_{min}），兵团农八师炮台水土改良试验站（简称炮台试验站）在 1996 年开展膜下滴灌研究时，棉花灌溉定额已降低到 132.67m^3/亩（见附件），传统灌溉的田间需水量 $E_0=333m^3$/亩（500mm），膜下滴灌的需水量如果是有效需水量的话（$E_{min}\approx0.4E_0$），在申请膜下滴灌集成创新技术进步奖时是不敢提的，因为这个指标太低了，世界上棉花田间需水量也从来没有这么低。经过几年的摸索，向中国工程院山仑院士请教，才知道传统灌溉棵间蒸发占需水量（E_0）的 45%，向中国农业大学康绍忠教授请教，才知道叶片蒸腾（$0.55E_0$）中还有 20%～30%不形成光合干物质的奢侈蒸腾，形成光合干物质的有效蒸腾或有效需水量（E_{min}）是 $0.385E_0$～$0.44E_0$。而炮台试验站 $E_{min}\approx0.4E_0$，可以说明两个问题：山仑院士、康绍忠教授的研究成果适用于旱区绿洲农田，可能旱区农田的无效损失还要多一些。绿洲农田传统灌溉的需水量减去棵间蒸发和奢侈蒸腾就是田间有效需水量，棵间蒸发是旱区农田次生盐渍化（简称盐化）的动力，所以是有害耗水。这样，膜下滴灌就是减去有害耗水、奢侈耗水，并使灌溉达到有效需水量的核心技术。

用两个核心节水参数（田间有效需水量和管道化输水的水利用系数）来估算降低了的单耗，就能看到新疆灌溉节水前景，就抓住了新疆防旱抗旱的先导性、核心性、基础性、战略性技术。

如果田间有效需水量除去 90%的棵间蒸发，暂时保留奢侈蒸腾，水利用系数为 0.9，因此，实际单耗为

$$\omega'=(1-0.9\times0.45)E_0/0.9=0.6E_0/0.9\approx250m^3/亩$$

与传统灌溉的单耗 750m^3/亩的节水比为

$$\beta'=(750-250)/750=2/3$$

这样，灌溉节水总量为

$$W'=450\times10^8\times2/3\approx300\times10^8m^3$$

在现有灌溉水资源总耗 450m^3/亩的基础上，用 1/3 灌溉现有绿洲 400 万 hm^2（0.6 亿亩）农田，用 1/3 建设生态新疆，用 1/3 发展，可一举解决新疆结构性缺水难题。

1　核心技术——膜下滴灌

膜下滴灌是大田膜下滴灌栽培工程技术的简称，是覆膜栽培技术与田间滴灌工程的集成创新，属于田间现代灌溉技术的范畴，实现了田间传统灌溉向现代灌溉的飞跃。经兵团农八师、石河子市和新疆天业集团 6 年（1995～2000 年）田间生产试验研究和

产业化与大田生产示范，解决了对旱区农田的技术适应性、应用可靠性和经济可行性。田间系统平均每亩一次投资约为 500 元（以色列为 1800 元），年费用 100 多元，与节支（水、肥、机力、人力、耕地）100 多元基本持平，年年使用，年年增产增效。到 2011 年，全疆推广面积为 166.6 万 hm^2（2500 万亩），粮、经、草、果、生态林都可以应用。

1.1 作用

膜下滴灌的核心作用是控制了灌溉系统中的土壤水，实现了人工供水与田间植物自然需水的供需平衡，能够使供水量与有效需水量平衡，大大节约灌溉水量。

灌溉水从全部流程看有五水：资源水、输运水、土壤水、植物水、大气水。传统灌溉只能控制资源水和输运水，控制不了土壤水。由于农田耕层土壤是一个开放系统，灌溉水进入土壤后，上可在土面（棵间）蒸发，下可渗入地下，提高浅层地下水位，只有一部分进入根毛成为植物水。土壤水的乱流不仅浪费了大量水资源，还形成了绿洲农田盐化等一系列恶果。盐化主导了农田生态恶性演替，典型表现为“三化一污”（盐化、肥力退化、肆虐的风沙化，化学肥料农药面源污染）。

膜下滴灌使农田耕层土壤处于封闭状态，控制了土壤水，上可抑制棵间蒸发，下可杜绝渗漏，即抑制了耕层土壤盐化的动力，浅层地下水位下降到一定深度后可杜绝盐分的来源。同时，在湿润锋中部形成淡化区，有利于作物根系吸收水肥，因为水滴一滴一滴地滴在地表，只在地表形成一个很小的饱和区，水分子沿土粒表面向前后左右和下方扩散，把耕层土壤中的盐分也推向了湿润锋边缘。这就是膜下滴灌的抑盐淡化作用，它将主导治理“三化一污”。所以，同传统灌溉（沟、畦、漫灌、管灌、喷灌、滴灌等）对比，膜下滴灌属于现代灌溉范畴。因为上述传统灌溉都控制不了土壤水，没有抑盐淡化作用。

1.2 功能

由覆膜栽培技术和田间滴灌工程集成创新，形成了田间膜下滴灌系统工程技术，这个新系统除了原来两种工程技术的功能外，还增加了许多新的功能：第一大幅节水，第二抑盐淡化，第三灌溉水的供需平衡，使膜下滴灌可以按照作物生理规律供水供肥，从而为高产奠定基础。

大幅节水解决新疆结构性缺水问题。

抑盐淡化作用可根治绿洲农田“三化一污”，为建设绿洲农业生态良性演替奠定工程技术基础。新疆兵团农八师一四二团，20 世纪 50 年代开垦近 3.33 万 hm^2（50 万亩）农田，大田漫灌不到十年就出现盐化，原陕西工业大学王文焰先生 20 世纪 60 年代就到兵团开始治理，之后连续多年的治理都没有从根本上改变盐化的恶性演替。到 2000 年，农田萎缩到不足 1.33 万 hm^2（20 万亩），春天融雪后盐化农田白茫茫一片，寸草不生。21 世纪初，不到 5 年时间，用膜下滴灌成功收复失地，扩大到了 2.66 万 hm^2（40 多万亩）。这是膜下滴灌治理盐化的一个成功范例。

高产例子更是比比皆是。最早推广的新疆兵团农八师，植棉近 13.33 万 hm^2（200 万亩），皮棉亩产传统灌溉近 100kg，近年来达到 160kg，高产田达到 290kg，净光能利用率达到 2.5%，小麦高产田达到 806kg，比传统灌溉的平均亩产（350～400kg）也翻一番。传统灌溉费劳力，一个农工最多承包棉田 $2hm^2$（30 亩），膜下滴灌后至少可承包 $6.67hm^2$（100 亩），规模效益加上提高单产，效益翻几番。

新疆天业集团产业化与示范的最大贡献是生产了农民用得起的滴灌系统，亩投入由以色列的 1800 元降低到 500 元，年费用为 100 多元，与节支（水、肥、劳、机、地）持平，增产是净效益。这是新疆农工、农民主动应用的直接原因，也是膜下滴灌快速推广的基础动力。

增产的理论值，根据中国科学院沈允钢院士的研究，作物生长期内最大光能利用率可达 10%，出苗和成熟为 0，平均为 5%，减去 20%～30%的呼吸消耗，净光能利用率可达 3.5%～4%。石河子垦区亩产皮棉 100kg，净光能利用率为 0.85%，理论上的增产潜力可翻两番，达到 400kg。

这样看来，膜下滴灌具有社会效益（节水）、生态效益、经济效益。

2　核心工程——绿洲现代灌溉系统工程

以绿洲为单元的灌溉节水核心工程主要包括以下内容。

（1）核心参数：田间有效需水量、水利用系数。

（2）核心技术：膜下滴灌（覆盖微灌）。

（3）输水管道化：大大提高水利用系数。

（4）建设山区水库，调节年度春旱秋涝，保障年度供需平衡。

（5）建设以出山口为主的沉砂池，实现灌区自压管道输水，节约能源。

（6）在冲积扇上建设滞洪坝，丰水年的多余径流渗入地下，补充深层地下水，枯水年提水灌溉抗旱，保障枯水年的供需平衡。

（7）平水年出山口年径流覆盖绿洲全部灌区，平水年、丰水年不用井水灌溉，保障丰、平、枯年水资源的持续利用。

3　玛纳斯绿洲试验区

最近国务院批准《新疆天山北坡经济区》提升为全国 18 个重点开发区之一，玛纳斯绿洲是这个经济区六个区块之一，国家对玛纳斯绿洲的发展定位是建成全国制造业基地、纺织工业基地、绿色食品加工基地和农业产业化示范区。水利就成为完成这些建设任务的先导性、基础性、核心性、战略性工程。

玛纳斯绿洲地处天山北坡中段，包括农八师、石河子市、玛纳斯县、沙湾县，国土面积近 2.4 万 km^2，绿洲面积约为 1 万 km^2，绿洲农田为 460 万亩，占全疆的 1/13；总人口为 100 万人，占全疆的 1/20；2000 年大农业生产总值为 37 亿元，占全疆的 1/10；全社会总耗水约为 29 亿 m^3，灌溉耗水为 27 亿 m^3。出山口年径流多年平均约为 24 亿 m^3，每年提取地下水约为 5 亿 m^3。

绿洲传统灌溉平均单耗为

$$\omega_0 = 270\times10^8/460\times10^4 \approx 600\text{m}^3/\text{亩}$$

绿洲传统灌溉田间需水量为

$$E_0 = 500\text{mm 或 } 330\ \text{m}^3/\text{亩}$$

这样，水利用系数为

$$U_0 = 330/600 = 0.55$$

如果建设绿洲现代灌溉系统工程，实际需水量按炮台试验站的实测 $0.4E_0$ 估算，则

$$E' = 0.4E_0 = 133\text{m}^3/\text{亩}$$

水利用系数 $U' = 0.9$ 则实际单耗为

$$\omega' = 133/0.9 \approx 150\text{m}^3/\text{亩}$$

则现有 460 万亩灌溉面积总耗为

$$W' = 150\times460\times10^4 \approx 7\ \text{亿 m}^3$$

可节水 29–7＝22 亿 m^3

在平水年不用 5 亿 m^3 井水，则可节水 17 亿 m^3。

按出山口多年平均径流 24 亿 m^3 进行总体规划。

（1）7 亿 m^3 灌溉 460 万亩现有农田。

（2）用 7 亿 m^3 扩大 460 万亩农田，只能种草种树。

（3）其余 10 亿 m^3 水用于发展二、三产业。

4 展　　望

新疆的长治久安在中国的重要战略地位自不待言。新疆的长治久安是一个基础链。

绿洲现代灌溉系统是绿洲生态农业的基础，是现代农业的基础，是农业现代化的基础，是三化（工业化、城镇化、农业现代化）的基础，是跨越式发展的基础，是长治久安的基础。

大家知道，中国到 21 世纪中叶要实现现代化，其中最困难的是农村城镇化，最严重的是农民工人化，最复杂的是农业现代化。农业现代化是中国现代化的最深层基础。所以，党中央一直强调解决“三农”难题是全党工作的重中之重，而新疆又是重上加重。但是有了膜下滴灌这项核心技术，实现新疆绿洲农业现代化依次有四部曲：节水—生态—现代农业—农业现代化。

4.1 节水

俗话说，手中有粮，心中不慌；对于水则是手里有水，发展不累。以上谈的是灌溉节水潜力，到目前为止，膜下滴灌推广了 2000 多万亩，还不见节约的水。真正把水拿到手上，必须以每一个绿洲为单元实行兵团、地方融合，进行统一规划，首先建设绿洲现代系统工程，把节约的水拿到手上，才能进一步规划生态建设和二、三产业发展。

前面用全疆综合平均值估算了节水潜力，只能是总体的设想。每一个绿洲都有传统灌溉时的田间需水量（E_0）、水利用系数（U_0）和单耗（ω_0）。新疆南北疆差别很大，地处北疆的玛纳斯绿洲 $E_0 \approx 500$mm，$U_0 \approx 0.55$，$\omega_0 \approx 600$ m^3/亩；南疆和田绿洲 $E_0 \approx 700$mm，$U_0 \approx 0.4$，$\omega_0 \approx 1200$ m^3/亩；所以每个绿洲的有效田间需水量（E_{min}）也不同，都要实行产、学、研相结合的前期试验研究，以期得到准确的核心参数。管道化后的水利用系数（U_{max}）变化不大，0.95 就是位于和田绿洲的二二四团的实际运行值。

这样，每一个绿洲只要实测有效需水量，就可估算节水比（潜力）：

传统灌溉：

$$\omega_0 = E_0/U_0$$

现代灌溉：

$$\omega_{min} = E_{min}/U_{max}$$

节水比：

$$\begin{aligned}\beta_{max} &= (\omega_0 - \omega_{min})/\omega_0 \\ &= 1 - \omega_{min}/\omega_0 \\ &= 1 - (E_{min}/E_0)(U_0/U_{max})\end{aligned}$$

理论上，如果 $E_{min} \approx 0.4E_0$ 、$U_{max} \approx 1$，则节水比：$\beta_{max} = 1 - 0.4U_0$

换句话说，知道了传统灌溉的水利用系数，利用上述公式就可以估算出每个绿洲的节水潜力。

4.2　生态

解决新疆生态脆弱问题，见仁见智，专家意见相左。水是生态之基。新疆绿洲水资源以出山口年径流为基础，这就形成了山地水源区、农田、绿洲统一的生态区。笔者的个人意见是以绿洲为单元，以农田生态为基础，以绿洲生态为核心，以出山口年径流的山地水源区为主导，用 150 亿 m^3 水资源种树种草 400 万 hm^2（0.6 亿亩），种树强化绿洲生态，种草推行草田轮作，根治“三化一污”，建设绿洲林果草田畜禽复合农业生态系统，发展农区畜牧业，减轻山区畜牧业压力，山区可真正实施退耕退牧还林还草，恢复山区生态，保护绿洲水源。

每一个绿洲，都要以出山口年径流为基础，在灌溉节水的基础上统一规划生活、生产、生态和发展耗水。

4.3　现代农业

党的十七届三中全会对现代农业提出了“五三三”内涵。

五项基本要求：生态、安全、优质、高产、高效。

提高“三率”：土地产出率、资源利用率、劳动生产率。

增强“三力”：抵抗风险能力、市场竞争能力、可持续发展能力。

由上述现代农业的内涵来看，五项基本要求的基础是生态良性演替，“三化一污”是不可能建设现代农业的，它只是传统农业的基础。

新疆解放之初，人口压力不大，农田实行草田轮作，提高土壤有机质，有机质是肥力的基础，农田土壤盐化问题不大。从新疆解放初期至今，全疆人口和绿洲农田大致都翻两番[人口从450万人增加到2000多万人，绿洲农田由66.7万hm^2（0.1亿亩）增加到400万hm^2（0.6亿亩）]，以农田盐化为主导的“三化一污”问题突出。建设绿洲现代灌溉系统后，可根治盐化；建设绿洲复合生态系统后，以草田轮作为核心，并发展农区畜牧业提高地力，根治肥力退化；种树强化绿洲三级林网（绿洲边界的立体林带、田间林网、其他路林、渠林、片林），把风沙化危害减少到最低程度；肥力提高后逐步减少化学肥料和农药的施用，可根治面源污染。这样就可逐步根治新疆绿洲农田生态恶化的癌症——“三化一污”，建成绿洲林果草田畜禽复合农业生态系统，为建设现代农业奠定生态基础。

建设现代农业，400万hm^2（0.6亿亩）的水利基础合计投入约2000亿元，亩投入约3400元，根据现有资料估算，其中山区水库700元、沉砂池500元、管道系统1700元、田间系统500元。400万hm^2（0.6亿亩）林草等生态估计投入2000亿元（包括开荒造田和冲积扇上的滞洪坝，不包括山区水库和沉砂池）。绿洲800万hm^2（1.2亿亩）灌溉面积总投入约4000亿元。总产出按大农业生产总值估算可翻三番，其中单产翻两番（净光能利用率按石河子垦区棉花推算达到3.5%），畜禽业再翻一番。2000年全疆农业生产总值为380亿元，翻三番可达3000亿元。

4.4 农业现代化

农业现代化的核心产业是农业初级产品的产前、产中、产后全程工业化；基础产业是为农业工业化服务的产业：水源、能源、通信、交通、机械、建筑、建材等；主导产业是为工业化和基础产业服务的第三产业：科学技术、文化教育、社会保障、信息流、人流、物流、货币流等。

农业现代化后，生产总值在大农业初级产品的基础上可再翻三番，达2.4万亿元。其中，农业工业化翻两番，2003年全疆农业初级品与加工品的生产总值比只有0.3，西方发达国家一般为1∶4，新疆到2050年左右农业基本实现现代化，可达到1∶4，即翻两番，西欧已达1∶6；第三产业再翻一番。

4.5 覆盖中国全部耕地

膜下滴灌是覆盖微灌的一部分，覆盖除地膜外还有秸秆、沙、土等，微灌除滴灌外还有微喷、渗灌等，实际上是3项技术的集成：覆盖栽培、滴灌、膜下滴灌。山仑院士在黄土高原半旱区耕地上早就提出了覆盖栽培技术，目前正在雨养农田推广；新疆天业集团膜下滴灌旱作稻子已中试成功，已纳入国家863科技计划，将来水田稻子也可推广膜下滴灌进行旱作；目前，膜下滴灌主要在旱区农田快速推广；其实在湿润区，旱作农田也可试验推广，它可以防止淋洗作用，有保肥功能，特别是南方酸性土壤更有治酸作用。这样，膜下滴灌/覆盖微灌将来可在全国1.2万hm^2（18亿亩）耕地推广。

4.6 促进农田水利学科学发展

以田间膜下滴灌为基础的现代灌溉系统可以对灌区的水资源五水（大气水、降水、径流水、土壤水、地下水）并用，并对灌溉五水（资源水、输运水、土壤水、植物水、蒸腾水）全控，对农田灌溉耗水循环的全过程实现了控制，这就需要深入研究循环的每一个环节上水与其环境的关系，为开源节流提供科技支撑。将来还要研究光合作用中的水，山仑院士研究，光合干物质的化合用水不足传统灌溉需水量的 1%，如果掌握了光合作用机理，将彻底改变农田水利工程技术的面貌，也将彻底改变农田水利学的面貌。

5 结 语

我们的发言除指名道姓引用了几位专家的研究成果外，没有多少参考资料，数据多来自生产实践，资料都写在田间。只列出炮台试验站 1996 年的膜下滴灌棉花试验初报的摘要，供大家参考。希望有兴趣者到新疆调查研究。

2011 年 10 月 12 日

附件《棉花应用膜下滴灌节水技术试验研究初报》摘录

1996 年 12 月 石河子市炮台试验站 曹新成 张建新 罗淑珍

附表 膜下滴灌灌水统计表

灌水次数	1	2	3	4	5	6	7	8	9	10	11	合计
灌水日期（月.日）	4.26	6.5	6.21	7.1	7.9	7.16	7.26	8.5	8.8	8.15	8.25	
灌水定额（m^3/亩）	7.43	9.80	9.80	19.01	13.73	10.57	10.33	15.30	7.26	16.00	13.44	132.67

The Core Technology of Drought Prevents and Control in Xinjiang Region-drip Irrigation

Wu Lei,Wei Tongquan

(National Center of Efficient Irrigation Engineering and Technology Research- Xinjiang, Shihezi, 832000, China)

Abstract: The core problem of drought prevent is opening up the source and regulating the flow from time to time. The author analyzed the structural water shortage situation in Xinjiang and proposed the core strategy to solve this problem, which was to reduce irrigation consumption and improve water utilization coefficient. This paper introduced the core technology of drought prevent and control in Xinjiang-drip irrigation. Its role is to control the irrigation system in the soil and realize the water supply and demand balance between the artificial application and plant natural requirement in field. That saved irrigation water significantly, diluted salt with suppression effect. The paper finally introduced Xinjiang oasis - the modern irrigation projects and the outlook for the future.

Keywords: structural water shortage, irrigation consumption, water use coefficient of water, drip irrigation

世界旱情预警预报研究现状及其选择

刘　招[1]　黄文政[2]

（1. 长安大学水与发展研究院，陕西　西安　710054；2. 台湾海洋大学河海工程系，台湾　基隆）

摘要：干旱预警本质上是一个对水量供需的预警。本文从具体的技术层面，分析了干旱预警的紧迫性、特征、内涵及当前国内外干旱预警现状，探讨了预警指标体系和预测预警技术问题，并着重介绍了DAI干旱预警方法。该方法以对现况干旱程度和对未来水源形势的评价为两大基础，其中现况干旱程度是确定性的，而水源形势分析的结果是非确定性的，需要给出未来各种可能情况下的干旱缺水程度，所有可能的缺水状况都会进入下一个计算环节，从而较大程度地避免了预测的片面性。最终可得到符合干旱发生发展特点的干旱预警指标，实现比较客观的干旱灾害预警。

关键词：干旱，旱灾预警，预警指标，评判矩阵

干旱灾害涉及气象、农业、水文及社会经济等多个方面，其发生发展具有一定的复杂性、随机性和持续性，往往还因地域位置特点而具有特殊性。当天然降水、土壤含水量、地表径流、河流或高山融雪来水持续锐减时，农作物生长、城市供水、工业生产和人类生活用水必然会发生危机，甚至形成直接灾害。一般旱灾强度越强、维持时间越长、范围越大，干旱损失就越严重。加强跨学科的干旱基础理论、干旱预警应急等级、预警标准、预警区划、预警系统建设内容等研究，对提高中国干旱监测预警和防灾减灾能力建设，维护国家水安全，增强可持续发展具有重要的现实意义[1]。

干旱预警本质上是一个“水资源”供求预警，也是一个系统工程，它不仅包括对旱灾的预警指标体系和预测预警技术，还包含通信网络设备、干旱监测预警站网建设、防灾减灾科技投入、预警指挥管理、紧急保障与响应、公共应急法制建设等内容。但从具体的技术层面而言，预警指标体系和预测预警技术是预警系统的核心问题，本文着重就这一问题展开论述。

1　干旱灾害预警的紧迫性

随着干旱在全球造成的影响越来越大，干旱灾害的频次和强度增加，旱灾已成为中国社会可持续发展的一个重要的制约因素。实施有效干旱预测和预警的必要性和紧迫性

作者简介：刘招，长安大学水与发展研究院博士后，副教授。黄文政，台湾海洋大学河海工程学系教授，博士研究生导师。

不言而喻。全世界有5亿以上的人生活在干旱地区，整个地球大陆有30%的区域受干旱或土地沙漠化的侵扰。气象灾害对中国造成的直接经济损失已占GDP的3%～6%，而干旱又占气象灾害损失的50%左右。严重干旱除直接影响人民生活和工业生产外，还造成河水断流、土地荒漠化、沙尘暴增多、绿洲减少、地面沉降等多种自然灾害。受干旱气候影响，青海湖在1959～1988年的30年间，湖面下降近3m；1995年黄河断流122天，1996年断流133天，1997年断流226天，并出现了罕见的汛期断流现象。中国青藏高原周边的冰雪线以每年2～17m的速度后退，祁连山和天山雪线以每年2～6 m的速度后退[2]。近年来，中国发生的较严重的旱灾及其损失统计见表1。

表1　近年来中国发生的几次重大干旱及其损失情况

序号	时间	事件	地区	灾情简述
1	2000年	北方春夏干旱	北京、天津、河北、河南、山西、山东、辽宁、吉林、黑龙江、陕西、甘肃、青海、宁夏、内蒙古等	全国旱灾面积为4050万hm^2。北方春夏干旱范围广、持续久、旱情重。河北60万hm^2农作物干枯死亡；内蒙古80万hm^2农作物绝收；河南春旱面积达357.1万hm^2；辽宁粮食减产500万t，直接经济损失超过100亿元
2	2001年	北方及长江流域春夏干旱	辽宁、吉林、黑龙江、内蒙古、陕西、甘肃、北京、天津、河北、河南、山西、山东、湖北、安徽等	全国旱灾面积为3847万hm^2，严重干旱区域主要在北方，东北地区春小麦大幅度减产，全国17个省（自治区、直辖市）的535座县级以上城镇缺水，影响人口为3295万人
3	2003年	江南、华南伏秋干旱	福建、江西、浙江、湖南、广东、广西、重庆、云南、贵州、湖北、安徽等	夏伏旱发生在农作物生长的关键时期，粮食生产受到很大影响，经济作物大幅减产。旱灾共造成湖南、江西粮食损失504万t，经济作物损失约58亿元
4	2006年	川渝特大伏旱	四川、重庆	高温伏旱为百年一遇，给农业、工业、农林、旅游、人畜饮水、水利电力及群众生活造成严重的危害和损失，社会影响极大；造成直接经济损失216.4亿元。两省（市）农作物受灾面积为339万hm^2，1800多万人、1600多万头大牲畜出现临时饮水困难
5	2009年春	华北大旱	河北、山西、安徽、江苏、河南、山东、陕西、甘肃等北方主要省份	2008年11月至2009年2月，黄河流域大部地区降水量不足10mm，其中上游地区降水量较常年偏少4～7成，冬麦区受旱面积达1.30亿亩，其中重旱3898万亩。造成429万人、207万头大牲畜饮水困难。河南小麦受旱面积为4350万亩，316座小型水库干涸
6	2009年夏	东北及华北局地大旱	吉林、山西、辽宁、河北、内蒙古、黑龙江、新疆等	全国作物受旱面积达1.91亿亩，其中重旱为7221万亩，作物干枯为2019万亩，有422万人、445万头大牲畜饮水困难
7	2010年春	西南大旱	云南、贵州、广西、重庆、四川	云南、贵州、广西、重庆、四川5省（区、市）市耕地受旱面积为1.01亿亩，其中作物受旱7907万亩，待播耕地缺水缺墒2197万亩；有2088万人、1368万头大牲畜因旱饮水困难。西南因旱返贫人口达200多万人，经济损失超过350亿元
8	2011年春夏	江淮和长江中下游地区	湖北、江西、山东、安徽	黄淮大部降水偏少2至5成，江淮和长江中下游大部偏少5成以上，江南大部和华南、西南大部偏少2～5成；290km^2的洞庭湖自然保护区核心区域面积减至43.5km^2 江苏、安徽、江西、湖北、湖南5省共有3483.3万人遭受旱灾，423.6万人发生饮水困难，506.5万人需救助；饮水困难大小牲畜107万头（只）；农作物受灾面积370.51万hm^2，其中绝收面积16.68万hm^2；直接经济损失达149.4亿元 湖北52个县市发生旱情、21个县市旱情严重。武汉遭遇60年来的最大旱情，降水只有历年平均水平的30%左右。全市种植业受灾面积达到157.91万亩，占在田作物面积的52.3%；水产业受灾面积为35.54万亩，损失成鱼9962t，鱼种461t。累计损失达3.75亿元

基于旱灾的危害和干旱预警的重要性，干旱预警已成为社会预警体系中的重要组成部分。中国明确提出要建立健全社会预警体系，以提高保障公共安全和处置突发事件的能力，把建立社会预警体系提高到国家战略的高度。2005 年 1 月，国务院常务会议审议通过了《国家突发公共事件总体应急预案》，将干旱纳入各级政府突发公共事件应急工作中。因此，提高干旱监测和预警水平、增强抵御干旱灾害能力、降低旱灾损失，是当前气象、水利、农业、环保和科研部门最为紧迫的任务。

2　旱灾特点及干旱预警的内涵

2.1　不同干旱类型及其预警

众所周知，根据不同学科对干旱的理解，将干旱分为 4 类：气象干旱、水文干旱、农业干旱和社会经济干旱。因此，针对不同学科、不同部门或不同社会群体关注不同类型的干旱。对 4 种类型干旱的预警也存在差异，具体采用的技术方法也各有特点。例如，农业干旱则多用实验或监测方法得到干旱程度，农业干旱的本质是土壤水分含量太低，无法满足植被（作物）对水分的需求，因此对农业干旱的评价通过监测土壤水分最直接有效。水文干旱和气象干旱多用理论计算来推求一定时间尺度内的干旱指数并进行预警。水文干旱指数一般由河川径流量或水库蓄水量等计算得到，相对于其他类型的干旱而言，水文干旱的出现是最缓慢的，如降雪的减少在半年乃至更长时间内并不能反映在径流的减少上，这种惰性意味着水文干旱比其他类型的干旱持续的时间更长。此外，近年来，随着信息通信科学的快速发展，以 3S 技术为代表的高科技手段在干旱监测和预警方面已被大量采用。

2.2　不同区位的干旱及其预警

旱灾强度与区域经济、水资源状况、灌溉设施、作物品种和技术等有关。按照中国自然环境、经济状况、抗灾能力等，将全国划分为 3 类干旱预警区。在这东北–西南向“川”字形干旱预警分类中，西部年降水量 400mm 以下的地区为特旱预警区（Ⅰ类），中部为重旱预警区（Ⅱ类），东部沿海地区为干旱预警区（Ⅲ类）。

特旱预警区（Ⅰ类）受青藏高原地形，以及远离海洋和盛行西北气流的影响，形成“十年九旱”的特点。该区年降水量小于 400 mm，水资源的承载力低，自然生态脆弱，农业等经济活动主要依靠高山融雪径流和少量降水。干旱、沙漠化、沙尘和沙尘暴严重威胁到该区粮食安全、水资源安全和生态安全。

重旱预警区（Ⅱ类）位于黄河中下流域、淮河流域、海河流域（除淮南、苏北外）的半湿润地区，年降水量一般大于 400 mm、小于 800 mm，受降水的随机性波动的影响，气候型干旱的概率很高。

干旱预警区（Ⅲ类）为亚热带季风气候区，年降水量大于 800mm，总体上水资源较为丰富，但由于降水时空分布不均，地区性、季节性干旱频繁发生，给群众生活和工农业生产带来了严重影响。

2.3 干旱灾害的独有特征

旱灾除具有一般自然灾害的属性和特点外，还具有一些独有的特征。旱灾不同于其他各类自然灾害的典型特征在于其发生发展的逐渐加剧过程，也称为“蠕变现象”（creeping phenomenon），它对环境的冲击不像洪水、泥石流、地震、海啸等自然灾害那么明显快速，但其影响范围却往往更大、更深、更持久。2004 年 8 月，中国气象局统一发布的台风、暴雨、高温、寒潮、大雾、沙尘暴、大风、冰雹等 11 种突发气象公众预警标准和信号中，没有包括干旱预警。这是因为干旱具有风险的不确定性和缓慢发展（历时数月或数年）的特点，它往往从局部小灾逐步演变为大范围重灾，但很少直接造成结构物的破坏和人员伤亡。

2.4 干旱预警的内涵

根据干旱的特点，也就是它的持续性和蠕变现象。干旱预警的内涵必然包含两个方面：①对现状干旱程度的评价。由于未来的干旱情况是建立在目前旱情水平之上的，也就是未来一定时期内的旱情程度受当前旱涝形势的影响，就气象干旱来说，如若本月持续连阴雨，则在未来一定时期内（一周甚至一月）旱情不可能十分严重。②对未来缺水程度的评价。未来旱情并非完全依赖于当前的旱涝形势，更重要的是未来水源形势和状况。因此，合理的干旱预警工作应该包含干旱指标分析和水源形势分析两个方面的内容，相应的干旱预警指标应该为融合并能反映这两方面的综合指标。

3 干旱预警现状

以发展为主题的 20 世纪以来，水安全被提升至一个前所未有的高度，世界各国都愈加重视干旱预测预警和抗旱减灾工作，国家层面上的干旱预警多以气象干旱为主，如美国、澳大利亚等国都分别成立了专门的气象干旱预警机构；中国从 1958 年起发布短期气候预测，并逐步开展了干旱监测、预报和卫星遥感监测等工作。进入 21 世纪后，国家短期气候预测业务系统工程的建设，极大地提升了中国短期气候预测、气候影响评价及气候资源应用水平。以这些气象基本业务平台为基础，已经建立了中国气候观测系统（CCOS）、兰州区域干旱气候观测系统（ACOS）和国家干旱气候监测预警中心等机构。从 2004 年起，国家气候中心和中国干旱气象网站分别发布全国逐日和旬干旱综合监测公报，中国气象局也已将干旱监测预警纳入到日常安全气象服务业务中。此外，农牧业、水利等部门和科研院校也开展了干旱监测预测。

3.1 中国干旱预警应急等级及预警管理

鉴于国家有关规定和实际情况，将中国干旱预警应急等级按照灾害严重性和紧急程度分为特大干旱（Ⅰ级）、重旱（Ⅱ级）、中旱（Ⅲ级）和轻旱（Ⅳ级）4 级，分别用红色、橙色、黄色和蓝色表示。

干旱预警由国家、省（区、市）、市、县人民政府抗旱防汛指挥部负责管理。根据国家有关法律法规，气象、农牧业、水利等部门向同级人民政府提供干旱监测、预测预警决策信息，政府部门根据干旱灾害严重程度启动预警应急预案。各部门开展的常规干旱监测、预警评估业务信息，供内部业务使用或在授权的新闻媒体、政府办公网、公众传媒上发布[3]。

3.2　干旱监测预警指标

目前，国内外广泛采用指标法来对干旱进行分级和预警。中国常用某时段内的降水距平百分率及降水量标准差指数作标准来判断干旱程度；欧美国家常用综合了降水、气温和土壤湿度的 Palmer 干旱强度指数作为标准；俄罗斯等国家则用布德科辐射干旱指数作标准。对不同类型干旱也已建立了分类庞杂的预警指标体系，如常用的气象干旱指数有降水距平和累计降水距平、干旱综合指数（CI）、降水成数、Palmer 干旱强度指数、干旱面积指数、降水异常指数、标准化降水指数、*Z* 指数。水文干旱指数有水文干旱强度、总缺水量、累计流量距平、Palmer 水文干旱强度指数、地表水供给指数等。农业干旱指数有作物水分指数、Palmer 水分距平指数、农业受旱率（作物受旱总面积／播种总面积）、计算土壤水分、土壤水分距平指数等。

3.3　干旱监测预警方法

从技术层面上，国内外相关研究采用不同的技术方法，就干旱灾害的发生、强度和持续时间等做了大量工作。19 世纪以来，基础理论科学和生产技术飞速发展，尤其是 20 世纪 70 年代后期，随着自然科学各个领域和技术的逐渐成熟和推广，大量理论方法已被逐步引入并应用于干旱预测预警。

王彦集等[4]以规范化的各阶自相关系数为权重，采用加权马尔可夫链方法，对未来干旱状态进行预测，并分析了该方法在不同时间尺度上的预测能力及存在的问题，认为其对无旱的预测比较准确，对干旱的发生也有一定的预测能力，可以作为早期干旱预警的参考，但对干旱状态突变的预测能力较弱。Mishra 等[5]将干旱发生和程度作为随机变量，通过结合线形随机模型和非线性神经网络模型，建立一混合模型用于干旱预测，并依据标准化降水指数系列，分别应用 3 种模型对印度 Kansabati 河流域的干旱进行预测，并通过对比分析认为，混合模型明显地具有较高的精度。在水文干旱预警方面，Kim 和 Valdes[6]将小波变换和神经网络结合起来，建立一个混合模型，并应用该模型对墨西哥 Conchos 河流域干旱进行预测，其结果表明，与神经网络预测相比，混合模型对区域干旱指数的预测能力大大提高。Guilick 等[7]对美国水源水旱期预警系统的研制和特点进行了探讨，为供水的危机反映提供了必要信息，强调了信息一体化、实时数据管理的重要性。相关文献[8, 9]通过分析早期干旱预警系统的组成要素，引入了模糊评价方法，提出了新的用以描述干旱严重程度的干旱预警指标，并将其成功地应用于台北地区，为水资源分配提供了决策支持依据。Liu 等[10]建置了基于长期气象预报的水文干旱预警系统，其由水资源系统动态模型、径流模型和灌溉水需求模型组成。冯平等[11]采用灰色系统理论中灰色关联度分析的方法，建立了水文干旱预测系统，对枯水期径流量的预估模式进行了探讨，并提出了用层次分析法（AHP）来考虑各影响因子对径流量的不同影响程度，这一尝试为水文干旱的预测提供了条件。

近年来，随着遥感技术和地理信息系统技术的迅速发展，其在重大自然灾害监测方面的优势得以展现。通过遥感技术，可以进行连续的动态观测，利用 GIS 的综合分析功能即可了解旱灾的成因及发生规律。依据土壤的热惯量与土壤含水量之间的对应关系，田国良等[12]利用 NOAA /AVHRR 数字图像和气象数据相结合的方法，估算了冬小麦地的蒸散，进而估算出土壤含水量，并根据冬小麦的需水规律和土壤有效含水量构造出干旱指数模型。此外，遥感（RS）和地理信息系统（GIS）的一体化技术为在大范围内迅速、准确地查明灾区农作物等的受损情况，分析评估灾情提供了有力手段。

综上所述，干旱预警的方法多种多样，归纳起来大致集中于以下几类：①概率统计及随机过程方法；②模糊集理论；③灰色系统理论；④时间序列理论；⑤神经网络方法；⑥小波分析方法；⑦基于 3S 技术的干旱预警。此外，随着数据挖掘和知识发现这些新思路和新方法的问世和发展，在处理和认识干旱这种同时具有随机性、模糊性和不完备的复杂问题时，已有学者将引入知识发现和数据挖掘方面的理论，用以干旱预警。例如，加拿大里贾纳大学的 Golan 和 Ziarko 等应用可变精度粗糙集模型，成功地对北美一个中等规模城市的供水需求进行了预警，其预测的错误率最好达到 6.67%，平均错误率为 10.27%[13]。Liu 和 Qiao[14]依据粗糙集理论，以蒸散发量、河川径流量、引水量、气温等为条件属性，建立了一个基于知识发现的干旱信息系统，并采用 Rosstta 软件进行属性约简和规则提取及过滤，获得了具有一定精度和可信度的干旱预警规则。

目前，尽管各国学者已对干旱预测和预警问题进行了大量研究， 且这些研究方法各有特点，但由于这一问题的复杂性，使得其中仍有很多不完善的地方。其中，一些研究将干旱评估或干旱监测与干旱预警等同起来，而另一些研究则仅关注未来一定时期内的水源情况，忽略了当前的干旱现状。根据干旱预警的内涵，这样的做法都难免有所偏颇。本文在此推荐一种较为系统完善的干旱预警方案，其来源于台湾海洋大学 Huang 和 Yuan[9]针对水库干旱预警系统在台北地区供水应用中提出的思路和方案。

4　干旱预警系统方案的选择

根据干旱预警的内涵可知，预警系统以对现况干旱程度和对未来水源形势的评价为两大基础，在这两大基础之上进行决策分析并实时调整。研究采用的预警系统架构图如图 1 所示。首先，建立干旱指标分析所需的评估因子，利用超越概率及模糊理论中的模糊隶属度函数，对河川径流量、降水量或水库蓄水量等进行评价，确定现状干旱指标。其次，进行水源情势分析，以超越概率推测未来的可能缺水率，得到水源形势指标。最后，整合两项指标，使其成为干旱预警指标，从而便可代入决策分析供决策者使用。下面对干旱预警系统中各项评估因子与指标进行说明。

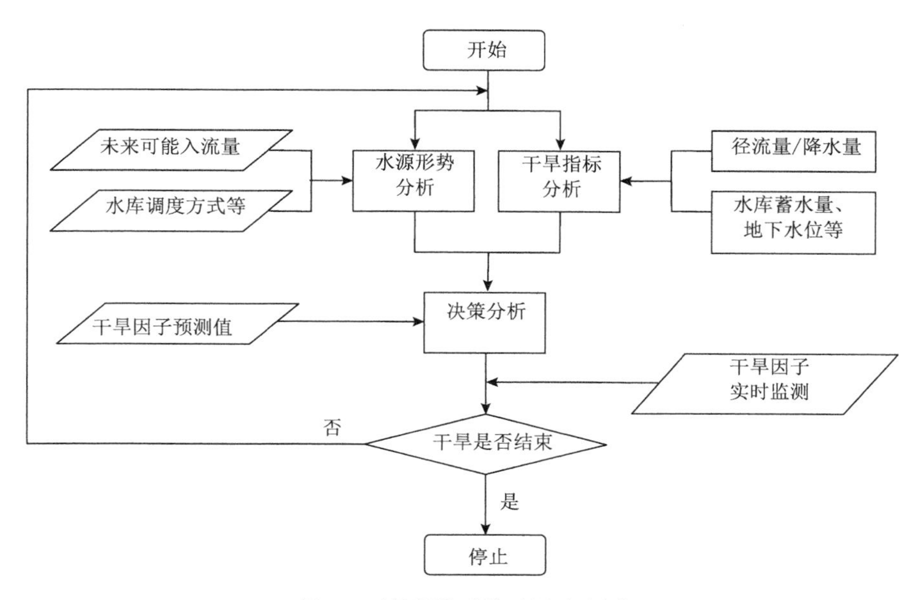

图 1　干旱预警系统建置流程图

4.1　现状干旱指标分析

根据水文丰枯变化特性，以过去及当前水文情势为主要评估依据，引入模糊隶属度的概念，在既有水文条件之下评估现况干旱的严重程度。参考国际上通行方法，建立干旱程度的 5 个等级，分别为无干旱（等级 1）、轻度干旱（等级 2）、中度干旱（等级 3）、严重干旱（等级 4）、极严重干旱（等级 5）。

根据 Huang 和 Yuan[9]的研究结果，以最能反映实际干旱情况为原则。经过调整、修正，求得隶属度函数值（图 2）。

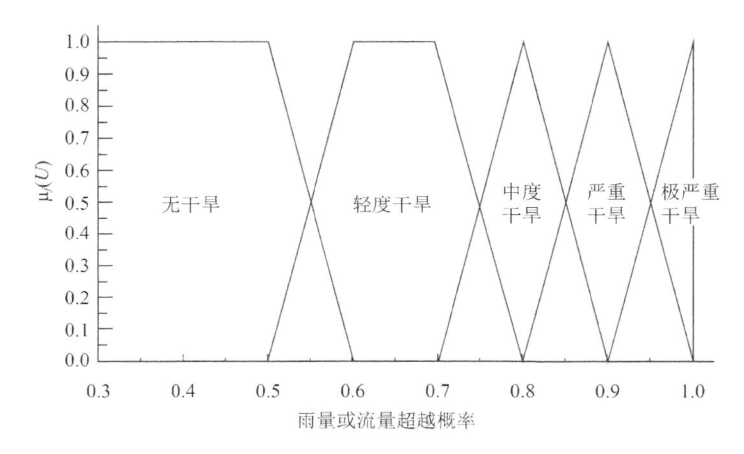

图 2　流量或雨量隶属度函数图

干旱发生的影响因素众多，不同类型的干旱所应当考虑的影响因素也各有差异，设造成干旱的影响因素集为 U，则因素集$U=\{u_1,u_2\cdots,u_m\}$，其中 u_1，u_2，…均为因子，如对于气象干旱，其因子主要为降水量、蒸发量及气温等；对于水文干旱，评估因子一般应包括径流量、水库蓄水量、地下水位和降水量等，因素集中，一些因子相关度较高，另一些因子具有季节性分布的特性，在实际研究过程中，可视情况加以取舍。

有了因素集，就需要对每个因素进行评价，所以需引入评估（决策）集 V，设 $V=\{v_1,v_2,\dots,v_n\}$，则可建立响应的评估矩阵 R。

$$R=\begin{array}{c} \begin{matrix} v_1 & v_2 & \cdots & v_n \end{matrix} \\ \begin{bmatrix} r_{11} & r_{12} & \cdots & r_{1n} \\ r_{21} & r_{22} & \cdots & r_{2n} \\ \cdots & \cdots & \cdots & \cdots \\ r_{m1} & r_{m2} & \cdots & r_{mn} \end{bmatrix} \end{array} \begin{matrix} u_1 \\ u_2 \\ \cdots \\ u_n \end{matrix}$$

若研究采用五等级的干旱程度划分，则根据所评估的因子可构建模糊评估矩阵 R，对于单因子的模糊评估：

$$R=[r_1 \quad r_2 \quad r_3 \quad r_4 \quad r_5]$$

对于多因子的干旱现状模糊评估，需要将其加以结合，如对两因子而言，模糊评估矩阵 R 为

$$R=\begin{bmatrix} r_{11} & r_{12} & r_{13} & r_{14} & r_{15} \\ r_{21} & r_{22} & r_{23} & r_{24} & r_{25} \end{bmatrix}$$

配合各评估因子所对应的权重 W，最终建立的模糊综合评估集 Z 的表达式如式（1）所示：

$$Z=W\bullet R=(z_1 \quad z_2 \quad z_3 \quad z_4 \quad z_5) \tag{1}$$

式中，权重值 W 可依据研究区内各个评估因子在过去一月中所占的水量百分比来决定，对于供水而言，W 一般为随时间变动的可变值。

将各评估因子的模糊隶属度函数值乘上权重得到评估值 z_i，由于评估等级互为相依，所以研究以累加值决定当前干旱指标等级 D_k。这也就是说，由低等级向高等级累加，若累加的评估值 z_i 超过 0.5，则以此等级为当前的干旱指标 D_k，如式（2）所示：

$$若\sum_{k=1}^{j} z_k > 0.5 > \sum_{k=1}^{j-1} z_k \text{，则} D_k = j \quad j=1,2,\cdots,5 \tag{2}$$

4.2 水源形势分析

为了评估未来一定时期内的干旱程度，可采用水量超越概率的方法来确定干旱的严重等级，即可得到对应于不同超越频率情况下相应的干旱缺水量，如对河川径流量进行同期频率分析，求得不同超越概率的径流量，再采用干旱评估因子评价其严重程度。

对于水库供水则需要掌握水库稳定供水的水资源总量，并以未来一定时段（一般按月计）用水量为基本资料，依据水文丰枯情势的超越概率及水库蓄水调度规则，进行水库系统供水模拟，并计算水库供水区的缺水量与缺水率。将缺水程度划分为 5 级，分别

为无缺水（等级 1）、轻度缺水（等级 2）、中度缺水（等级 3）、严重缺水（等级 4）、极严重缺水（等级 5）。

对于供水而言，未来一定时期水源形势缺水率 S 可按下式来确定：

$$S = 1 - (r / d) \times 100\% \tag{3}$$

式中，r 为可用水量；d 为总需水量。

文献[9]根据计算出的缺水率，参照台湾水利主管部门旱灾防救计划中水源情势缺水等级分类表（表 2）来确定未来缺水程度等级 S_i。

表 2　供水水源形势分析缺水等级表　　（单位：%）

缺水等级		分类		
		农业用水	公共用水（单目标供水）	公共用水（含农业多目标供水）
未来缺水程度等级 *Si*	1（无缺水）	0	0	0
	2（轻度缺水）	0~30	0~5	0~10
	3（中度缺水）	30~40	5~15	10~20
	4（严重缺水）	40~50	15~30	20~30
	5（极严重缺水）	>50	>30	>30

对于多目标水库，从公共用水和农业用水缺水率二者中取其最严重的。

这种水源形势分析的结果需要给出未来各种可能情况下的干旱缺水程度，而并不仅仅对未来时段内可能的干旱程度进行预测，因此所有可能的缺水状况都会进入下一个计算环节，从而较大程度地避免了预测的片面性。所有的可能结果会罗列进入最终的预警指标体系，最终再根据决策者的偏好等来进行决策。

4.3　干旱预警指标

干旱指标分析与水源情势分析二者结果都是判断干旱预警程度的重要指标，而最重要的是干旱事件在未来发生的可能性，文献[8]针对两者权重问题建议，当综合干旱指标分析与水源情势分析时，水源情势分析（S_i）应占较高的比例，并建议采用干旱指标分析与水源情势分析平方的乘积作为综合判断的干旱预警指标，考虑二者取值均为 5 等级，且得到的预警指标的易用性，对其取以 5 为底的对数。干旱预警指标（drought alert index，DAI）如式（4）所示。

$$\mathrm{DAI} = \log_5(D_i \times S_i^2) \quad 0 \leqslant \mathrm{DAI} \leqslant 3 \tag{4}$$

式中，DAI 为干旱预警指标；D_i 为干旱现状指标；S_i 为水源形势分析。

为了便利直观，可将干旱预警指标按灯号进行分类，由绿灯至红灯，表示干旱等级的增加，也代表对应的限水措施。考虑到当水源情势分析为无缺水状态时，未来供水也应为正常供水的状态，因此设定当 $0 \leqslant \mathrm{DAI} \leqslant 1$ 为绿灯，即干旱预警指标区间，其余的预警指标区间 $1 \leqslant \mathrm{DAI} \leqslant 3$ 分配给其他 4 个干旱预警灯号，划分区间见表 3。

表 3 对应于干旱预警灯号的 DAI 取值范围

灯号	绿灯	蓝灯	黄灯	橙灯	红灯
DAI	DAI ≤ 1	1 ≤ DAI ≤ 1.5	1.5 ≤ DAI ≤ 2	2 ≤ DAI ≤ 2.5	2.5 ≤ DAI ≤ 3

再依照表 3 的灯号范围表将 DAI 的灯号范围进行更明确的界定，因此可得到表 4 的水库干旱预警指标表。

表 4 干旱预警指标

		S_i（水源形式分析）				
		1	2	3	4	5
D_i 干旱指标分析	1	G	G	B	Y	Y
	2	G	B	Y	O	O
	3	G	Y	O	O	R
	4	G	Y	O	R	R
	5	G	Y	O	R	R

4.4 干旱预警措施

研究根据干旱预警系统所显示的灯号，加上以往的操作经验，推测估计出各灯号下应当采取的应变措施。

根据文献[8]、[9]，预警措施可以用减水率表示，如表 5。决策者可依据当地实际情况推测估计可行的限水措施。在台湾地区的应用中，各预警灯号下的供水打折措施见表 6，以节约用水。当农业决定全面休耕之后，仅考虑单一目标的公共用水供水，因此不论是水源情势分析中缺水等级的判断，或者是对应干旱预警灯号后的限水措施，都应采用单目标规则进行判定，以确保水源供应能尽量持续直到干旱结束。

表 5 不同干旱预警灯号下抗旱措施表 （单位：%）

警讯灯号	农业用水减水率	公共用水减水率（单目标供水）	公共用水减水率（含农业多目标供水）
绿灯	0	0	0
蓝灯	0~30	0~5	0
黄灯	30~50	5~10	0~10
橙灯	>50	10~30	10~20
红灯	100	＞30	＞20

表 6　不同灯号下抗旱限水建议方案

预警灯号	公共用水减水
绿灯	满足供水
蓝灯	非高峰（夜间）减压供水
黄灯	离峰减压供水+停供次要民生用水（浇花、洒路、洗车、游泳池）
橙灯	离峰减压供水+停供次要民生用水及大型用户用水+分区供水（供六停一~供四停一）
红灯	离峰减压供水+停供次要民生用水及大型用户用水+分区供水（供五停二~供三停一）

4.5　预警系统在台湾省的应用

台北是台湾经济文化的中心区域，长期以来，其 450 万人口及工业的供水水源主要依赖于翡翠水库和南势溪的天然径流量。翡翠水库位于中国台湾省新店溪支流北势溪下游，距台北市 30km，为台北地区供水的水源工程。研究收集翡翠水库 1988～2003 年共 16 年的入库径流量及南势溪流量资料，并且针对 2002 年进行水库供水干旱预警分析，供水区的干旱预警模式使用过去一个月南势溪超越概率，并配合水库现况蓄水位评估现况干旱指标，未来缺水指标使用各种不同超越概率下水库入流量与南势溪流量进行评估，取得了较为满意的预警效果。

5　抗旱对策

干旱预警的目的除了未雨绸缪，降低旱灾损失外，更重要的是要在干旱来临之前通过合理调节分配水量，实现社会各部门各单位用水和谐。自古以来，中国就是干旱频发、受旱灾影响严重的国家，古人关于防旱抗旱也做出了很多努力和思考，总结起来仍不外乎四个字，即开源节流。

5.1　开源

（1）充分利用现有水源工程。因地制宜，抓好供水的调度工作，采用蓄、引、提、调并举的办法，做到多蓄水、早引水及科学用水、计划用水。合理调蓄利用各种类型水库、塘坝，做到精心调度，优化配置水资源。

（2）加快水源工程建设。应以分级负责、社会办水为总思路。加快水源工程建设是防旱、抗旱的一条根本措施。抓好有重大作用的蓄水、引水工程；动员和扶持群众投资投劳兴建井、塘、窖水源工程。

（3）水源工程联网调度。分析各区域水资源差别，积极扩大跨区域调水和重点水源工程联网调度的建设。

（4）水源地保护。对水源区域、水源河段进行立法保护；对城市供水水源地的保护，应提出科学合理的保护规划，完善保护措施，使水源得到切实保护。

5.2 节流

（1）工业节水。改革工业生产工艺，减少生产中的用水环节；采取有效的行政管理措施促进工业节水；提高工业用水的重复利用率是减少取用水量、减少排污水量的重要措施；严格审批取水许可制度，并同时配套建设相应的节水设施。

（2）农业节水。采用渠系及田间工程改造，可减少无效蒸发，可改变农田水盐状态，提高作物产量；因地制宜地选用不同节灌技术；加强水资源统一调控，做到三水并用，上游与下游兼顾，客水和当地水统筹；做好灌区用水管理，制定完善的用水管理制度。

（3）城市节水。加强计划供水、杜绝浪费，提倡一水多用；积极推行分系统供水，饮用水和生活其他用水采用分系统供水；降低管网输水损失，避免跑、冒、滴、漏现象出现；推进污水资源化步伐，加快污水处理厂建设；推广节水器具的应用。

（4）水污染防治。加强污染源治理，限制污水排放。控制污染物总量，首先是对企业污水限期达标治理；其次做好城镇供水河流、河段的污染控制，实现水质不恶化；加强水土流失治理。

（5）调整产业结构及布局。根据粮食等农产品的供需情况，结合各地水资源条件，调整农业结构和布局，对种植品种做必要调整，缺水地区应限制和压缩高耗水量作物生产面积，灌溉农业与旱作农业相结合。通过调整工业结构，使工业布局应向合理的方向发展，把高耗水项目安排到水资源较富裕的地区，进行计划用水，科学管理。

6 结　语

干旱预警本质上是一个对水量供需的预警，是一项系统工程，本文从具体的技术层面，分析了干旱预警的紧迫性、特征、内涵及当前国内外干旱预警现状，探讨了预警指标体系和预测预警技术这两大核心问题，并着重介绍了 DAI 干旱预警方法。该方法以对现况干旱程度和对未来水源形势的评价为两大基础，其中现况干旱程度是确定性的，而水源形势分析的结果为非确定性的，需要给出未来各种可能情况下的干旱缺水程度，所有可能的缺水状况都会进入下一个计算环节，从而较大程度地避免了预测的片面性。所有的可能结果会罗列进入最终的预警指标体系，再根据决策者的偏好等来进行决策。最终得到的干旱预警指标融合并反映了现况干旱程度和对未来水源形势这两方面的综合指标，符合干旱发生的蠕变特性，能客观地刻画未来一定时期内的可能干旱程度。

参考文献

[1] 张强，潘学标，马柱国，等. 干旱. 北京：气象出版社, 2009.
[2] 杨朝飞. 中国生态危机的挑战与思考. 中国环境管理, 1998, 2(1): 7-8.
[3] 徐启运，张强，张存杰，等. 中国干旱预警系统研究. 中国沙漠, 2005, 25(5): 7-8.
[4] 王彦集，刘峻明，王鹏新，等. 基于加权马尔可夫模型的标准化降水指数干旱预测研究. 干旱地区农业研究, 2007, 25(5): 198-203.
[5] Mishra A K, Desai V R , Singh V P. drought forecasting using a hybrid stochastic and neural network model. J. Hydrologic Engrg, 2007, 12(6): 626-638.

[6] Kim T W, Valdés J B. Nonlinear model for drought forecasting based on a conjunction of wavelet transforms and neural networks. Hydrologic Engrg, 2003, 8(6): 319-328.
[7] Guilick R W, Gaffney LJ, Crockett C S, et al. Developing regional early warning systems: For US source waters. Journal of American Water Works Association, 2004, 96(6): 68-82.
[8] Huang W C, Chou C C. Risk-based drought early warning system in reservoir operation. Advances in Water Resources, 2008, 31(4): 649-660.
[9] Huang W C, Yuan L C. A drought early warning system on real-time multireservoir operations. Water Resources Research, 2004, 40(6): 289-302.
[10] Liu T M, Tung C P, Chen C J, et al. Establishing a Drought Warning System Based on Long-lead Climate Forecasting. Washington, DC: Proceedings of the 2004 World Water and Environmetal Resources Congress: Critical Transitions in Water and Environmetal Resources Management, 2004.
[11] 冯平, 杨鹏, 李润苗. 枯水期径流量的中长期预估模式. 水利水电技术, 1997, 28(2): 6-9.
[12] 田国良, 杨希华, 郑柯. 冬小麦旱情遥感监测模型研究. 环境遥感, 1992, (02): 36-39.
[13] Golan R, Ziarko W. Methodology for Stock Market Analysis Utilizing Rough Set Theory. New Jersey: Proc. of IEEE/ IAFE Conference on Computational Intelligence for Financial Engineering: 1995.
[14] Liu Z, Qiao C L. Research on Drought Forecast Based on Rough Set Theory. Shanghai: The Second International Conference on Information Sciences and Engineering (ISISE2009), Sep. 2009.

Research on Drought Early Warning and Forecast and Their Selection

Liu Zhao[1], Huang Wenzheng[2]

(1. Water and Development Research Institute of Chang'an University, Xi'an 710054; 2. Hehai Engineering, National Taiwan Ocean University, Keelung, Taiwan)

Abstract: Drought warning is a forecast to water supply and demand essentially. From the concrete technology, this paper analyzed the urgency、features、content and current domestic and international status of the drought early warning, probed into early warning indicators and technical issues, and especially introduced DAI drought early warning methods. This method is based on the evaluation of the present situation and future water drought situation. The former is certainly and the latter is the result of a non-deterministic analysis, then a variety of possible conditions of drought and water shortage in future are needed. All possible water shortage situation will enter the next calculation link, thus a greater degree of one-sidedness will be avoided. Ultimately the drought early warning indicators which meet the characteristics of the development will be available, then a objective drought warning will be achieved.

Keywords: drought, drought early warning, early warning indicators, evaluation matrix

干旱半干旱地区农村饮用水安全保障体系

伏　苓[1,2]

（1. 山东建筑大学 市政与环境工程学院，山东　济南　250101；2. 长安大学 环境科学与工程学院，陕西　西安　710064）

摘要：中国干旱半干旱农村地区，水资源短缺、生态环境脆弱、供水措施滞后，农村饮用水安全形势严峻，严重危害到人民群众身体健康，阻碍了当地社会经济的和谐发展。本文以干旱半干旱地区农村饮用水体系为研究对象，结合当前国内外饮用水安全研究现状，总结了农村饮用水安全体系存在的问题，分析了农村饮用水安全体系的内涵、特点及衡量标准，研究了全面的农村安全保障体系的原则和组成模块，探索建立了干旱半干旱农村饮用水安全保障体系。

关键词：干旱半干旱地区，农村饮用水，水安全保障体系

1　农村饮用水安全保障的研究目的及现状

1.1　问题的提出及研究意义

1.1.1　世界饮用水安全危机

水，作为地球上最珍贵的自然资源，是人类生存必不可少的基本元素，也是世界各国工业、经济、社会发展的主要命脉，还是全球生态环境维系的重要基础[1]。随着全球人口的急剧增长，工业化、城镇化加速推广，旱涝等自然灾害频发，水资源状况不断恶化，水资源供需矛盾日益尖锐，有些地区甚至爆发了争夺水资源的激烈冲突，造成社会局势紧张[2]。据统计，世界上有 80 个国家约 15 亿人面临淡水不足，其中 29 个国家的 4.5 亿多人完全生活在缺水状态中，约 9 亿人无法获得安全的饮用水[3]，每年有 12 亿人因饮用污染水而患病，超过 500 万人死于霍乱、痢疾和疟疾等因水污染引发的疾病（图 1）[3, 4]。

作者简介：伏苓，山东建筑大学， 市政与环境工程学院博士、讲师。

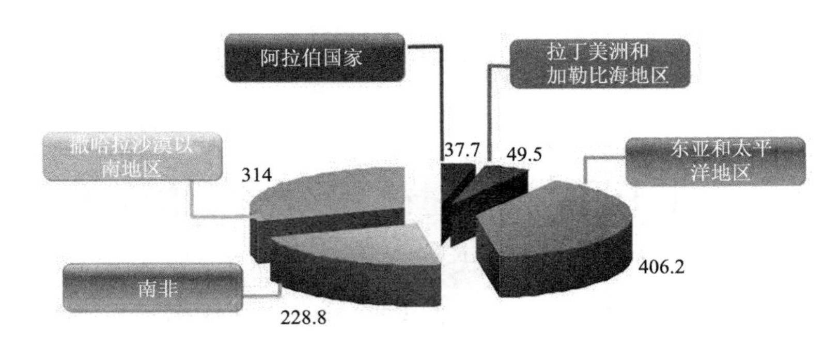

图 1　全球无法获得改善水质的人口数分布图（单位：100 万）
资料来源于联合国儿童基金会，2004

1.1.2　中国农村饮用水安全状态

中国是一个严重缺水的国家，全国每年缺水约 400 亿 m^3，有 16 个省（区、市）人均水资源量低于严重缺水线，其中宁夏、河北、山东、河南、山西、江苏 6 省区人均水资源量低于 500m^3，为极度缺水地区[5, 6]。此外，乡镇小工业污水的无序排放、农业化肥施用形成的面源污染等，使得水体污染日益严重。据统计，全国七大水系水质总体为中度污染，Ⅳ、Ⅴ类和劣Ⅴ类水质的断面比例已达 45%（图 2）；湖泊（水库）富营养化问题突出，水质为Ⅴ类和劣Ⅴ类占国家控制重点湖（库）的 57.2%[5, 7]（图 3）；同时，地下水污染的污染程度和深度也在不断增加，华北平原地区部分深层水中已经检出污染物，部分城市浅层地下水已不能直接饮用[5]。

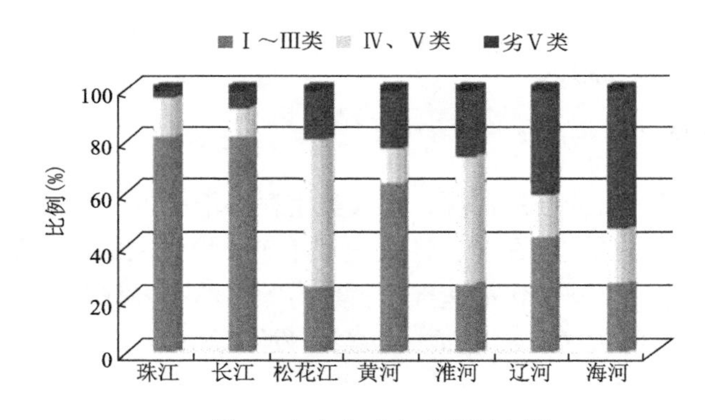

图 2　七大水系水质类别比例

因此，水资源短缺和水质污染已成为中国饮水安全的主要症结，特别是在中国农村地区，由于安全饮用水源的缺少和饮水工程的不配套，饮水不安全问题更加突出。截至 2004 年年底，全国农村饮用水不安全人口为 3.2 亿人，占农村总人口的 34%，其中，饮水水质不安全人口为 22 722 万人，占饮水不安全人口的 70%；水量不足、保证率低、取水不便人口为 8558 万人，占饮水不安全人口的 30%[8]，农村饮用水不安全形势极为严峻。

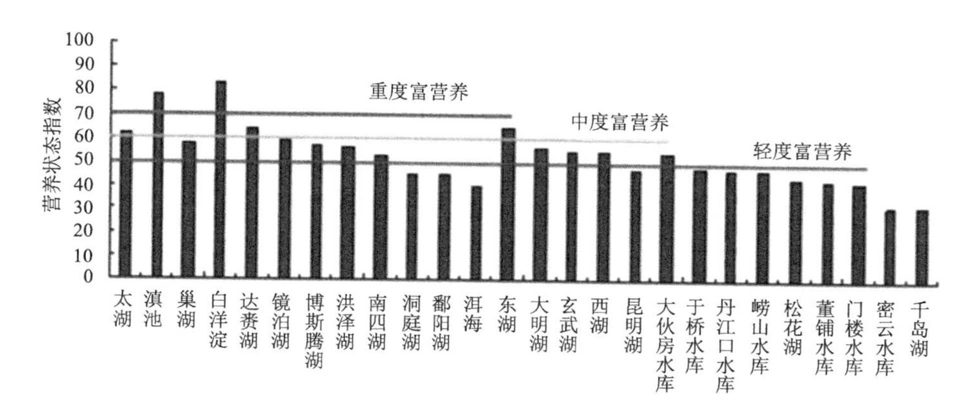

图 3　重点湖（库）营养状态指数

1.1.3　中国干旱半干旱地区农村饮用水安全问题

2000 年以来，党和政府十分重视农村饮水安全问题，加大了对农村安全人饮工程的投入，兴建了大批的村镇供水和改水工程，使千万农民群众摆脱了饮水难的困扰。2005～2010 年，按照国务院审定的《2005～2006 年农村饮水安全应急工程规划》和《全国农村饮水安全工程“十一五”规划》，政府共投入资金 1009 亿元，解决了 2.1 亿人的饮用水安全问题，取得了巨大成效[9, 10]。同时，我们也看到，在中国北方的干旱半干旱地区，由于干旱缺水、生态环境脆弱，加之水利基础设施落后和管理粗放、工程造价高、经济落后等原因，饮用水安全问题仍然十分突出，没有完全解决[11]；且目前建成的农村供水工程在监管上还存在一些问题，有的已影响到工程的良性运行和农村居民的用水安全，具体如下。

1）饮用水资源不足，水资源保证率较低

中国人口众多，人均淡水资源量过低，仅 2160m^3，不到世界平均水平的 1/4。由于水资源地区分布差异性大，总体呈现“北少南多”的态势，淮河流域及其以北、西北地区水资源量仅占全国的 19%，是水量贫瘠区，很多地区人均水资源量低于 500m^3，是极度缺水区[11]。这些地区的农村，经年干旱少雨、水资源匮乏，常年饮用水量不足。

此外，中国属显著大陆性季风气候，降水量和径流量年际间差别悬殊、年内高度集中，使得旱涝灾害频发，而农村修建的水井、水窖、水池等小型分散供水工程，一遇连续干旱时就会重新出现饮水困难。另外，北方地区冬季气候严寒，农村取水的地表水体常有结冰现象，无法保证全年连续供水，河流等水体的保证率低。

2）饮用水质有毒、有害物质含量高，地方病高发

目前，由于工业废水和生活污水的排放，农药、化肥用量不断增加，有许多饮用水源受到污染，特别是地表水的和浅层地下水污染严重，水中污染物含量超标。至 2005 年，农村饮用污染严重的地表的水人口为 4403 万人，饮用污染严重的地下水的人口为 4681 万人[8]。

另外，部分地区由于地质构造与水文地质条件的关系，水体中有害物质背景值含量高，主要体现为区域性的氟、砷、铁、锰、矿化度等指标超标，其中农村饮用高氟水 5085

万人、高砷水289万人、苦咸水3855万人[8]。长期饮用劣质水导致地方病高发，水源污染已成为严重威胁农民身体健康的隐患。

3）农村饮用水工程设施简陋，饮水方便程度低

农村供水方式多样，以分散式为主，自来水普及率低，用水方便程度低。不少村民从机井、大口井、河、湖、库及坑塘直接取水饮用，几乎没有任何水处理措施，绝大部分饮用水质不符合国家卫生标准；而建成的集中供水工程多数规模小、建设标准低、设施简陋。北方大多数农村，受经济水平低、自然条件艰苦及技术力量薄弱等多方面原因的制约，很多工程没有进行合理规划和水源调查论证，工程实际供水能力无法满足现状需求，部分工程长期超负荷运行，供水保证率达不到设计要求，且饮用水设备及水处理工艺比较落后，无水源保护设施建设，水源易受污染和破坏严重，用水安全得不到保障。

4）供水工程管理落后，供水保障率低

现阶段农村饮水工程管理还不完善，主要是责任不明、机制不活、制度不全。由于收取水价低于建设运行费用，又无有效资金支持，使得绝大多数工程处于亏损状态，从而导致供水工程设施年久失修，效益不能充分发挥，有些甚至过早报废，如供水管网破损、堵塞，水工建筑物冬季冻害现象十分普遍。

农村饮用水安全是关系到村镇环境优美、经济发展、社会和谐稳定的大事，在干旱缺水的北方农村，更是农村居民生活的命脉。而解决农村安全供水的关键问题重点在于研究制订合理的农村饮用水安全保障措施，实施相应的农村饮用水安全工程规划。如何在新形势下，开拓思路，科学构建多元化的农村安全饮用水保障体系，采取符合农村特点的技术措施，使其长久发挥效益是一个值得深入探讨的课题。

2　农村饮用水安全保障的国内外研究状况

2.1　国外有关农村饮用水安全的研究

早在20世纪70年代，联合国就已指出水在不久将成为一个深刻的社会危机，而且越来越严重，必须设法避免全球性的水危机，才能确保各国有充足干净的水来满足人口增长和社会经济发展的需要。此后，到1992年里约热内卢召开的环境与发展大会，又重新关注水问题，“水安全”“水冲突”等词汇相继出现，水资源短缺问题逐渐引起了全世界的重视。

2000年3月，荷兰海牙召开了第二届世界水论坛部长级会议，会议以“世界水展望”为主题，通过了关于确保21世纪水安全的《海牙宣言》和相关行动计划。会议正式提出“获得安全饮用水是每个人的权利”，并通过合理措施开发利用水源，以满足人类生存、农业发展和其他经济活动的需要，同时采取平等、高效和统一的方法来保护水资源。会上通过，到2015年，将实现世界上无法获得安全饮用水的人数减少一半的目标。

此后，2006年墨西哥举行的第四届世界水资源论坛和2009年伊斯坦布尔举行的第五届世界水资源论坛，都通过《部长声明》继续强调，水是持续发展和根治贫困的命脉，必须改变当前使用水资源的模式，探讨解决水问题的新技术和新方案，加强水资源的管

理和国际合作，以保证所有人都能用上洁净水。

饮用水安全问题已成为国内外专家学者的重要研究课题，是世界各国规划发展的关键战略目标，而农村地区更是饮用水安全最薄弱的环节，关于这方面的研究也在不断深入。在荷兰、德国、法国、美国等一些发达国家，由于其城乡差别小，自来水普及率高，农村地区饮水条件和城镇均等，饮用水安全研究大多是面向全国范围的宏观体系的建立，以及对突发水事件的应急响应，主要集中在饮用水水质指标监测体系和饮用水安全保障法律的完善等方面[12~15]；而在非洲、印度、伊拉克等欠发达地区，农村地区经济落后、人口分散，供水模式还是以单个或几个住户的分散式为主，因此，为农民提供高效的家用净水技术、仪器及药剂是现阶段常见的饮用水保障措施[16]。

2.2 农村饮用水安全保障的国内研究现状

目前，中国对农村饮用水安全保障的研究主要集中在对农村供水系统各组成部分的分体研究。

2.2.1 饮用水资源评价及选择

目前，水资源评价的方法为面向水量和水质的多目标综合分析，并由此建立立体的评估系统，此外，积极寻求科学理论技术应用与雨水积蓄利用，将其作为饮用水源的有益补充[17]。例如，胡艳玲采用水文地球化学模拟法，系统分析了研究区生活饮用水源化学成分特征、区域分布特征及水化学组分的形成作用机制，并对生活饮用水源水质进行评价[18]。张龙云应用物元可拓理论和模糊数学理论，结合山东省各地区社会经济发展状况、水资源开发利用程度及城乡饮水安全现状，对山东省具有典型代表的农村及省会城市——济南市的水资源价值进行了综合评价，构建了水资源价值综合评价模型[19]。潘地贤对雨水集蓄利用（缓解农村水资源供需矛盾的一种方式）进行了科学、规范、合理、有效工程规划设计，特别是对自然集流面的布置进行了实地验证，研究表明，利用山坡地作集流场时，集流面积不足，应按地势布置截流沟，避免雨水在坡面上漫流距离过长而造成水量损失[20]。

2.2.2 农村饮水安全工程优化

农村饮水安全工程优化一方面体现在对水源的优化配置，另一方面结合 GIS 等新技术、应用新理论对管网进行规划设计。例如，高风华应用整数规划，建立了农村饮用水源的优化配置模型，并应用于滨州市滨城区农村饮用水源的优化配置，研究表明，该模型更适用于供水目标单元划分较小的区域水资源优化配置，且供水目标范围和形状规则性会影响计算精度[21]。侯景伟利用 GIS 技术，建立了农村饮水工程规划数据库，可用于分析农村饮水安全空间现状，对农村用水量进行预测；同时，还可规划农村水源类型和最佳水源的位置，优化农村饮水管网，确定了农村饮水工程的最优数目、最佳位置和最优容量，以及供水管网的最优路径和尺寸[22]。沈刚阐述了树状管网优化设计的遗传算法，通过对选择算子、交叉算子、变异算子，以及部分参数的设置等改进，以年费用折算值为目标函数，建立了农村饮水工程骨干输水树状管网优化设计的遗传算法模型，并开发了管网水力计算模块，具有较强的实用性和工程实践意义[23]。

2.2.3 农村饮用水质处理

近年来，水体污染趋于多样化、复杂化，水资源环境污染日益严重，研究河流生态治理，净化水质，一方面，在于水源保护地范围等级的划分；另一方面，积极寻求新型简便的水质净化技术。在水源地防污，针对不同水质研发新型、简易的饮用水处理工艺是目前农村饮用水净化处理的趋势。例如，白玉华等研究发现，垂直流人工湿地污水处理系统对中小城镇、居民小区、人口分散的农村有独特的优越性[24]。人工湿地稳定运行后有良好的去除污染物的效果，较大削减河水污染负荷，对水源水质改善有明显作用。谭远春以集中供水的生物慢滤模式来完成农村供水水质净化，得到了很好的应用成效[25]。薛英文采用石英砂过滤-活性炭吸附过滤的方式进行了连续流微污染水净化，试验结果证明，其在运行初期对微污染水中的浊度及高锰酸盐指数（COD_{Mn}）具有较好的祛除效果[26]。程家迪以嘉兴典型农村地区微污染水源水为试点，考察预氧化/MF 工艺处理高铁地下水和膜生物反应器（MBR）处理高有机物、高氨氮地表水的运行特性，结果表明,采用超高分子量聚乙烯管式微滤膜的预曝气/微滤组合工艺对铁的去除率在 90%以上[27]。王晓伟利用单组件纳滤膜去除氟和五价砷[（As（V））]，结果表明，当原水氟浓度低于 4.0 mg/L 或原水 As（V）浓度低于 243.2μg/L 时，用纳滤膜除氟除砷是可行的[28]。刘栋宏利用成本低廉的天然沸石，通过负载双金属氢氧化物来提高其吸附量，开发出高效的除氟材料，在去除高浓度氟方面具有良好的实际应用前景[29]。

2.2.4 农村安全饮用水工程监管

在研究农村用水工程现状的基础上，提出对农村人饮工程安全型保障的策略，包括如何制定工程监管方法，完善相应法律法规，加强水源污染防护，开发应用信息化管理系统，强化水质监测。例如，杨光钊、张萍认为，必须将水源保护和水质净化相结合，防治并重；因地制宜，确定河流额定工程方案；监管并重，强化用水户参与管理；扶持引导，多渠道筹资[30]。贾国华建立了聊城市农村饮水安全工程管理信息化系统，将水利工程技术、计算机信息处理技术、自动控制技术、通信技术等充分融合，建立了强大的数据库，对农村饮水状况、工程 GIS 信息、供水工程数据进行分析，为领导决策和技术人员搞好工程建设与管理工作提供信息支持[31]。郭相春认为，可持续发展观、公益性、饮用水源保护绝对优先性是中国饮用水源立法的指导思想，应将预防原则、安全原则、区际公平原则、国家扶持原则和群防群治原则确立为饮用水源保护立法的基本原则。在完善饮用水源保护法律体系、保护区制度和饮用水源优先保护制度的同时，建立健全饮用水源保障应急制度、饮用水源全程监测制度、饮用水源地补偿制度、公众参与和监督机制，以及农村面源污染防治制度，建立科学的饮用水源保护法律责任体系[32]。

2.3 目前存在的问题和不足

国内饮用水安全问题的研究起步较晚，以前的研究主要集中在城镇供水领域，对农村饮用水安全问题的研究还是近几年的事情。目前，农村饮用水安全保障问题的研究仅停留于普通工程技术层面，集中在饮用水安全的一般概念和某些策略主要是概念性的、定性的，而且侧重于取水、供水、水处理、配水或水源保护的单个方面研究，缺乏饮用水安全保障的整体考虑。特别是在干旱半干旱区域，由于自然环境恶劣、地质条件复杂，饮用水安全的保障还不成体系。

3　农村饮水安全的概念及内涵

3.1　农村饮水安全的内涵

饮用水是指满足人体基本生理需求的饮水、炊事和洗浴等日常生活需要的用水，而“饮用水安全”尚无明确、统一的定义，其内涵的延展也是随着供水技术不断更新的。美国是最早开展饮用水安全研究的国家，早在 1912 年就通过了第一部具有法律地位的饮用水规定，制定了会产生介水疾病的水中微生物数量标准。此后，供水技术不断发展，检测指标越来越多，饮用水水质标准不断完善，世界卫生组织和欧盟也提出了各自的饮用水水质检测标准。至 1974 年，美国颁布了《生活饮用水安全法》（*Safe Drinking Water Act*，SDWA），明确规定了影响水质安全的感官性状、毒理学、细菌学及放射性 4 类指标。

20 世纪 80 年代以后，全球水资源短缺、水质与水环境恶化趋势加剧，已威胁到人类健康，饮水安全由水质扩展到水量及用水方便程度等综合体系，但由于各国国情和标准不同，饮用水安全的定义也不相同。2006 年，世界卫生组织定义：安全的饮用水是指满足饮用水标准，对人体健康无害的水。对于农村地区，衡量饮水基本安全的标准是每人每天可获得 20L 可饮用水量，取水点距离居住地在 1km 以内，来回时间不超过 30 分钟。此外，联合国千年发展目标（MDG）也指出，使每个人能够持续获得可负担费用的水也是饮用水安全的一部分要求。

综合各方观点，农村饮用水安全不仅仅是指一时的解渴，而是包含了饮水水量充足，水质可靠，水源及供水设施供水能力有保障，取用方便，具有应急抗风险能力等多方面的保障体系。

3.2　中国农村饮水安全指标体系

为了更好地对农村饮用水安全卫生进行评价，中国制定了农村饮用水安全卫生评价指标体系。体系分安全和基本安全两个档次，由水质、水量、方便程度和保证率 4 项指标组成[33]。4 项指标中只要有一项低于安全或基本安全最低值，所以其不能定为饮用水安全或基本安全。

3.2.1　水质

符合国家《生活饮用水卫生标准》要求的为安全；符合《农村实施〈生活饮用水卫生标准〉准则》要求的为基本安全（表 1）。具体标准包括感官性状和化学性状、毒理学、细菌学及放射性 4 类指标。

表 1　农村实施《生活饮用水卫生标准》准则

	项目	一级	二级	三级
感官性状和一般化学性状	色（度）	15，并不呈现其他异色	20	30
	浑浊度（度）	3，特殊情况不超过 5	10	20
	肉眼可见物	不得含有	不得含有	不得含有
	pH	6.5～8.5	6～9	6～9
	总硬度（mg/L，以碳酸钙计）	450	550	700
	铁（mg/L）	0.3	0.5	1.0
	锰（mg/L）	0.1	0.3	0.5
	氯化物（mg/L）	250	300	450
	硫酸盐（mg/L）	250	300	400
	溶解性总固体（mg/L）	1000	1500	2000
毒理学指标	氟化物（mg/L）	1.0	1.2	1.5
	砷（mg/L）	0.05	0.05	0.05
	汞（mg/L）	0.001	0.001	0.001
	镉（mg/L）	0.01	0.01	0.01
	铬（6 价）（mg/L）	0.05	0.05	0.05
	铅（mg/L）	0.05	0.05	0.05
	硝酸盐（mg/L，以氮计）	20	20	20
细菌学指标	细菌总数（个/ml）	100	200	500
	总大肠菌群（个/L）	3	11	27
	接触 30min 后游离余氯（mg/L）	出厂水不低于 0.3	不低于 0.3	不低于 0.3
		末梢水不低于 0.05	不低于 0.05	不低于 0.05

注：准则中有三个等级：一级为期望值，符合国家标准 GB5749 要求，属安全饮用水；二级为允许值，属基本安全的饮用水；三级为缺乏其他可选择水源时的放宽值，超过三级的为不安全饮用水。在有机物污染严重的地区，尚应增加对耗氧量（COD_{Mn}）的检测，饮用水的 COD_{Mn} 一般不应超过 3mg/L，特殊情况下不应超过 5mg/L。农村给水的水质应达到二级以上，但是，在特殊情况下，如水源选择和处理条件受限制的地区，对某些指标适当放宽了要求，容许按三级水质要求处理水质分级评价准则和卫生要求。

（1）水的感官性状，包括色、浑浊度、臭和味、肉眼可见物等各项指标，要求水质从感观性状上对人体无不良影响。

水的化学性状包括 pH、总硬度、铝、铁、锰、铜、锌、挥发酚、阴离子合成剂、硫酸盐、氯化物、耗氧量等各项指标。这些指标超过一定限量时，水会发红发黑，产生异味、异臭，水烧开时产生沉淀，不适宜作为生活用水。

（2）水的毒理学指标，包括氟化物、氰化物、铝、砷、铅、汞、铬（6 价）、硝酸盐、硒、四氯化碳等有害物质，超过卫生标准时将对人体产生危害。所以，毒理学指标过高的水，不宜作为生活饮用水。

（3）水的细菌学指标，包括细菌总数、总大肠菌群、粪大肠菌群和游离氯，通过消毒措施，可去除水中含有的病原微生物，防止了介水传染病的发生和传播。

（4）放射性指标，包括总α放射性和总β放射性。现行生活饮用水标准规定水中所含放射性物质不得危害人体健康，不得产生急性或慢性中毒及潜在的远期危害（致癌、致畸、致突变）。

随着经济的发展，饮水污染源复杂，1985 年发布的《生活饮用水卫生标准》（GB5749-85）已不能满足保障饮水安全的需要。为此，卫生部和国家标准化管理委员会对原有标准进行了修订，于 2006 年联合发布新的强制性国家《生活饮用水卫生标准》（GB5749—2006）（表 2）。《生活饮用水卫生标准》（GB5749—2006）实现了饮用水标准与国际接轨，加强了对水质有机物、微生物和水质消毒等方面的要求，将水质指标由 35 项增至 106 项，达到直饮水要求，其适用范围也从城市扩至农村[34]。但由于中国城乡发展不均衡，乡村地区受经济条件及技术能力等限制，实际尚难达到与城市相同的饮用水水质要求，只能在满足《农村实施〈生活饮用水卫生标准〉准则》的基础上，不断改进工艺技术，逐步达到国家《生活饮用水卫生标准》（GB5749—2006）的规定。

表 2　生活饮用水卫生标准（GB 5749—2006）农村小型集中式供水和分散式供水部分水质指标及限值

指标		限值
微生物指标	菌落总数（CFU/ml）	500
毒理指标	砷（mg/L）	0.05
	氟化物（mg/L）	1.2
	硝酸盐（以 N 计，mg/L）	20
感官性状和一般化学性状	色度（铂钴色度单位）	20
	浑浊度（NTU-散射浊度单位）	3 水源与净水技术条件限制时为 5
	硫酸盐（mg/L）	300

指标		限值
感官性状和一般化学性状	溶解性总固体（mg/L）	1500
	总硬度 （以 $CaCO_3$ 计，mg/L）	550
	耗氧量（COD_{Mn} 法，以 O_2 计，mg/L）	5
	铁（mg/L）	0.5
	锰（mg/L）	0.3
	氯化物（mg/L）	300
	pH	不小于 6.5 且不大于 9.5

注：（1）生活饮用水水质应符合表 1 和表 3 卫生要求。集中式供水出厂水中消毒剂限值、出厂水和管网末梢水中消毒剂余量均应符合表 2 要求。

（2）农村小型集中式供水和分散式供水的水质因条件限制，部分指标可暂按照表 4 执行，其余指标仍按表 1、表 2 和表 3 执行。

（3）当发生影响水质的突发性公共事件时，经市级以上人民政府批准，感官性状和一般化学性状可适当放宽。

（4）生活饮用水水源采用地表水时应符合 GB 3838 要求，采用地下水时应符合 GB/T 14848 要求。

3.2.2 水量

每人每天可获得的水量不低于 40～60L 为安全，不低于 20～40L 为基本安全[35]。根据气候特点、地形、水资源条件和生活习惯的不同，将全国分为 5 个类型区，不同地区的具体水量标准见表 3。其中，实行分质供水的地区，可根据具体情况分别确定饮水水量与其他生活用水量，以降低工程造价。

表 3 不同地区农村生活饮用水水量评价指标表 ［单位：L/（人·d）］

分区	一区	二区	三区	四区	五区
安全	40	45	50	55	60
基本安全	20	25	30	35	40

注：一区包括：新疆、西藏、青海、甘肃、宁夏、内蒙古西北部、陕西、山西黄土高原丘陵沟壑区、四川西部。

二区包括：黑龙江、吉林、辽宁、内蒙古西北部以外地区、河北北部。

三区包括：北京、天津、山东、河南、河北北部以外地区、陕西关中平原地区、山西黄土高原丘陵沟壑区以外地区、安徽、江苏北部。

四区包括：重庆、贵州、云南南部以外地区、四川西部以外地区、广西西北部、湖北、湖南西部山区、陕西南部。

五区包括：上海、浙江、福建、江西、广东、海南、安徽、江苏北部以外地区、广西西北部以外地区、湖北、湖南西部山区以外地区、云南南部。

本表不含香港、澳门和台湾。

3.2.3 方便程度

人力取水往返时间不超过 10 分钟为安全，取水往返时间不超过 20 分钟（人力取水往返时间 20 分钟大体相当于水平距离 800m 或垂直高差 80m 的情况）为基本安全。

3.2.4 保证率

供水保证率不低于 95%为安全，不低于 90%为基本安全[33]。水源保证率是保证用水量的首要条件，本条规定的水源保证率不低于 90%为基本安全，是指在十年一遇的干旱年，供水水源水量能满足基本生活用水量要求。

4 农村饮水安全保障体系

中国农村饮水工程分为集中供水和分散供水两种形式。集中供水方式与城市类同，是包括水源、净水厂（或净水站）、供水管网的串联系统，而分散供水形式一般较为简单，通常是从水源汲取饮水，加净水剂做简单处理后饮用，有的甚至不做处理直接饮用。由此不难看出，农村安全保障体系涵盖到系统的各个环节，其中最重要的是“源头”，即水源问题。因此，农村饮水安全保障体系应以水源地建设与保障为核心，建立相应的配套工程措施，具体包括水源、净水工艺与供水方式的集成规划、多水源的优化配置、水源生态系统与工程设施的综合管理，以及各级政府与地方机构的多方参与，将可持续饮水安全理念纳入全过程。

4.1　构建农村饮水安全保障体系原则

农村饮水安全保障关系到水源区与供水区之间、不同行政区之间的利益，涉及水利、环保、建设、市政、卫生多个部门，涉及法规制度、标准规范、资源环境、科学技术、社会公众等领域，具有高度的复杂性和综合性。综合考虑以上因素，构建农村饮水安全保障体系要遵循以下原则。

4.1.1　突出重点，职责明确

农村饮水安全涉及不同层面的众多因素，保障体系的建立应紧扣农村饮水安全的本质要求，突出水质、水量保障和应急能力、环境建设；根据有关各部门的职责，按水源地、供水系统构建体系，便于职责的明确和保障措施的实施。

4.1.2　健全法规，强化监督

农村饮水安全保障的行为主体是政府，关键是管理，建立健全农村饮水安全的法规制度和高效协调的监管机制是农村饮水安全保障体系的重要方面。

4.1.3　水资源优化，科学配置

在水资源配置中坚持饮水水源的水量保障优先，在饮水水质保护中坚持水源水质保护优先，建设并提高农村应急和备用供水能力。由于原水处理系统很难去除所有潜在的有毒有害污染物，因此，水源地保护处于决定性的主导地位，水源保护作为确保饮水安全的核心环节，不仅能降低水处理费用，而且有助于提高饮水的安全性。

4.1.4　统筹规划，综合治理

饮水安全保障要坚持规划先行，统筹新建和改造，开源节流并重；协调水源地土地利用、产业结构与布局等规划；全面考虑农村饮水安全的各个环节，突出重点，实施保护、节约、防治、建设、管理等综合措施。各地政府要根据饮水安全保障规划要求，明确目标、任务，制订实施计划。

4.2　农村饮水安全保障体系构成

农村饮水安全的本质要求是水质合格、水量充沛、水环境良好、具有应急能力，这也是安全保障的目标要求，因此，保障体系的构建应紧密围绕以下几点。

首先，随着社会经济、工业化和城市化的快速发展，饮水水源地普遍受到不同程度的污染，涉水疾病增多，水污染已经成为威胁水源水质的根本原因。加强污染治理，保护水源地生态环境是水源地安全保障的基本对策和治本措施。

其次，随着城市化率和人民生活水平的不断提高，农村也面临着饮水水量增加的压力。此外，北方地区干旱少雨，水源地季节性变化明显，地下水超采，上游来水减少等原因加剧了水量短缺。科学预测饮水水量需求，进行水资源合理配置，并通过水源地改造、建设等工程，保障水源地水量，是整个体系的重要一环。同时，改进落后的处理工

艺，开展供水管网改造，探索雨水、窖水等非传统水源的多种水源分质供水也是缓解水量不足的有利方式。

再次，监测预警系统、应急预案和备用水源是保障农村饮水工程具有应急能力的基本条件，也是执行饮水安全保障法规标准的技术手段，还是进行安全监督的依据。保障体系在监测数据的基础上，协调机制，实现资源共享和发布及相应应急备用水源建设。

最后，依法治水、依法管水是中国法制建设的一个重要内容。农村饮水安全涉及众多因素和各方面利益，对各种因素合理统筹，协调各方利益必须依靠合理的制度安排，其基础则是通过建立完备的法律法规。

农村饮水安全保障体系如图4所示。

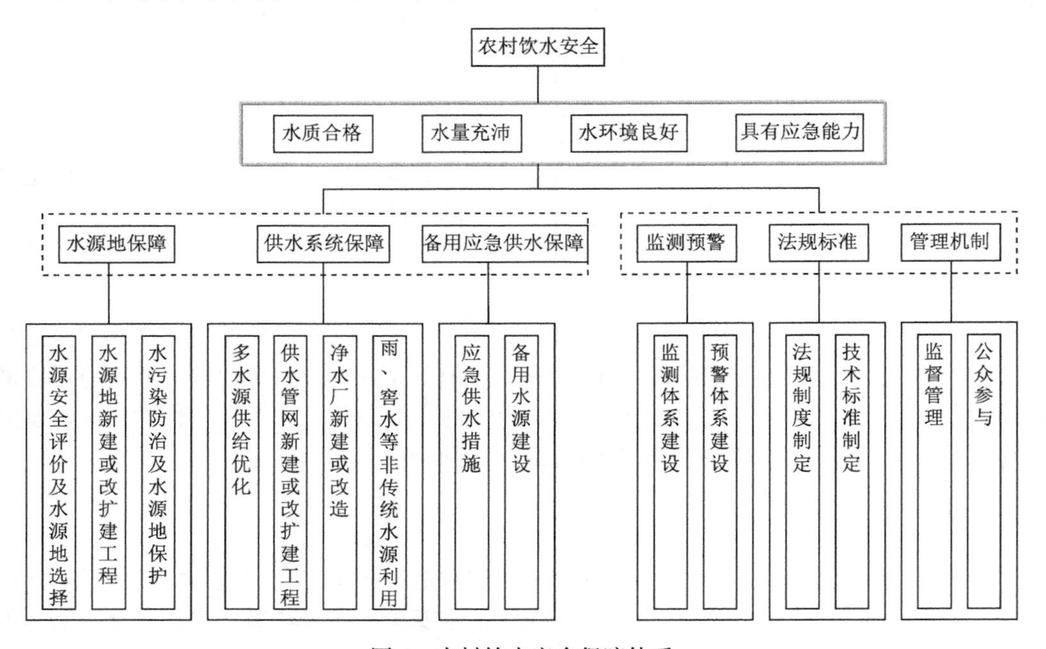

图4　农村饮水安全保障体系

先进的科学技术是农村饮水安全保障的重要支撑，积极开展农村饮水安全保障方面的关键性基础研究和应用技术研究，建立符合中国国情的农村饮水水源地标准和相关规范是安全保障的基础工作，也是安全评价、监督管理和各类措施的设计依据。水源安全论证、多水源供水体制规划、水源保护机制的完善，以及相应的保障标准规范和工程措施的制定是系统的重要组成部分。

参 考 文 献

[1] 李佩成. 认识规律、科学治水. 山东水利科技, 1982, (1): 1-22.

[2] 李佩成. 关于水源问题及其解决途径. 灌溉科技, 1975, (Z2): 3-4.

[3] Third World Academy of Sciences (TWAS). Safe Drinking Water The need, the Problem, Solutions and an Action Plan. Trieste Italy: Report of the Third World Academy of Sciences, 2002.

[4] The Secretariat of the World Water Assessment Programme (WWAP). Word Water Development Report.

United Nations Eductional. Scientific and Cultural Orgonization (UNESCO) and Berghahn Books, 2003.
[5] 陈小江. 2009年中国水资源统计公报. 中华人民共和国水利部办公厅, 2010, (04): 7-23.
[6] 李佩成. 薛惠锋. 论水资源的永续供给. 地下水, 1995, (04): 141-148.
[7] 周望军. 中国水资源及水价现状调研报告. 中国物价, 2010, (03): 19-20.
[8] 水利部, 国家发展改革委员会, 卫生部. 全国农村饮水安全现状调查评估报告. 北京: 水利部, 2005.
[9] 国家发展和改革委员会. 《2005～2006年农村饮水安全应急工程规划》. 2005.
[10] 国家发展和改革委员会, 水利部, 卫生和计划生育委员会. 《全国农村饮水安全工程“十一五”规划》. 2007. 5.
[11] 李佩成, 冯国章. 论干旱半干旱地区水资源可持续供给原则及节水型社会的建立. 干旱地区农业研究, 1997, (02): 1-6.
[12] 胡和平. 国外发展经验对中国农村饮用水安全问题的启示. 北京: 清华大学2008年全国农村饮用水高级论坛, 2008.
[13] 仪慧琳, 马婧婧. 国外村镇建设经验对中国的启示. 党政干部学刊, 2011, (08): 46-48.
[14] 左停, 鲁静芳. 国外村镇建设与管理的经验及启示. 城乡建设, 2007, (03): 70-73.
[15] 刘志泉. 欧洲国家城市基础设施的投资管理. 建设监理, 2000, (l): 52-53.
[16] 伏苓, 郝少英, 乔长录. 国外农村饮用水家用简易处理技术装置. 中国给水排水, 2009, 25(22): 105-108.
[17] 李佩成. 治水的哲学思考//水与社会经济发展的相互影响及作用——全国第三届水问题研究学术研讨会论文集. 北京: 中国水利水电出版社, 2005.
[18] 胡艳玲. 彭阳县新农村生活饮用水化学特征分析与水质安全评价. 西安: 长安大学硕士学位论文, 2009.
[19] 张龙云, 曹升乐. 基于变异系数的水安全评价模糊物元模型. 灌溉排水学报, 2007, (S1): 93-94.
[20] 潘地贤. 把好雨水集蓄利用工程规划设计关//重庆市水利学会2009年年会优秀论文汇编. 重庆, 重庆市水利协会, 2009.
[21] 高风华, 曹升乐, 徐光杰. 整数规划在农村饮水安全水源优化配置模型中的应用与探讨. 山东大学学报(工学版), 2007, (06): 98-100.
[22] 侯景伟. 基于GIS的农村饮水工程规划研究. 开封: 河南大学硕士学位论文, 2008.
[23] 沈刚. 改进遗传算法在农村饮水工程树状管网优化设计中的应用. 扬州: 扬州大学硕士学位论文, 2009.
[24] 白玉华, 章小军, 雷志洪, 等. 垂直流人工湿地净化机理及工程实践. 北京工业大学学报, 2008, (07): 761-766.
[25] 谭远春. 山区农村饮水安全工程模式探讨. 水利天地, 2010, (02): 63-65.
[26] 薛英文, 马天佑, 董文楚, 等. 石英砂过滤-活性炭吸附过滤净化微污染水试验研究. 中国农村水利水电, 2010, (12): 138-140.
[27] 程家迪. 适于农村的一体化膜组合净水工艺的开发. 淮南: 安徽理工大学硕士学位论文, 2009.
[28] 王晓伟. 纳滤膜净化高氟高砷地下水的试验研究. 兰州: 兰州交通大学硕士学位论文, 2010.
[29] 刘栋宏. 斜发沸石负载Zn-Al层状双氢氧化物对水体中氟离子的吸附性能研究. 北京: 中国地质大学硕士学位论文, 2010.
[30] 杨光钊, 谢新华. 浅论农村饮水供水安全与饮水工程建后管理. 广东水利电力职业技术学院学报, 2010, (02): 319-322.
[31] 贾国华. 聊城市农村饮水安全工程管理信息化系统开发与应用研究. 济南: 山东大学硕士学位论文, 2010.

[32] 郭相春. 中国饮用水源法律保护制度研究. 西安: 西安建筑科技大学硕士学位论文, 2008 年.
[33] 水利部, 卫生和计划生育委员会. 农村饮水安全评价指标体系. 2004. 11.
[34] 中华人民共和国卫生部, 国家标准化管理委员会. 《生活饮用水卫生标准》(GB5749—2006). 2006.
[35] 中华人民共和国卫生部, 国家标准化管理委员会. 《生活饮用水卫生标准》(GB5749-85). 1985.

Rural Drinking Water Safety Security System in Arid and Semi-arid Regions

Fu Ling[1,2]

(1. School of Municipal and Environmental Engineering of Shandong Jianzhu University, Shandong, Jinan, 250101; 2. School of Environmental Science and Engineering of Chang'an University, Shaan xi, Xi'an 710064)

Abstract: In arid and semi-arid rural areas, because of water resources shortage, fragile ecological environment and water supply measure lag, the rural drinking water safety situation is serious. It is harmful to people's health, and hinder local economic and social harmonious development. This paper focus on rural drinking water system in arid and semi-arid regions, combining with the current domestic and foreign research situation of drinking water safety, summarizes the existing problems of rural drinking water safety system, analyses rural drinking water system security connotation, characteristic and estimate standards, studies the comprehensive rural security system construction principles and components, explore built rural drinking water safety security system in arid and semi arid regions.

Keywords: arid and semiarid regions, rural drinking water, water safety security system

膜下滴灌的技术突破、实践及展望

吴　磊　李富先

（国家节水灌溉工程技术研究中心，新疆石河子　832000）

摘要：本文着重分析了应用膜下滴灌技术取得的节水、抑盐、高产及节支等的技术突破，结合在大田应用的实践，提出了膜下滴灌技术进一步开发的重点，并对其在全国的推广应用前景进行展望。

关键词：膜下滴灌，节水，抑盐，高产，节支，实践，展望

膜下滴灌是将田间滴灌工程节水技术与覆膜栽培农艺节水技术进行集成创新的一项节水农业新技术，1995～1998年由新疆生产建设兵团农八师和石河子市政府引导，科研机构与企业联合集成创新所得，1997～2000年由企业主导，新疆天业（集团）有限公司进行产业化开发和田间示范推广应用，解决了在干旱半干旱区田间应用的适应性、可靠性、经济可行性，2003年以后由农业生产者主导，政府、企业配合进入了全面的推广阶段，到2012年，在新疆和西北干旱半干旱区推广应用面积已突破200多万hm^2，并产生了巨大的经济、社会及生态效益。本文主要介绍膜下滴灌取得的技术突破、实践、展望。

1　技术特点

膜下滴灌的主要技术突破点在：节水、抑盐、高产和节支4个方面。

1.1　节水

1.1.1　单耗

单位面积灌溉水资源的耗用量，即单耗（ω），$\omega=E/U$，E为田间需水量，U为输水利用系数，总耗等于灌溉面积乘以单耗[1]。单耗是绿洲灌溉系统耗水量及节水灌溉的基础参数，传统灌溉系统（以田间沟灌、畦灌、漫灌为主，输水以干、支、斗、农、毛的渠道系统为主）的单耗 $\omega_0=E_0/U_0$，由膜下滴灌的单耗，即可计算出节水比和单耗、总耗节水。

新疆绿洲农田平均田间需水量 E_0 为 575mm 或 $380m^3/666.7m^2$，平均水利用系数

作者简介：吴磊，新疆天业集团公司高级顾问。

$U_0 \approx U_1$（干支渠）0.9×U_2（斗农渠）0.8×U_3（田间）0.7≈0.5，则单耗 $\omega_0 = E_0/U_0 = 380/0.5 =$ 760 $m^3/666.7m^2$，因此新疆 400 万亩绿洲农田总耗约 450 亿 m^3，占新疆全社会总耗 500 亿 m^3 的 90%，由此即可看出新疆结构性缺水的主要原因。

1.1.2　节水比

山仑院士等[2]研究指出，田间需水量中，田间棵间蒸发约为 $0.45E_0$，叶片蒸腾量只有 $0.55E_0$；康绍忠教授研究得出，蒸腾量中还有 20%～30%是不能形成光合干物质的奢侈蒸腾，所以有效蒸腾需水量实际只有约 $0.4E_0$。因此，田间采用膜下滴灌技术，理论上需水量为有效蒸腾量，即 $E_{min}=0.4E_0$，如果加上输水全部管道化构成现代灌溉系统，则理论上水利用系数 $U_{max}=1$。

$$理论单耗：\omega_{min}=E_{min}/U_{max}=0.4E_0/1=0.4E_0$$

膜下滴灌的理论节水比：$\beta_{max}=(\omega_0-\omega_{min})/\omega_0=1-0.4E_0/(E_0/U_0)=1-0.4U_0$

当全部用现代灌溉系统代替传统灌溉系统后，新疆的理论节水比 $\beta_{max}=1-0.4\times0.5=0.8$，产生的节水潜力十分巨大，由此现代灌溉系统的理论单耗 $\omega_{min}=0.4\times380=152m^3/666.7m^2$。

叶片细胞汁浓度是作物植株缺水最敏感的直接指标，根据 1996 年在石河子垦区的田间试验用其控制棉田的灌溉周期，测得井水的单耗达到 133 $m^3/666.7m^2$，正好为传统灌溉田间需水量（E_0）$330m^3/666.7m^2$ 的 0.4 倍。

1.2　抑盐

由于长期的传统灌溉导致地下水位上升，干旱区农田耕层土壤产生了次生盐渍化，而盐渍化的主要动力为作物棵间蒸发。滴灌只在地表 40cm 以上的作物根层进行浸润灌溉，不形成地面径流，因而不破坏土壤的团粒结构，由于滴灌水水分以球形湿润锋推向作物根系的外围，把耕层土壤中的盐分也推向湿润峰边缘，对膜下土壤有局部淡化作用，同时地膜覆盖又抑制了强烈的棵间蒸发，进一步抑制了土壤盐渍化，且十分有利于作物根毛吸收水肥。随着作物收获后遗留根系在耕作层内的堆积、肥化，耕作层的土质得到逐步改良，作物的生态环境得到明显改善。新疆生产建设兵团 10 多年大田滴灌技术的应用实践经验告诉我们，滴灌地越种产量越高，以往荒漠化农田的改良需要 3～5 年的时间，用滴灌技术改良沙化的农田，只需 1～2 年时间即可。

1.3　高产

膜下滴灌抑盐作用有利于作物吸收水肥，而且可根据作物生长的不同时期供水供肥，新疆绿洲农田由于土壤盐化作用，光热优势没有充分发挥。以石河子垦区为例，传统灌溉平均每公顷皮棉 1.5t，净光能利用率只有 0.85%，推广膜下滴灌后，2008 年新疆生产建设兵团农八师一四九团每公顷产量接近 3t，最高产量达到 4.35t，2009 年新疆生产建设兵团农八师一四八团承包户的春小麦滴灌产量每公顷达到 12t。根据中国科学院沈允钢院士的研究[3]，作物在生长期内理论上最大光能利用率可达 10%，生长期内平均为 5%，减去呼吸作用消耗的 20%～30%，最大净光能利用率为 3.5%～4%。因此，在应用膜下滴灌技术后，综合配套措施加以完善，皮棉每公顷产量可翻两番，达到 6t（籽棉约为 15t）。

1.4 节支

由于膜下滴灌节水、节肥、节劳力、节机力、节地（不用毛渠、农渠），节约的费用一般可抵消膜下滴灌的年均费用，因此作物增产等于净效益。

2 实　践

目前，膜下滴灌技术在新疆正以每年约 33 万 hm^2 的速度推广。膜下滴灌技术配套原来的压盐、洗盐、排盐技术，可治理耕层土壤总盐 2%以上的土壤，就石河子垦区来说，新疆生产建设兵团农八师一四二团改造了 20 多万亩盐碱地，农八师一二一团也改造了 10 多万亩。在新疆，凡是应用膜下滴灌的农工，不论种植棉花、小麦或蔬菜，全部都实现盈利，形成的局面是农民“不用滴灌不会种地”。目前，膜下滴灌技术在国内已推广到甘肃、陕西、辽宁、广西、湖北、黑龙江、内蒙古、山东、天津、大连、宁夏等 29 个省（市、自治区），大田滴灌应用的作物包括棉花、番茄、玉米、辣椒、甘蔗、烟草、大豆、马铃薯等 30 多种，另外在葡萄、黄桃、樱桃、脐橙等果树栽培上也得到广泛应用，同时在温室蔬菜大棚的应用方面也取得了良好的效果。

3 展　望

3.1 科技开发

目前，膜下滴灌的节水、抑盐、增产潜力远未得到发挥，要把其潜力转化为现实生产力，需要进一步综合研究与技术开发工作。

3.1.1 研究内容

（1）灌溉水的供需平衡。传统灌溉的土壤水分难以控制，影响了供水（资源水、输运水）与植物需水（植物水、大气水）的供需平衡[4]。膜下滴灌控制了土壤水，实现了水分的供需平衡，应进一步研究水分的供需平衡规律，为节水提供理论基础。

（2）最大净光能利用率。在水分供需平衡的基础上，深入研究水、土、肥、盐、光、热、气、种子、密植、植保、农机、管理 12 个产量要素向最大净光能利用率进行优化组合，为作物高产提供技术支持。

（3）新疆绿洲、农田、山区的 3 个生态良性循环规律研究。

3.1.2　技术开发

（1）开发（地膜、秸秆、沙石土等）覆盖微灌（滴灌、微喷、渗灌等）工程技术。

（2）进行田间滴灌系统优化，并开发大流道小流量滴头的滴灌（管）带，减少田间支管数量，减少投资及运行管理成本。

（3）实现滴灌技术应用的“四化”，即膜下滴灌要设计标准化、施工安装规范化、灌溉制度定量化、灌溉技术集成化。

3.2　绿洲应用

以绿洲为单元，集成田间膜下滴灌、绿洲农田输水管道化、山区水库、冲积扇上的滞洪坝工程，形成绿洲现代灌溉系统工程，不仅大幅节水，同时解决新疆春旱秋涝，枯水年丰水年的旱涝不均，在灌溉水资源持续利用的基础上保证农业持续发展[5]。

由于膜下滴灌为基础的绿洲现代灌溉系统理论节水比为 0.8，实际节水可达 0.6，估算田间实际需水量覆膜只抑制 80%的棵间蒸发，则实际 $E'=E_0-0.8\times0.45E_0=0.64E_0$，根据新疆生产建设兵团农十四师皮墨垦区 22 万亩的运行数据，表明灌溉水利用系数实际达到 $U'=0.95$。

实际单耗：$\omega'=0.64E_0/0.95=0.67E_0=255\ \mathrm{m}^3/666.7\mathrm{m}^2$

实际节水比：$\beta'=(760-255)/760=505/760\approx0.67$

用节约水的一半扩大面积种树、种草，推行草田轮作，发展畜牧业，还可彻底解决新疆绿洲生态脆弱的难题，为发展优质、高产、高效、生态、安全的绿洲现代农业奠定生态良性循环和安全的基础。

3.3　国内国外应用

膜下滴灌实际上包括覆膜栽培和滴灌两项技术，膜下滴灌可在中国旱区农田应用，覆膜栽培可在旱作雨养农田应用。近年来，新疆天业开发的水稻膜下滴灌技术也可在广大水田进行推广应用。同时，膜下滴灌技术在南亚、中亚、非洲等国外 13 个国家的应用面积已达 2380hm^2。因此，该技术在国内外的推广应用前景较为广阔。

参 考 文 献

[1] 石玉林, 卢良恕. 中国农业需水与节水高效农业建设. 北京: 水利水电出版社, 2001.

[2] 山仑, 黄占斌, 张岁岐, 等. 节水农业. 广州: 暨南大学; 北京: 清华大学出版社, 2000.

[3] 沈允钢. 地球上最重要的化学反应——光合作用. 广州: 暨南大学、北京: 清华大学出版社, 2000.

[4] 吕新. 新疆棉花生产农业气候资源及生产力评价. 石河子大学学报(自然科学版)增刊, 1998, (S1): 29-33.

[5] 严以绥. 中国农业节水革命. 北京: 中国农业出版社, 2004.

Prospect, Practice and Penetration on Drip Irrigation Under-Much-Film Technology Xinjiang

Wu Lei, Li Fu xian

(National Center of Efficient Irrigation Engineering and Technology Research- Xinjiang, Shihezi, 832000, China)

Abstract: This paper analyses the mainly three penetration of drip irrigation technology under mulch film including saving-water, salt restraint, increasing yield and reduce expenses, With the practice in the open field, it provide the key point of development on drip irrigation technology under mulch film, and predicts the prospect and popularize of this technology in China.

Keywords: drip irrigation under-mulch-film, water saving, salt restraint, high yield, reduce expenses, practice, prospect

第四篇

实践与调研

本篇是项目组在开展项目研究期间，结合当时出现的旱情，进行实地考察的调研报告，以及项目组举办学术会议，集思广益形成的会议摘要。

调研报告一　云南省旱灾及抗旱情况调查报告

2012 年 3 月 3～7 日，受中国工程院农业学部派遣，李佩成、朱有勇、康绍忠 3 位院士担任正副组长，率领由 11 人组成的抗旱考察组对云南省发生的严重旱灾及抗旱进展进行了实地考察、调研。考察组除赴灾情最为严重的文山壮族苗族自治州砚山县和曲靖市沾益县深入农村和抗旱工程工地外，并与云南省防汛抗旱指挥部、云南省水利厅、云南省气象局、云南省水文水资源局和云南农业大学相关涉水部门及县、乡基层干部进行访谈，形成的考察报告如下。

1　云南省的旱情

云南省面积为 39.4 万 km^2，是中国一个面积较大的边疆省份。西、西南与缅甸毗邻，南与越南接壤，在这里生活着 26 个民族，物华天宝，政治和经济地位十分重要。但近些年来，云南省常受旱灾侵袭，尤其是 2009 年至今，连续遭受 3 年大旱，并酿成严重旱灾，珠江源头已近干涸（图 1）大片小麦因旱青干（图 2）。

图 1　几近干涸的珠江源头（曲靖市沾益县）

图 2　李佩成院士（左）和朱有勇院士（右）在田间考察因旱青干的小麦

据统计，2011 年汛末至今，云南省河流平均来水量较常年偏少 46%，有 342 条中小河流断流，465 座小型水库干涸，已有 360 万人、175 万头大牲畜受到不同程度的饮水困难。因干旱造成作物受灾 960 万亩，成灾 412 万亩，绝收 100 万亩，直接经济损失达 30.14 亿元。旱灾使云南省的人民生活和经济发展受到严重损害。

2　云南省的抗旱形势

面对上述严重旱情和灾情，在中央的关怀和全国人民的支持下，云南省人民在云南省委省政府的统一部署下，开展了卓有成效的抗灾工作。提出了保障省会城市、州（市）政府驻地、县政府驻地、乡镇政府驻地和广大农村 5 个层次的供用水安全的总体目标，明确了城乡供水安全责任，细化落实了应急重点供水措施。

2.1　实施增蓄应急重点工程

按照 2011 年 11 月 8 日云南省委八届第 12 次常委会议精神和云南省委、省政府领导指示要求，云南省水利厅优选包括抽水、调水工程在内的 121 项能够增加蓄水效果的增蓄应急重点项目（图 3），加紧实施，努力实现 2012 年 3 月底全面通水投入抗旱的目标任务。据 2012 年 3 月 1 日统计，在 121 项应急工程中，已有 109 项的主体工程基本完工，并逐步投入使用，发挥了抗旱效用。

图 3　考察组专家考察文砚平抗旱救灾应急工程水源点（文山壮族苗族自治州小尾河水库）

2.2　落实灌满储满水池水窖工程

为保障广大农村人畜饮水，督促各地迅速把已有的小水窖、小水池储满，做到 2012 年 5 月底前山区、半山区的人畜饮水及部分生产用水有效供给。目前，云南省的 190 多万个水窖中，已有 154 万个小水窖满蓄满灌，提高了山区、半山区近 800 万人饮水安全。同时，还安排了 267 个地下找水项目，帮助 16 个州（市）严重缺水地区补充抗旱应急水源。绝大部分井位已经落实到村。

2.3　合理调度现有库塘蓄水

云南省坚持把科学调度、合理用水作为保障城乡供水和人畜饮水的重要工作，管好、用好现有库塘蓄水。按照“先生活、后生产，先节水、后调水，先地表、后地下”的原则，重点抓好现有水源的统一管理和科学调配，优先保障城乡居民生活用水和人畜饮水安全。为了加强管理，云南省政府、省人大、省政协先后 3 次派出督导组对县、乡、村检查督导。

2.4　积极筹措资金、动员抗旱人力，保障抗旱需要

通过争取国家支持和云南省地财政投入，2011 年以来云南省已筹集投入抗旱救灾资金 21.03 亿元（中央 6.84 亿元、省级 7.72 亿元、地县财政拨款 2.69 亿元、群众自筹 3.78 亿元）。国家烟草专卖局也安排了 1.5 亿元抗旱资金，用于云南省 2012 年烟叶生产抗旱保育苗工作，重庆市政府向云南灾区捐款 500 万元，中国建设银行、云南省烟草公司、云南中烟工业公司等单位向灾区捐款 5400 万元。

2012 年以来，云南省已有 264 万人次投入抗旱救灾，投入 3343 眼机井、3792 处泵

站、13.07 万台（套）抗旱机动设备，出动机动运水车辆 8.82 万辆（次），以保障抗旱需要。

3　三年连旱暴露的主要问题

3.1　气象干旱是云南省 2012 年旱情的根本成因，水利工程能力不足加剧了旱灾的形成

云南省水利基础设施历史欠账突出，应对持续干旱和严重干旱能力低，全省现状水利工程供水能力为 174 亿 m^3。2009 年、2015 年、2020 年水平年分别缺水 39 亿 m^3、78 亿 m^3、117 亿 m^3。水源工程建设滞后，城乡供水应急备用水源缺乏，抗旱能力不强。

3.2　农村“山区五小水利”工程设施薄弱，维护经费不足，在关键时刻不能发挥作用

据统计，云南省 29%的农村居民饮水问题尚未解决，水源保障程度不高、水质不达标等问题依然存在；大型灌区续建配套与节水改造率仅为 27%；有效灌溉面积、旱涝保收面积仅占常用耕地面积的 37.9%和 22%。

3.3　农田蓄水保墒能力较差，抗旱节水基本农田建设有待加强

2012 年，干旱农业灾害最严重的区域，除了降水偏少、作物需水关键期与降水不协调等因素外，土壤蓄水保墒能力低也是一个重要原因。此外，区域农业种植结构与水资源不匹配的矛盾也较严重。

3.4　群众的节水意识有待提高

云南省部分地区用水方式粗放，用水效率不高，单位 GDP 用水量比全国平均水平高 30%；农业灌溉用水有效利用系数低于全国平均水平。

3.5　缺乏科学检测技术，抗旱科学研究不足

对云南省不同区域的土壤墒情和干旱发生发展状况的科学监测欠缺，对连续干旱的成因、演变规律、灾情评估等相关科学问题研究不够

4　关于云南抗旱的几点建议

云南的旱情是严重的，所采取的主要措施在抗旱中发挥了重要的作用，抗旱的经验和成绩值得肯定。但在抢时间、争速度的救灾情况下，难免存在一些顾此失彼、工程质量不易保证等问题，需要引起注意，为此提出如下建议。

4.1　近远结合搞好规划，尽可能把救灾应急工程纳入长远发展规划之中

建议在救灾应急的同时，要以科学发展观为指导，结合已有工程在抗旱中的表现，开展必要的调查研究，该改建的改建，该加固的加固，该废弃的废弃，深谋远虑地对原有规划进行修改和完善，把当前的应急工程与未来正常建设相衔接，尽量减少应急之后另起炉灶的局面出现。

要把农田水利和城乡供水工程与新农村建设密切结合，全面考虑山、水、林、田、路，渠、树、电、窖、井，进行综合规划。

要重视高山集雨工程和汛期雨洪灌渠的集存工程，科学地实现高水高蓄、汛（期）补旱（期）用。

4.2　正确认识当今的旱灾特点，下决心解决好城乡饮水，特别是农民吃水问题

近年来中国南方，包括云南在内出现的旱灾有个共同特点，就是灾情的严酷表现不是群众没粮吃，而是没水喝。出现这种“逃水荒”的情况是因为人民生活水平提高，用水量增加，更是因为缺失可靠的人饮工程，临渴掘井，水质不能保证，家有存粮闹水荒。

因此，要下决心尽早解决城乡居民吃水问题，从根本上解决抗旱大计，不仅能够避免在旱期人背、车拉到处找水的被动局面，而且这也是深得民心的亲民工程，在老少边贫地区尤其如此。

4.3　因地制宜地加强农田水利建设与管理

如前所述，云南省的农田水利工程历史欠账较多，应当结合抗旱作出规划，积极实施，特别要从当地的土壤、耕作等条件出发，完善田间配套工程，重视节水灌溉技术的引进和应用。

加强“山区五小水利”工程管护，建立和完善小型水利设施管护制度与办法，充分发挥其抗旱作用。

4.4　要重视林业建设和山地生态建设

要有计划地实现退耕还林和封山育林，加强水土保持，特别要防治石漠化地区的水土流失和植被消亡，促进生态环境的改善。

4.5　围绕防旱抗旱加强科学研究

（1）深化对云南省旱灾形成机理的研究。

（2）适应云南省气候条件的农作物配置，土壤改良、保墒蓄水，最佳水旱作物种植比例的研究。

（3）石漠化地区水文生态及在岩溶地区开发和补给地下水，修建地下水库、沙石水库的研究。

（4）干旱预警及完善水情（地下水动态、墒情、河流水文、水位变化……）综合监

测预报的研究。

（5）建议中国工程院强化已有的“防旱抗旱确保粮食及农村供水安全战略研究”项目。该项目已于2010年在中国工程院农业学部立项，2011年开始运作，原计划2012年提交成果，考虑到近年来中国南方发生的严重旱情，建议扩展和深化该项目的研究内容，以适应云南省等地的抗旱及国家亟须。

4.6 加大对云南省抗旱的财政支持

如前所述，由于种种原因，云南省在抗旱基础设施方面历史欠账太多，紧靠本省力量难以在短期内实现，建议国家加大对云南省，特别是其老、少、边、贫地区的支持力度，也可考虑动员烟、酒、中药材等从云南省获利较多的行业作出奉献。

在本考察组到达之日，云南省普降喜雨，但雨量甚小，未能根本上改变旱灾形势，建议各方面继续密切关注当前旱情发展，对干部群众加强抗旱节水意识教育。

调研报告二　甘肃省庄浪县旱地农业及农村人饮工程

甘肃省庄浪县抓住西部大开发的机遇，实施了以水利水保工程建设、林草植被建设、乡村道路建设、人饮工程建设、生态能源建设、移民工程建设等为主要内容的生态环境建设战略，取得了显著的社会、经济和生态效益。

2011年4月，项目组率先对典型旱地农业区——甘肃省庄浪县进行实地考察和调研。在庄浪县政府和甘肃省农业科学院的帮助下，重点考察了该县的农村饮水工程、旱地农业建设、新农村建设和山地梯田果园建设等，学习当地成功的经验。

第一站："引千里水，造万民福"——人饮工程

第一站，项目组来到了庄浪县竹林寺水库（图 1），竹林寺水库是庄浪县充分利用水洛河水资源修建的以灌溉为主，兼有供水、养殖、防洪、旅游等综合效益的大型水利工程。水库设计总库容为577万 m^3，坝高为70m，控制有效灌溉面积为3.07万亩，工程总投资4414万元，年供水量为954万 m^3。

在庄浪县史县长和甘肃省农业科学院旱农所何站长的陪同下，我们乘坐游艇，沿水路进山，参观了此处著名的景点——云崖寺，云崖寺地带处于新生代以来地壳运动比较活跃的构造地区，受褶断构造控制和流水深切，形成脊状基岩山体和交叠起伏的低山谷地，以及红色碎屑岩组成的具有陡直剖面的各种地表形态，形成了美丽的"丹霞地貌"，如图2所示。途经庄浪县饮用水源一级保护区，金牛鼻子泉，该县的人饮工程依靠关山林区林间汇水，沉淀至全封闭式的沉淀池，采用倒虹吸技术净化水源，与地下水并无交汇。

图1　竹林寺水库

图2　云崖寺丹霞地貌

随后，我们一行驱车来到了庄浪县饮水安全展厅（图 3），这里的工作人员向我们讲述了庄浪县人饮工程的规模与现状。该工程总规划为九大人饮工程，拟解决 40.9 万人的饮水问题。于 2000 年开始建设，至 2004 年，已为 3 个地区的人畜解困；2005 年又建立了 4 处人饮工程，计划在 2012 全部解决庄浪县的人饮问题。其分布情况如下。

图 3　庄浪县饮水安全展厅

约 2/3 的水源依靠东部的关山林区涵养水源。地势东高西低，通过自然落差产生水压，将水汇集至前面参观的云崖寺的金牛鼻子泉处，采用倒虹吸技术，供农村人畜饮水。最先解决南部山区，其次中部，最后再是北部山区。同时，还开展了“洛水北调”“梁河北调”“店峡南调”和“庄浪河川”等人饮工程。实行先山区，后川区，已累计解决了 31 万人饮水困难问题。

第二站：新农村建设

庄浪县南坪乡沈坪村，该村的新农村建设以移民项目为依托，为农民建成了一批新房子，从远处望过去，一排排整整齐齐的房子，红砖绿瓦，非常壮观。南坪乡徐乡长，一位女乡长，很干练。她热情地接待了我们，并做了详细的介绍。每户农户家里都配有太阳能和沼气池，自来水也已通到各家各户。沼气池建成“一池三改”，也就是沼气池与厕所和圈舍联合起来，做出的沼肥可以用作肥料施入田中，沼气可以用来做饭、照明。这里农村家庭生活已经达到低碳水平，做饭用太阳灶、沼气灯、沼气灶（图 4），可供一家 3 口人一日两餐。而太阳能可利用农村丰富的自然资源，让辛苦了一天的农民也过上了和城里人一样的日子，随时可以洗去满身的泥巴和疲惫。

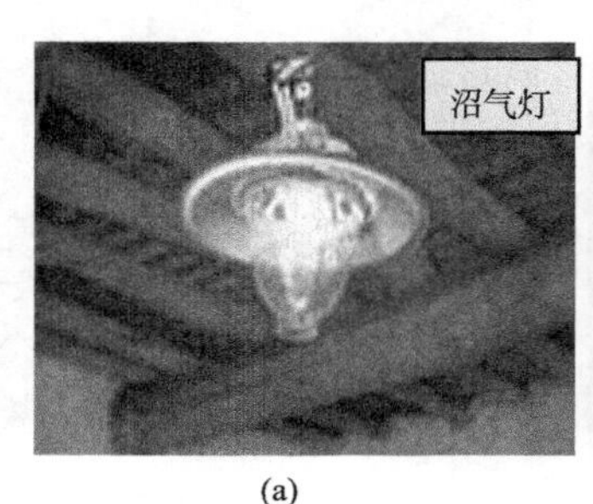

(a)

(b)

图 4　沼气灯和太阳灶

第三站：旱地梯田果园建设

潘安乡。李乡长介绍庄浪县是果子优质生长区，已有90%的坡耕地梯田化。该县降水550mm，潘安乡有500多万亩旱作农业，其中有3500亩优质果园，在果园（幼园）里一般有套种洋芋、黄豆和马铃薯等低秆作物。所有农作物和果树均已覆膜，膜宽1.2m，已有80%的梯田实现机械覆膜。当地政府为农民提供农药、化肥等配套服务。在这里，李佩成院士对我们讲到："这里以前都是荒地，过去人们靠着架子车、背篓等工具，造就了如今宏伟的梯田工程，而地膜覆盖除了减少土壤水分蒸发外，还可以将土壤内在水合理利用，说明除了降水和灌溉，土壤内在水也可供作物生长"。

第四站：梯田景观及骨干坝建设

柳梁乡河湾村。庄浪县水保局马局长介绍，这里是庄浪县有名的"四好农田"，从20世纪60年代开始基本农田建设，90年代开始梯田建设。此处还有一个淤地坝，将天上降水与地表水集蓄起来，蓄水10多万吨。庄浪县共有这样的骨干坝61个。图5为当地很少见的集蓄下来的小型水库。在这样的水库的支撑下，可建梨园2000多亩，也可种植杜仲等植物，可常年有水，然而该水库并未设置溢洪道。

图5　庄浪县小型蓄水水库

第五站：二郎山生态农业及梯田纪念馆

二郎山公园，面积1680亩，属于退耕还林以后建立起来的公园，建设有400多亩草坪。二郎山公园临近县城，站在这里，庄浪县的全貌一览无余，可看见远处层层的梯田和县城里美丽的水上公园，改善了当地人民的生活环境，实现了生态农业。

从二郎山下来，我们参观了梯田纪念馆。在这里，我们领略了庄浪梯田的历史，那也是一部西部农村浓缩的变迁史。当时的人民发扬愚公移山、艰苦创业的精神，众志成城，克服重重困难，以坚韧不拔的毅力，共移动土方3亿m^3，修成梯田94万亩，占庄浪县总耕地面积的83%，从而走上了脱贫致富之路，彻底改变了地瘠民穷的状况，将昔日的光山秃岭变成了一个山川秀美的“梯田王国”。有许多文人墨客、领导、学者为之题词。其中，李佩成院士的题词更加体现了庄浪人民的伟大！

“昔日黄土高坡，今朝秀美山川！谁创造了人间奇迹，是中国的庄浪人”！

调研报告三　江西鄱阳湖考察报告

2011 年 6 月 2～4 日，长安大学组成以李佩成院士为首的考察团，专程前往江西等地，对已日趋严重的南方旱情进行考察。鄱阳湖是中国最大的淡水湖，昔日烟波浩渺。鄱阳湖承纳赣江、抚河、信江、饶河、修河五大河。经调蓄后，由湖口注入中国第一大河——长江，每年流入长江的水量约超过黄河、淮河、海河三河水量的总和，是一个季节性、吞吐型的湖泊。往年汛期水位上升，水面辽阔，碧波荡漾。而 2011 年春夏因遭遇春夏连旱，降水量创历史最低纪录，鄱阳湖水位持续下降，洲滩裸露，荒草连片(图 1)，昔日水天一色，如今已是草长莺飞，经历着沧海桑田的巨变。鄱阳湖国家级自然保护区所辖的 9 个子湖，有 8 个干涸。

南方旱情考察受到江西省人大和当地市县领导及相关负责人的重视，江西省人大常委会副主任胡振鹏、环资委屠永发副主任委员和环资委办公室李陆前副主任等同志陪同，考察团深入鄱阳湖区实地，重点考察了南矶山国家级自然保护区、星子十里湖、永修吴城大湖池、吴城荷溪渡码头至鄱阳湖与长江交汇处湖口的湖区，以及共青城鄱阳湖模型实验研究基地，就当前水资源与水环境形势进行分析和研究。在重点考察南矶山时，考察团发现旱情影响范围很大，有 1000 多亩农田受旱，养殖业的 12 万亩水面锐减到 1 万亩，往年同期正是鄱阳湖的休渔期，也是鱼类繁殖高峰期，由于湖区干旱，导致鱼类无法正常产卵甚至大量死亡，渔民收入可能大幅减少；由于湖区抽水难度较大，导致一些稻田未耕种，已栽的禾苗生长缓慢；部分村民为了生计只好外出打工。由于罕见的大旱，湖底裸露，南矶山通往外界的湖底公路露了出来。路的两旁，到处可见龟裂的湖床，上面长满了水草。南矶乡曾开挖水渠由鄱阳湖中心引水，缓解旱情，现也已无水可引。供电出现紧张。

除了实地考察广大湖区旱情外，考察团听取了江西省人大常委会副主任胡振鹏对鄱阳湖及历时旱情等的详细介绍，并组织认真分析讨论，分析了当前旱情的起因、形势和旱情特点，对田间水利工程、抗旱方法措施发表了具体意见，对兴建鄱阳湖生态水利工程的可行性等相关技术问题进行了探讨，从技术角度分析了其利弊。考察小组认为，水是生态之基，受极端气候影响，在丰水季节鄱阳湖出现历史上罕见的低枯水位，使中国第一大淡水湖鄱阳湖的水生态环境面临严峻考验。必须要认识水利工程的两面性；认真总结经验教训；认真规划未来水利工程，以积极解决农村供水问题。同时，李佩成院士建议加强农田水利建设，把北方抗旱技术引入南方，李院士还特别介绍了一种很可能适宜湖区水文地质条件的开沟埋管式集水井，并建议下功夫研究长江与湖区的水力联系，运用水文生态理论分析今年旱灾的成灾机理，通过科学论证，采取工程措施保护鄱阳湖“一湖清水”，将有利于水资源的综合利用和水生态环境的保护。

附件　会 议 摘 要

开题预备会

接中国工程院中工发[2011]21 号文件通知，中国工程院决定立项开展“防旱抗旱确保粮食及农村供水安全战略研究”，该项目由李佩成院士和山仑院士主持，依托单位为长安大学。为了做好开题工作，项目组于 2011 年 6 月 8 日在长安大学翠华园宾馆举办开题预备会，邀请了陕西省与防旱抗旱领域相关的专家参会。参加会议的有中国工程院山仑院士，陕西省水利学会理事长、水利厅副厅长洪小康，原陕西省水利厅厅长、陕西省水伙伴协会会长刘枢机高工，陕西省水利厅原总工寇宗武高工、陕西省水利电力勘察设计研究院原总工王德让高工、中国科学院水土保持研究所的冯浩和刘文兆教授、西北农林科技大学中国农业历史文化研究所樊志民教授、西北农林科技大学水建学院刘俊民教授、陕西省咨询委党铖栋同志等。长安大学校科研处程淑贞科长和环工学院党委书记官燕玲教授也出席了会议。会议由山仑院士主持，李佩成院士报告了该项目的立项过程及研究框架。

会上，专家们一起观看了中国 2011 年南方旱灾现状及李佩成院士率团前往江西考察抗旱的视频。接着，李院士做了汇报，他指出，该项目的主要任务是集成和梳理古今中外的防旱抗旱经验，研究干旱成灾机制及成灾理论，分析和评价现有防旱抗旱重大措施的有效性，在此基础上，提炼出适应中国国情的防旱抗旱战略。由于该项目覆盖全国，目标集中，但涉及面广，所以需联合多方面专家共同进行。会议气氛热烈，各位专家都做了精彩的发言。

山仑院士认为，该项目具有全局性、战略性和前瞻性，并对中国的旱灾现状进行了分析、建议研究干旱问题需综合考虑各方因素，旱情的克服要从策略上进行，“遇丰储存，区域调节”的战略方案是必需的。

洪小康副厅长建议防旱抗旱战略研究除应对资源性缺水、工程性缺水外，还要考虑应对社会经济性缺水，强化水资源配置战略，并愿意积极参与研究。

刘枢机会长认为，自古以来“善治国者必治水”，防旱抗旱战略应从实行“三水统观统管”出发，建立防旱抗旱的知识传递系统。

樊志民教授在古农史研究方面具有很深的造诣，他认为，防旱抗旱实际上就是人与自然的关系，要利用自然自身的条件进行防旱，如恢复农村原有的涝池、小水塘，坚持退耕还林（草）政策等。防旱抗旱的研究应以农业抗旱为主，但现在的抗旱主要是保证城市和工业的发展，对农业有些忽视，所以我们应该将工农联合起来进行抗旱。

刘俊民教授则建议在研究这个课题时应将“旱”与“灾”“防”与“抗”分开进行，以防为主，防微杜渐。他认为，中国的旱情发展有扩大趋势，由农村向城市扩展，认为应对措施有工程措施、生物措施和管理措施。

刘文兆教授对中国粮食和农村供水方面进行了分析，他认为水问题是关乎全局的社会性问题，而农村供水也是中国现今面临的重要需求之一，其主要问题是如何保证水质安全，避免水质污染。同时，加强植被建设也可恢复当地的水文环境。中国的粮食格局已经由南粮北运转变为了北粮南运。从黄土塬来说，粮食安全首先是保墒蓄水。

冯浩教授认为，防旱抗旱主要是要加大农业的投入，提高农业的抗旱能力。要分别对待灌溉区和旱作区的防旱抗旱问题。

来自西北政法大学的李永宁教授就防旱抗旱的法律问题进行了发言，他认为，干旱是不可避免的，而抗旱救灾必须要有一定的法律保障。

长安大学的周维博教授认为，该项目具有前瞻性和战略性，涉及范围较广，因此研究要有侧重点，或以区域为主，或以农业抗旱为主，并建议将陕西省以往的抗旱战略汇集起来，以供参考。

最后，大家一致认为，防旱抗旱战略研究任务艰巨，事关重大，均表示愿意结合本人专业为防旱抗旱战略研究贡献力量。李佩成院士总结说：“与会专家提出的意见和建议对项目的顺利进行具有重要的指导意义，希望大家同心协力，团结合作，为国家尽责，为人类造福！”

新疆座谈会

2011 年 7 月 10 日，“防旱抗旱确保粮食及农村供水安全战略研究”（以下简称“防旱抗旱战略研究”）新疆座谈会在中国科学院新疆生态与地理研究所三楼会议室召开，会议邀请了新疆水利厅副厅长董新光教授、中国科学院新疆生态与地理研究所书记田长彦教授、中国科学院新疆生态与地理研究所国家重点实验室主任陈亚宁教授、新疆农业大学教授郭西万、新疆天业集团吴磊顾问和李富先高工、新疆水利厅原副总工张志新、新疆水利水电科学院白云岗博士、新疆水利厅防洪抗旱办主任敖志刚、新疆大学资环学院院长刘志辉；新疆农科院、畜科院、农八师、农业局炮台试验站等单位相关人员也参加了此次会议。

会上，李佩成院士向与会人员介绍了该项目的立题背景及意义，并强调了由于新疆所处的地域较为特殊，又是中国最大的旱区，所以其节水技术处于中国领先地位。接下来，陈亚宁教授针对国际上应对旱灾的策略与技术做了精彩的报告。陈教授首先对国际上旱灾的基本情况进行了总结，区分了旱灾的类型，并对国际上各个国家在防旱抗旱过程中所采取的方法和策略做了详细的介绍。郭西万教授是中国水资源方面的专家，对中国水利工程很有贡献，他认为，防旱抗旱战略的确定要及时，水利建设要确定正确的方向性，主要是在技术对策方面要改变水利建设的滞后性，合理发展农田灌溉技术，控制开荒与退耕政策要同时推进。张志新副总工则认为，防旱抗旱战略研究属于宏观方面的研究，首先要注意的是政策问题，要加强干旱补贴力度，这样在旱灾发生时可使农民有安全感；其次，要建立耗水量管理目标，在新疆扎实推广膜下滴灌技术。吴磊顾问及其所在团队是膜下滴灌的首批试验者和推广者，在节水灌溉方面有着丰富的经验和颇深的造诣，他说，防旱抗旱主要是水的问题，也是水资源合理配置问题，核心是水的持续利用问题。新疆实际上是绿洲农业，缺水也是结构性缺水，在新疆退耕还林（草）并不节水，要综合考虑水资源的合理利用问题。新疆农业科学院土肥所所长钟新才研究员认为，这项研究对中国乃至新疆地区有很重要的意义，中国的旱灾主要是气候干旱，要加强中长期的气象预报，并公开发布给全社会；新疆的防旱抗旱要控制好“开关”，新疆的土地利用没有限制，需要政策制度来约束，严格控制好开荒，要加强节水灌溉技术的发展。中国科学院新疆生态与地理研究所田长彦书记对李院士所主持的防旱抗旱项目在该所召开表示热烈的欢迎。他说，新疆地区的干旱问题是政策性、人为性的，防旱抗旱战略研究很重要。他认为，抗旱首先要确定旱灾类型、特点及其发展规律，然后有针对性地制定政策；其次，防旱抗旱要确定预测手段，怎样从政策上确定预防方案；最后，新疆的农业灌溉节水技术很先进，但工业节水就相对薄弱些，因此要将农业节水技术或方法用于工业节水上来。新疆畜科所李学森所长从自己所从事的研究方面出发，认为草地也是水源的涵养地，需要认真保护，加强草原抗旱功能。新疆水利厅防洪抗旱办敖志刚主任讲到新疆只有20%的面积易遭受旱灾，但防旱抗旱也非常重要，尤其是南疆地区，易发生春夏连旱。他认为，新疆的干旱与其他地区的干旱不同，主要有以下几个特点：一是水资源分配极其不均；二是工程性干旱较多；三是小灌区（南疆）季节性干旱较多；四是气候变化所致；五是城市干旱频发。对于抗旱，敖主任认为，应在两方面进行加强。一是工程措施，包括节水工程、调水工程和地下水工程方面需要加强；二是非工程措施，包括政策法规，已有的法规可操作性不强，对旱情的预测、预防能力不强，且旱灾程度的划分不同，新疆地区适用不了国家已有的分类，需要重新划分。新疆大学刘志辉院长提出了抗旱应以何为本的问题，新疆的滴灌技术不错，但是节水越多，开荒就越多。他也考虑到政策性节水出现的问题应如何解决？对此问题，他认为抗旱也好，节水也好，都应立法执行，都应考虑到预测、预防及预警，并进行干旱的风险评估。除此之外，防旱抗旱的教育也要抓紧，从“娃娃”抓起，要有全民意识。国家灌溉中心的李富先高工从技术层面上认为，节水要考虑到地下水和地表水应合理配置，并要考虑生态环境需水。新疆水利水电科学院白云岗博士则认为，抗旱应建立干旱预警模型，及时调配，积极发展农业节水技术，并研制抗旱化学制剂，最后集成、示范。农八师农业局炮台试验站朱拥军站长及其团队近几年主要在做膜下滴灌条件下的地下水动态分析，结果表明，新疆石河子地区地下水持续下降，盐分在逐渐变高，矿化度增加，盐碱化治理成效有减缓趋势。长期观测得出结果是，由于水资源开采量很大，地下水位下降，水质变坏。对于防旱抗旱项目来说，他们愿意提供实测数据，以供专家们分析评估。最后新疆水利厅董新光厅长发言说，防旱抗旱对新疆来说是个大事情，也是新疆长期进行的工作，水利厅大力支持。在前不久的中央水利工作会议上，第一项就是粮食安全问题，粮食安全关乎国家安全，同时饮水安全也是重大问题，该项目立题很重要。他认为，防旱抗旱战略研究首要的是政策问题，管理模式推动技术发展。对此，他有三点建议：第一是加强节水工程建设。温家宝同志说：“解决中国水资源问题的根本出路在于节水”，防旱抗旱需要节水工程技术的保障。第二是加强防旱抗旱的水源建设与保护，与流域管理结合起来，要有备用水源，尤其是饮用水水源。第三是加强水资源配置工程建设，战略性研究是科学调配问题，我们在适应气候变化的同时要加大河流与地下水的管理。

北京院士座谈会

2011年11月2日，正值中国工程院院士增选会议召开期间，借此东风，中国工程院咨询项目“防旱抗旱确保粮食及农村供水安全战略研究”院士座谈会在首都北京召开。这是自该项目展开以来，首次聚集了中国农业领域各个方面高层次专家，对防旱抗旱及保证粮食农村供水安全的战略方案进行的研讨和分析，代表着该项目进入了理论分析阶段。

会议邀请了来自中国农业大学的汪懋华院士、来自中国科学院地理科学与资源研究所的李文华院士、来自华南农业大学的罗锡文院士，以及来自西北农林科技大学的山仑院士，中国工程院二局农业学部罗莎莎处长也应邀参加了这次座谈会。会议由该项目负责人长安大学李佩成院士主持召开。

会上，李佩成院士首先向与会的院士专家介绍了该项目的立项背景、研究内容及研究进展，并提出研究过程中出现了三个问题亟待解决，一是何为战略？二是南方旱情的成因为何？三是三峡工程对长江流域的影响是否存在？他讲到，由于该项目属于咨询项目，并关乎国家对于防旱抗旱战略方针的决策，所以希望各位院士专家能为该项目更好地开展献计论策。

与会的院士们也积极响应，他们结合自身专业所长，对如何更有效地开展战略研究，如何针对不同地区进行防旱抗旱，及防旱抗旱过程中具体的工作方式等方面进行了深入的探讨。

山仑院士认为，咨询项目既好做又难做，咨询项目不需要进行长期的微观的分析研究，但时间上要求迫切，所以还是要结合实际，抓住重点，从当今的现状出发，找准重点问题、重点地区进行具体的分析。工作方式要以集成微观来回答宏观问题为主。而对于南方旱灾需要冷静分析，南方干旱了，但不能把南方也归于干旱地区。

汪懋华院士则认为，战略研究的主题不能太集中，要对全国各个地区的旱情进行全面分析。他认为，干旱成因主要是由气候变化所致，研究应以近几年的旱灾为主，主题是如何确保粮食安全和农村供水安全。粮食主产区如何在旱灾下确保粮食产量？干旱发生时，如何确保农村供水安全？我们现在面临的新问题、新挑战是农业技术，尤其是节水技术。在节水过程中，主要品种，如旱农品种和农业节水技术的选择。转变传统的节水方式，不要在所有地方都节水。将信息化与现代农业相结合，实时实地监测作物在哪个生长阶段需要水，实现“良田、良种、良品”。对于整个研究来说，重点还是以北方干旱半干旱地区产粮区为主。

罗锡文院士认为，人类活动对干旱的影响不容置疑，如新疆绿洲的变化、民勤湖泊的缩小都与人类影响分不开。他强调，水利措施在抗旱中的应用必须得到保证，南方干旱属于季节性缺水、结构性缺水，主要表现在不能取水，而不是无水可用，在南方，对水利措施的不重视造成了人畜饮水困难。

李文华院士认为，该研究需要有新的突破，要摸清中国的气候特点、规律和趋势。从干旱、半干旱、湿润、半湿润等地区收集资料，尤其是最敏感的农牧交错带，针对不同的气候特点和地区提出不同的应对战略方案，现有的抗旱措施是否合适，应先将自然影响弄清楚，再分析人为因素。对传统的东西还是要尊重的，最好将传统的知识现代化，如“坎儿井”在抗旱过程还是很有用的。

中国工程院农业学部罗莎莎处长建议我们可以分几个大专题分别进行，成果要有新高度，能够站在前人的基础上凝练、提升！

最后，各位院士专家们一致认为，旱灾的发生具有偶然性，不一定今年大旱，明年也必然会有大旱，只要我们掌握了干旱的成因和抗旱的战略措施，百日大旱，粮食依然会丰收！

“防旱抗旱确保粮食及农村供水安全战略”高层研讨会

2011 年 11 月 25～27 日，“中国防旱抗旱确保粮食及农村供水安全战略”高层研讨会在长安大学地质大厦召开，它标志着由中国工程院院士李佩成教授和山仑院士承担的，依托长安大学水与发展研究院开展的中国工程院同名咨询项目研究进入关键时期。此次研讨会是由长安大学和中国科学院水土保持研究所共同主办，由长安大学水与发展研究院和陕西省生态学会承办。参加此次研讨会的除了中国工程院院士孙九林、山仑、罗锡文、汤中立、李佩成和国务院参事王秉忱教授等科学家外，还有长期从事水资源、生态环境和农业工程及相关学科研究工作的著名专家学者，另外还有来自防旱抗旱第一线的同志、青年学者、包括博士后、博士研究生和硕士研究生近 90 余人。

在开幕式上，长安大学校长马建致欢迎辞。他表达了对农业、水利和法学等各相关学科专家、院士云集长安大学，为防旱抗旱战略研究献计论策的感谢与祝愿。陕西省原常务副省长、省人大常委会原副主任、省委省政府政策咨询委员会主任徐山林先生和中国工程院阮宝君副局长分别对研讨会的召开表示热烈祝贺。项目主持人李佩成院士在开幕词中指出，干旱缺水已成为人类社会生存与发展面临的严重问题。在当代，中国的干旱灾害频发，呈现出范围大、持续久和灾害损失加重等一系列新特征。在此情况下，举办高层研讨会，为相关部门提供决策依据，就更显迫切和必要。

在两天的研讨中，有来自华南农业大学的罗锡文院士，国务院资深参事、勘察大师王秉忱教授，江西省人大常委会胡振鹏副主任，陕西省水利厅洪小康副厅长，中国工程院院士、中国农业水问题研究中心、中国农业大学教授康绍忠，水利部世行节水灌溉项目办公室畅明琦总工，中国林业科学研究院张守攻院长，甘肃科学院高世铭院长，陕西省水利厅寇宗武高工，中国农业科学院新乡农田灌溉研究所段爱旺所长，西北农林科技大学吴普特副校长，西北农林科技大学中国农业历史文化研究所樊志民所长，中国科学院新疆生态与地理研究所田长彦书记，中国科学院长武农业生态试验站刘文兆站长和西北政法大学、新疆天业集团等 20 余位国内著名专家学者，他们就自己相关研究的领域做了精彩的学术报告。研讨会中，一些专家就自己最新的研究成果和观点向与会代表和专家做了介绍。

2011 年 11 月 27 日下午，为期两天的中国工程院咨询项目“中国防旱抗旱确保粮食及农村供水安全战略”高层研讨会闭幕。从专业领域上，此次研讨会是国内首次在战略的高度，集农、林、水利等诸多领域的专家学者，就防旱抗旱确保粮食及农村供水安全方面的高层盛会,来自全国 9 个省市 20 多家单位的众多专家累计共作专题汇报 20 余场，其余的众多专家学者也均在大会讨论时作了交流发言，会议最终在干旱成因及机理、不同类型干旱特点、抗旱法规、旱灾预警等方面提出了一些新的观点和方法，在具体防旱抗旱技术和抗旱战略方面取得了一些重要结论。

“防旱抗旱战略研究”成果报告讨论会

根据研究课题进度要求，2013 年 4 月 21 日，有关领导、专家及技术人员在西安翠华园宾馆召开了由长安大学组织的“防旱抗旱确保粮食生产及农村供水安全战略研究”项目阶段成果验收会。项目组负责人及主要成员：李佩成院士、山仑院士、康绍忠院士、冯浩研究员等列席会议，会议还邀请了华南农业大学罗锡文院士、中国工程院二局高中琪局长、陕西省科技厅史高岭副厅长、西北农林科技大学吴普特副校长、新疆农垦科学院尹飞虎书记、中国科学院水土保持研究所刘国彬所长、中国科学院新疆生态与地理研究所田长彦书记、中国林科院张守攻院长等多位国内知名专家学者参加。会议由长安大学刘伯权副校长主持，听取了项目负责人长安大学李佩成院士所做的项目研究报告，对项目研究成果进行了讨论；听取了西北农林科技大学山仑院士所做的项目工作报告。会议对研究课题的进展、成果和存在的问题等进行了认真的讨论和交流，达成共识，形成的会议纪要如下。

（1）项目研究结合实地调研和理论分析，全面考察和度量了中国现阶段干旱灾害的时空分布、地域特征、致灾机理，创新性地提出了十大应对策略和三大保障措施，据此概括提炼了十六字方针，作为中国新时期的防旱抗旱战略，其系统科学，高度凝练。

（2）项目研究成果丰富，涵盖了防旱抗旱的各个方面和阶段的内容。从水资源利用、地下水保护、水环境安全，以及植被生态涵养水源等多方面提出了具体的策略方法；从干旱灾害的预警、应对到灾后的补偿及法律保护等各阶段均提出了切实可行的方案，全面合理，针对性强。

（3）对于最终形成的研究报告和工作报告中具体的一些文字论述，应做适当修改和调整。对具体问题，必要时需要进一步细化。例如，对中国不同地区的旱灾，应分区域讨论，点明问题的成因，并因地制宜地提出针对性强的防旱抗旱对策，此外对报告中所提出的十策，也应分别提出落实的具体措施。

（4）十六字方针很全面，但建议以防抗并重，而非以防为主。

（5）应继续加强量化分析，以确凿可靠的数据佐证论述干旱问题，提出的应对措施也应量化。

（6）十大抗旱策略有点分散，可归并至5～6条。例如，报告中的7～8条可以不写。此外应注重加强旱灾的综合应对措施，而非单项的应对策略。

（7）对防旱抗旱中水资源的控制，不应简单地以用水量红线或用水效率红线单独作为控制目标，应设立用水效率与水量控制两条红线。

（8）建议研究成果上报中国工程院后，可提供给各省地区参考，实现成果共享。

整体上，与会专家组认为，该项目对中国旱情的基本变化规律的分析研究全面、具体，结论正确，研究思路正确，其理论运用合理，分析方法得当，重点突出，研究结果实用性强。从战略高度上，为保证中国新时期防旱抗旱确保粮食生产安全提供了丰富而扎实的理论依据。